范例导航系列丛书

Premiere Pro CC 视频编辑与制作 (微课版)

李 军 编著

清华大学出版社

北 京

内 容 简 介

本书以通俗易懂的语言、精挑细选的实用技巧、翔实生动的操作案例，全面介绍了 Premiere Pro CC 的基础知识，主要内容包括视频剪辑与基础入门、Premiere Pro CC 基本操作、导入与编辑素材、剪辑与编辑视频素材、设计完美的视频过渡效果、编辑与设置影视字幕、编辑与制作音频特效、设计动画与视频效果、调整影片的色彩与色调、叠加与抠像、渲染与输出视频、影片制作典型案例等方面的知识与技巧。

本书面向学习 Premiere 的初、中级用户，适合无基础又想快速掌握 Premiere 的读者，更适合广大视频处理爱好者及专业视频编辑人员作为自学读物使用，同时也可以作为大、中专院校和社会培训机构教学与辅导用书。

图书在版编目(CIP)数据

Premiere Pro CC 视频编辑与制作：微课版/李军编著. —北京：清华大学出版社，2021.1
(范例导航系列丛书)
ISBN 978-7-302-56877-3

Ⅰ．①P…　Ⅱ．①李…　Ⅲ．①视频编辑软件　Ⅳ．①TN94

中国版本图书馆 CIP 数据核字(2020)第 228058 号

责任编辑：魏　莹　刘秀青
封面设计：杨玉兰
责任校对：李玉茹
责任印制：宋　林
出版发行：清华大学出版社
　　　　　网　　　址：http://www.tup.com.cn, http://www.wqbook.com
　　　　　地　　　址：北京清华大学学研大厦 A 座　　　邮　　编：100084
　　　　　社 总 机：010-62770175　　　　　　　　　邮　　购：010-62786544
　　　　　投稿与读者服务：010-62776969, c-service@tup.tsinghua.edu.cn
　　　　　质量反馈：010-62772015, zhiliang@tup.tsinghua.edu.cn
印 装 者：大厂回族自治县彩虹印刷有限公司
经　　销：全国新华书店
开　　本：185mm×260mm　　印　张：22.25　　字　数：538 千字
版　　次：2021 年 1 月第 1 版　　　　　　　印　次：2021 年 1 月第 1 次印刷
定　　价：85.00 元

产品编号：087706-01

致 读 者

"范例导航系列丛书"将成为您"快速掌握电脑技能，灵活处理职场工作"的全新学习工具和业务宝典，通过"图书+在线多媒体视频教程+网上技术指导"等多种方式与渠道，为您奉上丰盛的学习与进阶的盛宴。

"范例导航系列丛书"涵盖了电脑基础与办公、图形图像处理、计算机辅助设计等多个领域，本系列丛书汲取目前市面上同类图书的成功经验，针对读者最常见的需求进行精心设计，从而让内容更丰富、讲解更清晰、覆盖面更广，是读者首选的电脑入门与应用类学习及参考用书。

热切希望通过我们的努力不断满足读者的需求，不断提高我们的图书编写与技术服务水平，进而达到与读者共同学习、共同提高的目的。

一、轻松易懂的学习模式

我们遵循"打造最优秀的图书、制作最优秀的电脑学习视频、提供最完善的学习与工作指导"的原则，在本系列图书编写过程中，聘请电脑操作与教学经验丰富的教师和来自工作一线的技术骨干倾力合作，为您系统化地学习和掌握相关知识与技术奠定扎实的基础。

1. 快速入门、学以致用

本套图书特别注重读者学习习惯和实践工作应用，针对图书的内容与知识点，设计了更加贴近读者学习的教学模式，采用"基础知识学习+范例应用与上机指导+课后练习与上机操作"的教学模式，帮助读者从初步了解到掌握再到实践应用，循序渐进地成为电脑应用高手与行业精英。

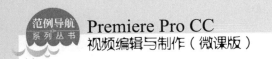

2. 版式清晰、条理分明

为便于读者学习和阅读本书，我们聘请专业的图书排版与设计师，根据读者的阅读习惯，精心设计了赏心悦目的版式，全书图案精美、布局美观，读者可以轻松完成整个学习过程，进而在愉快的阅读氛围中快速学习、逐步提高。

3. 结合实践、注重职业化应用

本套图书在内容安排方面，尽量摒弃枯燥乏味的基础理论，精选了更适合实际生活与工作的知识点，每个知识点均采用"基础知识+范例应用"的模式编写，其中"基础知识"的操作部分偏重于知识学习与灵活运用，"范例应用与上机操作"主要讲解该知识点在实际工作和生活中的综合应用。此外，每章的最后都安排了"本章小结与课后练习"及"上机操作"，帮助读者综合应用本章的知识进行自我练习。

二、易于读者学习的编写体例

本套图书在编写过程中，注重内容起点低、操作上手快、讲解言简意赅，读者不需要复杂的思考，即可快速掌握所学的知识与内容。同时针对知识点及各个知识板块的衔接，科学地划分章节，知识点分布由浅入深，符合读者循序渐进与逐步掌握的学习规律，从而使学习达到事半功倍的效果。

- **本章要点**：在每章的章首页，我们以言简意赅的语言，清晰地表述了本章即将介绍的知识点，读者可以有目的地学习与掌握相关知识。
- **操作步骤**：对于需要实践操作的内容，全部采用分步骤、分要点的讲解方式，图文并茂，使读者不但可以动手操作，还可以在大量的实践案例练习中，不断提高操作技能和经验。
- **知识精讲**：对于软件功能和实际操作应用比较复杂的知识，或者难以理解的内容，进行更为详尽的讲解，帮助您拓展、提高与掌握更多的技巧。
- **范例应用与上机操作**：读者通过阅读和学习此部分内容，可以边动手操作，边阅读书中所介绍的实例，一步一步地快速掌握和巩固所学知识。
- **课后练习与上机操作**：通过此栏目内容，不但可以温习所学知识，还可以通过练习，达到巩固基础、提高操作能力的目的。

三、精心制作的在线视频教程

本套丛书配套在线多媒体视频教学课程，旨在帮助读者完成"从入门到提高，从实践操作到职业化应用"的一站式学习与辅导过程。读者在阅读本书的过程中，可以使用手机网络浏览器或者微信等工具，扫描每节标题左侧的二维码，即可在打开的视频界面中实时在线观看视频教程，或者将视频课程下载到手机中，也可以将视频课程发送到自己的电子邮箱随时离线学习。

四、图书产品与读者对象

"范例导航系列丛书"涵盖电脑应用各个领域，为读者提供了全面的学习与交流平台，适合电脑的初、中级读者，以及对电脑有一定基础、需要进一步学习电脑办公技能的电脑爱好者与工作人员，也可作为大中专院校、各类电脑培训班的教材。本套丛书具体书目如下。

- Office 2016 电脑办公基础与应用(Windows 7+Office 2016 版)(微课版)
- Dreamweaver CC 中文版网页设计与制作(微课版)
- Flash CC 中文版动画设计与制作(微课版)
- Photoshop CC 中文版平面设计与制作(微课版)
- Premiere Pro CC 视频编辑与制作(微课版)
- Illustrator CC 中文版平面设计与制作(微课版)
- 会声会影 2019 中文版视频编辑与制作(微课版)
- CorelDRAW 2019 中文版图形创意设计与制作(微课版)
- Office 2010 电脑办公基础与应用(Windows 7+Office 2010 版)
- Dreamweaver CS6 网页设计与制作
- AutoCAD 2014 中文版基础与应用
- Excel 2010 电子表格入门与应用

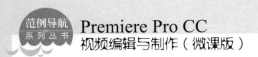

- Flash CS6 中文版动画设计与制作

- CorelDRAW X6 中文版平面设计与制作

- Excel 2010 公式·函数·图表与数据分析

- Illustrator CS6 中文版平面设计与制作

- UG NX 8.5 中文版入门与应用

- After Effects CS6 基础入门与应用

五、全程学习与工作指导

为了帮助您顺利学习、高效就业，如果您在学习与工作中遇到疑难问题，欢迎来信与我们及时交流与沟通，我们将全程免费答疑。希望我们的工作能够让您更加满意，希望我们的指导能够为您带来更大的收获，希望我们可以成为志同道合的朋友！

最后，感谢您对本系列图书的支持，我们将再接再厉，努力为读者奉献更加优秀的图书。衷心地祝愿您能早日成为电脑高手！

编　者

前　　言

Premiere Pro CC 是一款由 Adobe 公司推出的非线性视频编辑软件，现已广泛应用于广告制作和电视节目制作中。该软件拥有广泛的格式支持，强大的项目、序列和剪辑管理功能，并且可以与 Adobe 公司推出的其他软件配合，深受广大用户的青睐。为了帮助初学者快速地掌握 Premiere Pro CC 软件，以便在日常的学习和工作中学以致用，我们编写了本书。

一、购买本书能学到什么

本书在编写过程中，根据初学者的学习习惯，采用由浅入深、由易到难的方式讲解，为读者快速学习提供了一个全新的学习和实践操作平台，无论从基础知识安排还是实践应用能力的训练，都充分考虑了用户的需求，快速达到理论知识与应用能力的同步提高。全书结构清晰、内容丰富，主要包括以下 5 个方面的内容。

1. 数字视频编辑基础知识

本书第 1 章，介绍了视频剪辑与基础入门知识，主要包括数字视频编辑的基本概念、创作影视作品的常识、常见的视频和音频格式、数字视频编辑等方面的内容。

2. Premiere CC 软件入门和编辑素材

本书第 2 章～第 4 章，主要介绍了 Premiere CC 基本操作、导入与编辑素材、剪辑与编辑视频素材等方面的知识及相关操作。

3. 设计视频特效动画

本书第 5 章～第 10 章，主要介绍了设计完美的视频过渡效果、编辑与设置影视字幕、编辑与制作音频特效、设计动画与视频效果、调整影片的色彩与色调、叠加与抠像等方面的相关知识及应用案例。

4. 视频的渲染与输出

本书第 11 章，介绍了输出设置、输出媒体文件、导出交换文件等方面的相关操作知识。

5. 综合典型案例

本书第 12 章介绍了制作电子相册视频和制作环保宣传短片两个综合典型案例，为综合运用 Premiere Pro CC 软件奠定了坚实的基础，使读者学习后，达到学以致用的效果。

二、如何获取本书的学习资源

为帮助读者高效、快捷地学习本书的知识点，我们不但为读者准备了与本书知识点有关的配套素材文件，而且设计并制作了精品视频教学课程，还为教师准备了 PPT 课件资源。购买本书的读者，可以通过以下途径获取相关的配套学习资源。

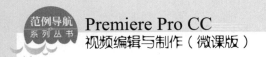
1. 扫描书中二维码获取在线学习视频

读者在学习本书的过程中，可以使用微信的扫一扫功能，扫描本书标题左下角的二维码，在打开的视频播放页面中可以在线观看视频课程。这些课程读者也可以下载并保存到手机或电脑中离线观看。

2. 登录网站获取更多学习资源

本书配套素材和 PPT 课件资源，读者可登录网址 http://www.tup.com.cn(清华大学出版社官方网站)下载相关学习资料，也可关注"文杰书院"微信公众号获取更多的学习资源。

本书由文杰书院组织编写，参与本书编写工作的有李军、袁帅、文雪、李强、高桂华等。我们真切希望读者在阅读本书之后，可以开阔视野，提高实践操作技能，并从中学习和总结操作经验及规律，达到灵活运用的水平。鉴于编者水平有限，书中纰漏和考虑不周之处在所难免，热忱欢迎读者予以批评、指正，以便我们日后能为您编写更好的图书。

编　者

目　　录

范例导航
系列丛书

第 1 章

视频剪辑与基础入门

　　本章主要介绍数字视频编辑的基本概念、创作影视作品的常识方面的内容，同时讲解常见的视频和音频格式以及数字视频编辑相关内容。通过本章的学习，读者可以掌握视频剪辑基础入门方面的知识，为深入学习 Premiere Pro CC 知识奠定基础。

本 章 要 点

1. 视频剪辑的基本概念
2. 创作影视作品的常识
3. 常见的视频和音频格式
4. 数字视频编辑

数字视频编辑的基本概念

手机扫描下方二维码，观看本节视频课程

　　视频(Video)泛指将一系列静态影像以电信号的方式加以捕捉、记录、处理、储存、传送与重现的各种技术。视频技术最早是为了电视系统而发展，但现在已经发展为各种不同的格式以便消费者将视频记录下来。本节主要讲述视频编辑与影视制作的基础知识。

1.1.1　模拟信号与数字信号

　　现如今，数字技术正以异常迅猛的速度席卷全球的视频编辑领域，数字视频正逐步取代模拟视频，成为新一代视频应用的标准。下面将分别详细介绍模拟信号与数字信号的相关知识。

1. 模拟信号

　　模拟信号是指用连续变化的物理量所表达的信息，通常又被称为连续信号。它在一定的时间范围内可以有无限多个不同的取值。实际生产、生活中的各种物理量，如摄像机摄下的图像、录音机录下的声音，车间控制室所记录的压力、转速、湿度，等等，都是模拟信号，如图 1-1 所示。

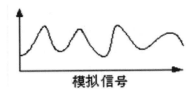

模拟信号

图 1-1

　　由于模拟信号的幅度、频率或相位都会随着时间和数值的变化而连续变化，使得任何干扰都会造成信号失真。长期以来的应用实践也证明，模拟信号会在复制或传输过程中，不断发生衰减，并混入噪波，从而使其保真度大幅降低。对此，人们想了许多办法。一种是采取各种措施来抗干扰，如给传输线加上屏蔽；再如采用调频载波来代替调幅载波等，但是这些办法都不能从根本上解决干扰的问题。另一种办法是设法除去信号中的噪声，把失真的信号恢复过来，但是对于模拟信号来说，由于无法从已失真的信号中较准确地推出原来不失真的信号，使得这种办法很难有效，有时甚至越弄越糟。

2. 数字信号

　　数字信号是指自变量是离散的、因变量也是离散的信号，这种信号的自变量用整数表示，因变量用有限数字中的一个数字来表示。在计算机中，数字信号的大小常用有限位的二进制数表示，如图1-2所示。

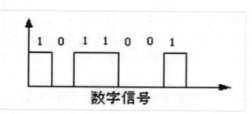

图 1-2

在数字电路中，由于数字信号只有0、1两个状态，它的值是通过中央值来判断的，在中央值以下规定为0，以上规定为1，所以即使混入了其他干扰信号，只要干扰信号的值不超过阈值范围，就可以再现原来的信号。即使因干扰信号的值超过阈值范围而出现了误码，只要采用一定的编码技术，也很容易将出错的信号检测出来并加以纠正。因此，与模拟信号相比，数字信号在传输过程中具有更高的抗干扰能力，更远的传输距离，且失真幅度更小。

　　由于数字信号的幅值为有限数值，因此在传输过程中虽然也会受到噪声干扰，但当信噪比恶化到一定程度时，只需要在适当的距离采用判决再生的方法，即可生成无噪声干扰，且和最初发送时一模一样的数字信号。

1.1.2 帧速率和场

帧、帧速率、扫描方式和场这些词汇都是视频编辑中常常出现的专业术语，它们都与视频播放有关。下面将逐一对这些专业术语和与其相关的知识进行详细介绍。

1. 帧

帧就是影像动画中最小单位的单幅影像画面，相当于电影胶片上的每一格镜头。一帧就是一幅静止的画面，连续的帧就形成了动画。在早期的动画制作中，这些图像中的每一张都需要动画师绘制出来，如图1-3所示。

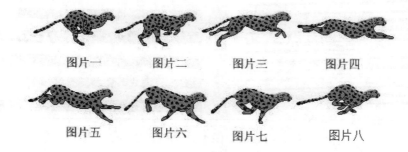

图片一　　　图片二　　　图片三　　　图片四

图片五　　　图片六　　　图片七　　　图片八

图 1-3

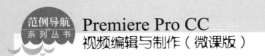
2. 帧速率

帧速率是指每秒钟刷新的图片的帧数，也可以理解为图形处理器每秒钟能够刷新几次。对影片内容而言，帧速率指每秒所显示的静止帧格数。要生成平滑连贯的动画效果，帧速率一般不小于8fps(帧/秒)；而电影的帧速率为24fps。捕捉动态视频内容时，此数字越高越好。

像电影一样，视频是由一系列的单独图像(称之为帧)组成的，并放映到观众面前的屏幕上。每秒钟放24～30帧，这样才会产生平滑和连续的效果。在正常情况下，一个或者多个音频轨迹与视频同步，并为影片提供声音。

帧速率也是描述视频信号的一个重要概念，对每秒钟扫描多少帧有一定的要求。对于PAL制式电视系统，帧速率为25帧/秒，而对于NTSC制式电视系统，帧速率为30帧/秒。虽然这些帧速率足以提供平滑的运动，但它们还没有高到足以使视频显示避免闪烁的程度。根据实验，人的眼睛可觉察到以低于1/50秒速度刷新图像中的闪烁。然而，要帧速率提高到这种程度，会显著增加系统的频带宽度，这是相当困难的。

3. 逐行扫描和隔行扫描

显示器通常分逐行扫描和隔行扫描两种扫描方式。逐行扫描相对于隔行扫描是一种先进的扫描方式，它是指显示屏显示图像进行扫描时，从屏幕左上角的第一行开始逐行进行，整个图像扫描一次完成。因此图像显示画面闪烁小，显示效果好。目前先进的显示器大都采用逐行扫描方式。隔行扫描就是每一帧被分割为两场，每一场包含了一帧中所有的奇数扫描行或者偶数扫描行，通常是先扫描奇数行得到第一场，然后扫描偶数行得到第二场。

隔行扫描是传统的电视扫描方式。按我国电视标准，一幅完整图像垂直方向由625条线构成，一幅完整图像分两次显示，首先显示奇数场(1、3、5……)，再显示偶数场(2、4、6……)。由于线数是恒定的，所以屏幕越大，扫描线越粗，大屏幕的背投电视扫描线甚至有几毫米宽，而小屏幕电视扫描线相对细一些，如图1-4所示。

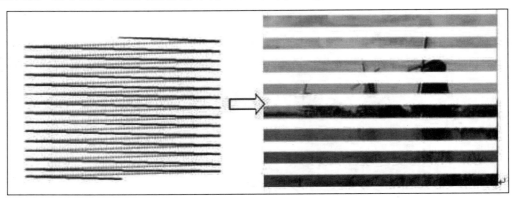

图 1-4

逐行扫描是使电视机的扫描方式按1、2、3、……的顺序一行一行地显示一幅图像，将构成一幅图像的625行一次显示完成的一种扫描方式。由于每一幅完整画面由625条扫描

线组成，在观看电视时，扫描线几乎不可见，垂直分辨率较隔行扫描提高了一倍，完全克服了隔行扫描行固有的大面积闪烁的缺点，使图像更为细腻、稳定，在大屏幕电视上观看时效果尤佳，即便是长时间近距离观看眼睛也不易疲劳，如图1-5所示。

图 1-5

4. 场

在采用隔行扫描方式进行播放的显示设备中，每一帧画面都会被拆分开显示，而拆分后得到的残缺画面即被称为"场"。也就是说，帧速率为 30 fps 的显示设备，实质上每秒需要播放 60 场画面；而对于帧速率为 25 fps 的显示设备来说，则每秒需要播放 50 场画面。

在这一过程中，一幅画面首先显示的场被称为"上场"，而紧随其后进行播放的、组成该画面的另一场则被称为"下场"。

"场"的概念仅适用于采用隔行扫描方式进行播放的显示设备(如电视机)，对于采用胶片进行播放的显像设备(胶片放映机)来说，由于其显像原理与电视机类产品完全不同，因此不会出现任何与"场"有关的内容。

1.1.3 分辨率和像素比

分辨率和像素比是不同的概念。分辨率可以从显示分辨率与图像分辨率两个方向来分类。显示分辨率(屏幕分辨率)是屏幕图像的精密度，是指显示器所能显示的像素有多少。由于屏幕上的点、线和面都是由像素组成的，显示器可显示的像素越多，画面就越精细，同样的屏幕区域内能显示的信息也越多，所以分辨率是非常重要的性能指标之一。可以把整个图像想象成是一个大型的棋盘，而分辨率的表示方式就是所有经线和纬线交叉点的数目。显示分辨率一定的情况下，显示屏越小图像越清晰，反之，显示屏大小固定时，显示分辨率越高图像越清晰。图像分辨率则是单位英寸中所包含的像素点数，其定义更趋近于分辨率本身的定义。

像素比是指图像中的一像素的宽度与高度之比，而帧纵横比则是指图像的一帧的宽度与高度之比。如某些 D1/DV NTSC 图像的帧纵横比是 4∶3，但使用方形像素(1.0 像素比)的是 640×480，使用矩形像素(0.9 像素比)的是 720×480。DV 基本上使用矩形像素，在 NTSC 视频中是纵向排列的，而在 PAL 制视频中是横向排列的。使用计算机图形软件制作生成的

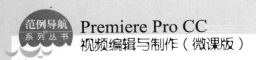

图像大多使用方形像素。

 　　对于一名影视节目编辑人员来说，除了需要熟练掌握视频编辑软件的使用方法外，还应当掌握一定的影视创作基础知识，才能更好地进行影视节目的编辑工作。本节将详细介绍蒙太奇、组接镜头、影视节目制作流程的相关知识。

1.2.1　蒙太奇与影视剪辑

　　蒙太奇是从法语 Montage 音译的外来语，原为建筑学术语，意为构成、装配，经常用于文学、音乐和美术三种艺术领域，可解释为有意义的、时空人为地拼贴剪辑手法。它最早被延伸到电影艺术中，后来逐渐在视觉艺术等衍生领域被广泛运用，包括室内设计和艺术涂料领域。下面详细介绍蒙太奇在影视创作中的运用。

1. 含义

　　影视剪辑中的蒙太奇手法大的方面可以分为表现蒙太奇和叙事蒙太奇，其中又可细分为心理蒙太奇、抒情蒙太奇、平行蒙太奇、交叉蒙太奇、重复蒙太奇、对比蒙太奇、隐喻蒙太奇等。

　　蒙太奇原指影像与影像之间的关系而言，有声影片和彩色影片出现之后，在影像与声音(人声、音响、音乐)，声音与声音，彩色与彩色，光影与光影之间，蒙太奇的运用又有了更加广阔的天地。蒙太奇的名目众多，迄今尚无明确的文法规范和分类，但电影界一般倾向分为叙事的、抒情的和理性的(包括象征的、对比的和隐喻的)三类。

　　蒙太奇一般包括画面剪辑和画面合成两方面。画面剪辑是指由许多画面或图样并列或叠化而成的一个统一图画作品；画面合成是指制作这种组合方式的艺术或过程。

2. 功能

　　(1) 通过镜头、场面、段落的分切与组接，对素材进行选择和取舍，以使表现内容主次分明，达到高度的概括和集中。

　　(2) 通过镜头更迭影响观众的心理，引导观众的注意力，激发观众的联想。每个镜头虽然只表现一定的内容，但组接一定顺序的镜头，能够规范和引导观众的情绪和心理，启迪观众思考。

　　(3) 创造独特的影视时间和空间。每个镜头都是对现实时空的记录，经过剪辑，实现对时空的再造，形成独特的影视时空。

　　(4) 使影片自如地交替叙述的角度，如从作者的客观叙述到人物内心的主观表现，或者通过人物的眼睛看到某种事态。没有这种交替使用，影片的叙述就会单调笨拙。

1.2.2　镜头组接

镜头组接，就是将电影或者电视里面单独的画面有逻辑、有构思、有意识、有创意和有规律地连贯在一起。一部影片是由许多镜头合乎逻辑地、有节奏地组接在一起，从而阐释或叙述某件事情的发生和发展的过程。画面组接的一般规律有动接动、静接静、声画统一等。

在镜头组接过程中，最重要的是连续性。用户应注意以下 3 个方面的问题。

1. 关于动作的衔接

应注意流畅，不要让人感到有打结或跳跃的痕迹。因此，要选好剪接点，特别是在拍摄时，要为后期的剪辑预留下剪接点，以利于后期制作。

2. 关于情绪的衔接

应注意把情绪镜头留足，可以把镜头时间适当放长一些。有些抒情见长的影片，其中不少表现情绪的镜头结尾处都留得比较长，既保持了画面内情绪的余韵，又给观众留下了品味情绪的余地和空间。

情绪既表现在人物的喜、怒、哀、乐的情绪世界里，也表现在景物的色调、光感以及其面貌上，所以情与景是互为感应和相互影响的。因此，对情与景的镜头的组接，应给予充分的注意，要善于利用以景传情和以景衬情的镜头衔接技巧。

3. 关于节奏的衔接

动作与节奏联系最为紧密。特别是在追逐场面、打斗场面、枪战场面中，节奏表现最为突出。这类场面动作速度和节奏比较快，因而适合用短镜头。有时用二三格连续交叉的剪接，即可获得一种让人眼花缭乱、目不暇接、速度快、节奏高的艺术效果，给人一种紧张热烈的感觉。

> 除动作富有强烈的节奏感之外，情绪镜头衔接中也蕴涵着节奏，有时它来得像疾风骤雨，有时它又给人一种像小溪流水一样缓慢、舒畅的感觉，这些都需要拍摄者用心把握。

1.2.3　镜头组接蒙太奇

在镜头组接的过程中，蒙太奇具有叙事和表现两大功能，在此基础上还可对其进行进一步的划分，下面将介绍镜头组接蒙太奇的相关知识。

1. 叙事蒙太奇

叙事蒙太奇由美国电影大师格里菲斯等人首创，是影视片中最常用的一种叙事方法。

第一章　视频剪辑与基础入门

7

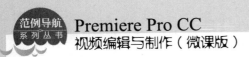

它的特征是以交代情节、展示事件为主旨，按照情节发展的时间流程、因果关系来分切组合镜头、场面和段落，从而引导观众理解剧情。这种蒙太奇组接脉络清楚、逻辑连贯、明白易懂。叙事蒙太奇分为以下几种。

1) 平行蒙太奇

这种蒙太奇常以不同时空(或同时异地)发生的两条或两条以上的情节线并列表现，分头叙述而统一在一个完整的结构之中。格里菲斯、希区柯克都是极善于运用这种蒙太奇的大师。平行蒙太奇应用广泛，首先因为用它处理剧情，可以删减过程以利于概括集中，节省篇幅，扩大影片的信息量，并加强影片的节奏感；其次，由于这种手法是几条线索并列表现，相互烘托，形成对比，易于产生强烈的艺术感染效果。

2) 交叉蒙太奇

交叉蒙太奇又称交替蒙太奇，它将同一时间不同地域发生的两条或数条情节线迅速而频繁地交替剪接在一起，其中一条线索的发展往往影响其他线索，各条线索相互依存，最后汇合在一起。这种剪辑技巧极易引起悬念，造成紧张激烈的气氛，加强矛盾冲突的尖锐性，是掌握观众情绪的有力手法，惊险片、恐怖片和战争片常用此法表现追逐和惊险的场面。

3) 颠倒蒙太奇

这是一种打乱结构的蒙太奇方式，先展现故事或事件的当前状态，再介绍故事的始末，表现为事件概念上"过去"与"现在"的重新组合。它常借助叠印、划变、画外音、旁白等转入倒叙。运用颠倒式蒙太奇，打乱的是事件顺序，但时空关系仍需交代清楚，叙事应符合逻辑关系，事件的回顾和推理都可用这种方式。

4) 连续蒙太奇

这种蒙太奇不像平行蒙太奇或交叉蒙太奇那样多线索地发展，而是沿着一条单一的情节线索，按照事件的逻辑顺序，有节奏地连续叙事。这种叙事自然流畅，朴实平顺，但由于缺乏时空与场面的变换，无法直接展示同时发生的情节，难以突出各条情节线之间的对列关系，不利于概括，易有拖沓冗长、平铺直叙之感。因此，在一部影片中很少单独使用，多与平行蒙太奇、交叉蒙太奇手法交混使用，相辅相成。

2. 表现蒙太奇

表现蒙太奇是以镜头对列为基础，通过相连镜头在形式或内容上相互对照、冲击，从而产生单个镜头本身所不具有的丰富含义，以表达某种情绪或思想。其目的在于激发观众的联想，启迪观众的思考。表现蒙太奇分为以下几种。

1) 抒情蒙太奇

抒情蒙太奇在保证叙事和描写的连贯性的同时，表现超越剧情之上的思想和情感。意义重大的事件被分解成一系列近景或特写，从不同的侧面和角度捕捉事物的本质含义，渲染事物的特征。最常见、最易被观众感受到的抒情蒙太奇，往往在一段叙事场面之后，恰当地切入象征情绪情感的空镜头。

2) 心理蒙太奇

这是人物心理描写的重要手段，它通过画面镜头组接或声画有机结合，形象生动地展示出人物的内心世界，常用于表现人物的梦境、回忆、闪念、幻觉、遐想、思索等精神活

8

动。这种蒙太奇在剪接技巧上多用交叉穿插等手法，其特点是画面和声音形象的片段性、叙述的不连贯性和节奏的跳跃性，声画形象带有剧中人强烈的主观性。

3) 隐喻蒙太奇

通过镜头或场面的对列进行类比，含蓄而形象地表达创作者的某种寓意。这种手法往往将不同事物之间某种相似的特征突显出来，以引起观众的联想，使其领会导演的寓意和领略事件的情绪色彩。隐喻蒙太奇将巨大的概括力和极度简洁的表现手法相结合，往往具有强烈的情绪感染力。不过，运用这种手法应当谨慎，隐喻与叙述应有机结合，避免生硬牵强。

4) 对比蒙太奇

它类似文学中的对比描写，即通过镜头或场面之间在内容(如贫与富、苦与乐、生与死、高尚与卑下、胜利与失败等)或形式(如景别大小、色彩冷暖、声音强弱等)的强烈对比，产生相互冲突的作用，以表达创作者的某种寓意或强化所表现的内容和思想。

1.2.4　声画组接蒙太奇

人类历史上最早出现的电影是没有声音的，主要是以演员的表情和动作来引起观众的联想，以及来完成创作思想的传递。随着技术的发展，人们通过幕后语言配合或人工声响的方式与屏幕上的画面相互结合，从而增强了声画融合的艺术效果。随后，人们开始将声音作为影视艺术的一种表现元素，并利用录音、声电光感应胶片技术和磁带录音技术，将声音合并到影视节目之中。

1. 影视语言

影视艺术是声音与画面艺术的结合物，缺少其中之一都不能称为现代影视艺术。在声音元素里，包括了影视的语言因素。在影视艺术中，对语言的要求不同于其他的艺术形式，它有着自己的特殊要求和规则。

1) 语言的连贯性，声画和谐

在影视节目中，如果把语言分解开来，会发现它不像一篇完整的文章，会出现语言断续、跳跃性大而且段落之间也不一定有严密的逻辑性等情况。但是，如果将语言与画面相配合，就可以看出节目整体的不可分割性和严密的逻辑性。这种逻辑性表现在语言和画面上，不是简单的相加，也不是简单的合成，而是相互渗透、互相溶解，相辅相成。在声画组合中，有些时候是以画面为主，说明画面的抽象内涵；有些时候是以声音为主，画面只是作为形象的提示。由此可以看出，影视语言可以深化和升华主题，将形象的画面用语言表达出来；可以抽象概括画面，将具体的画面表现为抽象的概念；可以表现不同人物的性格和心态；可以衔接画面，使镜头过渡流畅；还可以省略画面，将一些不必要的画面省略掉。

2) 语言的口语化、通俗化

影视节目面对的观众层次多样化，所以除了一些特定影片外，都应该使用通俗语言。所谓通俗语言，就是影片中使用的口头语言。如果语言出现费解、难懂等问题，便会给观众造成听觉上的障碍，并妨碍视觉功能，从而直接影响观众对画面的感受和理解，当然也就不能取得良好的视听效果。

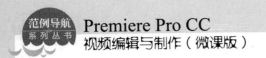

2. 语言录音

影视节目中的语言录音包括对白、解说、旁白、独白、杂音等。为了提高录音效果，必须注意解说员的素质、录音技巧以及解说方式。

1) 解说员的素质

一名合格的解说员必须充分理解稿本，对稿本的内容、重点做到了然于胸，对一些比较专业的词语必须理解；在朗读的时候还要抓住主题，确定语音的基调，也就是总的气氛和情调。在配音风格上要爱憎分明，刚柔并济，严谨生动；在台词对白上必须符合人物形象的性格；解说的语音还要流畅、流利，而不能含混不清。

2) 录音技巧

录音在技术上要求尽量创造有利的物质条件，保证良好的音质音量，尽量在专业录音棚进行。在录音现场，要有录音师统一指挥，默契配合。在进行解说录音的时候，需要先将画面进行编辑，配音员观看后再做配音。

3) 解说的形式

在影视节目的解说中，形式多种多样，因此需要根据影片内容而定。不过大致上可以将其分为3类：第一人称解说、第三人称解说以及第一人称和第三人称交替解说。

3. 影视音乐

在日常生活中，音乐是一种用于满足人们听觉欣赏需求的艺术形式。不过，影视节目中的音乐却没有普通音乐的独立性，而是具有一定的目的性。由于影视节目在内容、对象、形式等方面的不同，决定了影视音乐的结构和目的在表现形式上各有特点。此外，影视音乐具有融合性，即影视音乐必须同其他影视因素结合，这是因为音乐本身在表达感情的程度上往往不够准确，但在与语言、音响和画面融合后，便可以突破这种局限性。

影视音乐按照所服务影片的内容，可分为故事片音乐、科教片音乐、新闻片音乐、美术片音乐以及广告片音乐等；按照音乐的性质，可分为抒情音乐、描绘性音乐、说明性音乐、色彩性音乐、戏剧性音乐、幻想性音乐、气氛性音乐以及效果性音乐等；按照影视节目的段落，可分为片头主题音乐、片尾音乐、片中插曲以及情节性音乐等。

1.2.5　影视节目制作流程

一部完整的影视节目从策划、前期拍摄、后期编辑到最终完成，其间过程众多、**繁杂**。不过，但就后期编辑制作而言，整个项目的制作流程却并不是很复杂，本小节将详细介绍影视节目制作的基本流程。

1. 准备素材

在使用非线性编辑系统制作节目时，首先需要向系统中输入所要用到的素材。在输入素材时，应该根据不同系统的特点和不同的编辑要求，确定数据传输接口方式和压缩比，一般来说应遵循以下原则。

- 尽量使用数字接口，如 QSDI 接口、CSDI 接口、SDI 接口和 DV 接口。
- 对同一种压缩方法来说，压缩比越小，图像质量越高，占用的存储空间就越大。
- 采用不同压缩方式的非线性编辑系统，在录制视频素材时采用的压缩比可能不同，但有可能获得同样的图像质量。

2. 节目制作

节目制作是非线性编辑系统中最为重要的一个环节，编辑人员在该环节需要进行的工作主要集中在以下几个方面。

- 浏览素材：在非线性编辑系统中查看素材拥有极大的灵活性，可以让素材以正常速度播放，也可以实现快速重放、慢放和单帧播放等。
- 定位编辑点：可实时定位是非线性编辑系统的最大优点，这为编辑人员节省了大量搜索的时间，从而极大地提高了编辑效率。
- 调整素材长度：通过时码编辑，非线性编辑系统的工作人员能够快速、准确地在节目中的任意位置插入一段素材，也可以实现磁带编辑中常用的插入和组合编辑。
- 应用特技：通过数字技术，为影视节目应用特技变得异常简单，而且能够在应用特技的同时观看到应用效果。
- 编辑声音：大多数基于计算机的非线性编辑系统都能够直接从 CD 唱盘、MIDI 文件中录制波形声音文件，并利用同样数字化的音频编辑系统进行处理。
- 添加字幕：字幕与视频画面的合成方式有软件和硬件两种。其中，软件字幕使用的是特技抠像方法，而硬件字幕则是通过视频硬件来实现字幕与画面的实时混合叠加。

3. 非线性编辑节目的输出

在非线性编辑系统中，节目在编辑完成后主要通过以下 3 种方法进行输出。

1) 输出到录像带

这是联机非线性编辑中最常用的输出方式，操作要求与输入素材时的要求基本一致，即优先考虑使用数字接口，其次是分量接口、S-Video 接口和复合接口。

2) 输出 EDL 表

在某些对节目画质要求较高，即使非线性编辑系统采用最小压缩比仍不能满足要求时，可以考虑只在非线性编辑系统上进行初编，然后输出 EDL 表至 DVW 或 BVW 编辑台进行精编。

3) 直接用硬盘播出

该方法可减少中间环节，降低视频信号的损失。不过，在使用时必须保证系统的稳定性，有条件的情况下还应该准备备用设备。

第一章　视频剪辑与基础入门

Section
1.3

常见的视频和音频格式

手机扫描下方二维码，观看本节视频课程

非线性编辑的出现，使得视频影像的处理方式进入了数字时代。与之相呼应的是，影像的数字化记录方法也更加多样化。在编辑视频影片之前，用户首先需要了解视频和音频格式常识。本节将详细介绍常用视频和音频格式方面的知识。

1.3.1 视频格式

随着视频编码技术的不断发展，视频文件的格式种类也变得极为丰富。为了更好地编辑影片，用户必须熟悉各种常见的视频格式，以便在编辑影片时能够灵活使用不同格式的视频素材。下面详细介绍常用视频格式方面的知识。

1. MPEG/MPG/DAT

MPEG/MPG/DAT 类型的视频文件都是由 MPEG 编码技术压缩而成的视频文件，被广泛应用于 VCD/DVD 和 HDTV 的视频编辑与处理等方面。其中，VCD 内的视频文件由 MPEG 1 编码技术压缩而成(刻录软件会自动将 MPEG 1 编码的视频文件转换为 DAT 格式)，DVD 内的视频文件则由 MPEG 2 压缩而成。

2. MOV

这是由 Apple 公司研发的一种视频格式，是 QuickTime 音/视频软件的配套格式。MOV 格式不仅能够在 Apple 公司生产的 Mac 机上进行播放，还可以在基于 Windows 操作系统的 QuickTime 软件上播放，它逐渐成为使用较为频繁的视频文件格式。

3. AVI

AVI 是由微软公司研发的视频格式，其优点是允许影像的视频部分和音频部分同步播放，调用方便、图像质量好，缺点是文件体积过于庞大。

4. ASF

ASF(Advanced Streaming Format，高级流格式)是微软公司为了和 Real Networks 竞争而开发出来的一种可直接在网上观看视频节目的文件压缩格式。ASF 使用了 MPEG 4 压缩算法，其压缩率和图像的质量都很不错。

5. WMV

WMV 是一种可在互联网上实时传播的视频文件类型，其主要优点在于可扩充的媒体类型、本地或网络回放、可伸缩的媒体类型、流的优先级化、多语言支持、扩展性等。

6. RM/RMVB

RM/RMVB是按照Real Networks公司所制定的音频/视频压缩规范而创建的视频文件格式。RM格式的视频文件只适合本地播放，而RMVB除了能够进行本地播放外，还可通过互联网进行流式播放，使用户只需进行短时间的缓冲，便可不间断地长时间欣赏影视节目。

1.3.2 音频格式

音频格式是指要在计算机内播放或处理的音频文件，是对声音文件进行数、模转换的过程。音频格式最大带宽是20kHz，速率为40~50 kHz，采用线性脉冲编码调制(PCM)，每一量化步长都具有相等的长度。下面详细介绍常用音频格式方面的知识。

1. WAVE 格式

WAVE(*.WAV)是微软公司开发的一种声音文件格式，用于保存 Windows 平台的音频信息资源，支持 MSADPCM、CCITT A LAW 等多种压缩算法，同时也支持多种音频位数、采样频率和声道。标准格式的 WAV 文件采用 44.1kHz 的采样频率，速率为 88Kbps，16 位量化位数，是各种音频文件中音质最好的，同时它的体积也是最大的。

2. AIFF 格式

AIFF 是音频交换文件格式(Audio Interchange File Format)的英文缩写，是一种用文件格式存储的数字音频(波形)的数据。AIFF 应用于个人电脑及其他电子音响设备以存储音乐数据，支持 ACE2、ACE8、MAC3 和 MAC6 压缩，支持 16 位 44.1kHz 立体声。

3. MP3 格式

MP3 是一种采用了有损压缩算法的音频文件格式。由于 MP3 在采用心理声学编码技术的同时结合了人们的听觉原理，因此剔除了将某些人耳分辨不出的音频信号，从而实现了高达 1∶12 或 1∶14 的压缩比。

此外，MP3 还可以根据不同需要采用不同的采样率进行编码，如 96Kbps、112Kbps、128Kbps 等。其中，使用 128Kbps 采样率所获得 MP3 的音质非常接近于 CD 音质，但其大小仅为 CD 音乐的 1/10，因此成为目前最为流行的一种音乐文件。

4. OggVorbis 格式

OggVorbis 是一种新的音频压缩格式，类似于 MP3 等现有的音乐格式。但有一点不同的是，它是完全免费、开放和没有专利限制的。Vorbis 是这种音频压缩机制的名字，而 Ogg 则是一个计划的名字，该计划意图设计一个完全开放性的多媒体系统。目前该计划只实现了 OggVorbis 这一部分。

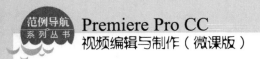
OggVorbis 文件的扩展名是*.ogg。这种文件的设计格式是非常先进的，它可以不断地进行大小和音质的改良，而不影响旧有的编码器或播放器。

5. WMA 格式

WMA(Windows Media Audio)是微软公司推出的与 MP3 格式齐名的一种新的音频格式。WMA 在压缩比和音质方面都超过了 MP3，更是远胜于 RA(Real Audio)，即使在较低的采样频率下也能产生较好的音质。

6. AMR 格式

AMR 全称为 Adaptive Multi-Rate(自适应多速率编码)，主要用于移动设备的音频，压缩比较大，相对其他的压缩格式质量比较差，但用于人声通话效果还是很不错的。

7. MIDI 格式

MIDI(Musical Instrument Digital Interface)格式经常被玩音乐的人使用。允许数字合成器和其他设备进行交换数据。MID 文件格式由 MIDI 继承而来。MID 文件并不是一段录制好的声音，而是记录声音的信息然后告诉声卡如何再现音乐的一组指令。MIDI 文件每保存 1 分钟的音乐只用大约 5～10KB。MID 文件主要用于原始乐器作品、流行歌曲的业余表演、游戏音轨以及电子贺卡等，文件重放的效果完全依赖声卡的档次。MIDI 格式的最大用处是在电脑作曲领域，文件可以用作曲软件写出，也可以通过声卡的 MIDI 口把外接音序器演奏的乐曲输入电脑里，制成 MIDI 文件。

1.3.3　高清视频

视频主要有一般、标准、高清、超清几种，高清视频就是指 HDTV。

要解释 HDTV，首先要了解 DTV。DTV 是一种数字电视技术，是当下传统模拟电视技术的接班人。所谓的数字电视，是指从演播室到发射、传输、接收过程中的所有环节都是使用数字电视信号，或对该系统所有的信号传播都是通过由二进制数字所构成的数字流来完成的。数字信号的传播速率为每秒 19.39 兆字节，如此大的数据流传输速度保证了数字电视的高清晰度，克服了模拟电视的先天不足。同时，由于数字电视可以允许几种制式信号同时存在，因此每个数字频道下又可分为若干个子频道，能够满足以后频道不断增多的需求。HDTV 是 DTV 中标准最高的一种，即 High Definition TV，故而称为 HDTV。

HDTV 规定视频必须至少具备 720 线非交错式(720p，p 代表逐行)或 1080 线交错式隔行(1080i，i 代表隔行)扫描，屏幕纵横比为 16：9。音频输出为 5.1 声道(杜比数字格式)，同时能兼容接收其他较低格式的信号并进行数字化处理重放。

HDTV 常见的三种分辨率，分别是 720P(1280×720P，非交错式，欧美国家有的电视台就是用这种分辨率)、1080i(1920×1080，隔行扫描)、1080p(1920×1080，逐行扫描)，其中网络上使用的以 720P 和 1080p 最为常见。

480p 是一种视频显示格式。字母 p 表示逐行扫描 (progressive scan)，数字 480 表示其

垂直分辨率,也就是垂直方向有 480 条水平扫描线,而每条水平线有 640 像素;纵横比(aspect ratio)为 4：3,即通常所说的标准电视格式(standard-definition television,SDTV)。帧频通常为 30 赫兹或者 60 赫兹。480p 通常应用在使用 NTSC 制式的国家和地区,如北美、日本等。480p60 格式被认为是准高清晰电视格式(enhanced-definition television,EDTV)。

> 行频也被称为水平扫描率,是指电子枪每秒在荧光屏上扫描水平线的数量,以 kHz 为单位,属于显示设备的固定工作参数。显示设备的行频越大,其工作越稳定。

Section 1.4 数字视频编辑

手机扫描下方二维码,观看本节视频课程

使用影像录制设备获取视频后,用户通常还要对其进行剪切、重新编排等一系列处理,这个操作过程统称为视频编辑操作。而当用户以数字方式来完成这一任务时,整个过程便称为数字视频编辑。本节将介绍数字视频编辑基础方面的知识。

1.4.1 线性编辑与非线性编辑

在影视的发展过程中,视频节目的制作先后经历了"物理剪辑""电子编辑"和"数字编辑"3 个不同发展阶段,其编辑方式也先后出现了"线性编辑"和"非线性编辑",下面将详细介绍线性编辑与非线性编辑方面的知识。

1. 线性编辑

线性编辑是电视节目的传统编辑方式,是一种需要按时间顺序从头至尾进行编辑的节目制作方式,它依托的是以一维时间轴为基础的线性记录载体,如磁带编辑系统。在素材磁带上按时间顺序排列,这种编辑方式要求编辑人员首先编辑素材的第一个镜头,结尾的镜头最后编,它意味着编辑人员必须对一系列镜头的组接做出确切的判断,事先做好构思,因为一旦编辑完成,就不能轻易改变这些镜头的组接顺序。因为对编辑带的任何改动,都会直接导致记录在磁带上的信号的真实地址的重新安排,从改动点以后直至结尾的所有部分都将受到影响,需要重新编一次或者进行复制。

线性编辑具有如下优点:

- 可以很好地保护原来的素材,能多次使用。
- 不损伤磁带,能发挥磁带随意录、随意抹去的特点,降低制作成本。
- 能保持同步与控制信号的连续性,组接平稳,不会出现信号不连续的情况。
- 可以迅速而准确地找到最适当的编辑点,正式编辑前可预先检查,编辑后可立刻观看编辑效果,发现不妥可马上修改。
- 声音与图像可以做到完全吻合,还可各自分别进行修改。

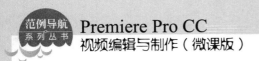

线性编辑具有如下缺点：

- 线性编辑系统只能在一维的时间轴上按照镜头的顺序一段一段地搜索，不能跳跃进行，因此素材的选择很费时间，影响了编辑效率。
- 模拟信号经多次复制，信号严重衰减，声画质量降低。
- 线性编辑难以对半成品完成随意的插入或删除等操作。
- 线性编辑系统有视频线、音频线、控制线、同步机，构成复杂，可靠性相对降低，经常出现不匹配的现象。
- 较为生硬的操作界面限制制作人员创造性的发挥。

2. 非线性编辑

传统的线性视频编辑是按照信息记录顺序，从磁带中重放视频数据来进行编辑，需要较多的外部设备，如放像机、录像机、特技发生器、字幕机，工作流程十分复杂。非线性编辑是指剪切、复制和粘贴素材时无须在存储介质上对其进行重新安排的视频编辑方式。非线性编辑在编辑视频的同时，还能实现诸多处理效果，例如添加视觉特技、更改视觉效果等。现在绝大多数的电视电影制作机构都采用了非线性编辑系统。

非线性编辑(简称非线)系统是计算机技术和电视数字化技术的结晶，它使电视的制作速度和画面效果均有很大提高。非线性编辑具有如下特点。

- 信号质量高：使用非线性编辑系统，无论用户如何处理或者编辑，拷贝多少次，信号质量将是始终如一的。当然，由于信号的压缩与解压缩编码，难免会存在一些质量损失，但与线性编辑相比，损失大大减小。
- 制作水平高：在非线性编辑系统中，大量的素材都存储在硬盘上，可以随时调用，不必费时费力地逐帧寻找。素材的搜索极其容易，整个编辑过程就像文字处理一样，既灵活又方便。
- 设备寿命长：非线性编辑系统对传统设备的高度集成，使后期制作所需的设备降至最少，有效地节约了投资。而且由于是非线性编辑，可以避免磁鼓的大量磨损，使得录像设备的寿命大大延长。
- 便于升级：非线性编辑系统采用的是易于升级的开放式结构，支持许多第三方的硬件、软件。通常，功能的增加只需要通过软件的升级就能实现。
- 网络化：非线性编辑系统可充分利用网络方便地传输数码视频，实现资源共享；还可利用网络上的计算机协同创作，对数码视频资源进行管理、查询。

1.4.2　非线性编辑系统的构成

非线性编辑系统的构成，主要靠软件与硬件两方面的共同支持。目前，一套完整的非线性编辑系统，其硬件部分至少应包括一台多媒体计算机，此外，还需要非线性编辑视频卡、IEEE 1394 卡以及其他专用板卡和外围设备等，如图 1-6 所示。

其中，视频卡用于采集和输出模拟视频，也就是担负着模拟视频与数字视频之间相互转换的功能，如图 1-7 所示。

图 1-6　　　　　　　　　　　　　　　　　　　　　图 1-7

从软件上看，非线性编辑系统主要由非线性编辑软件、图像处理软件、二维动画软件、三维动画软件和音频处理软件等构成。

1.4.3　非线性编辑的工作流程

非线性编辑的工作流程可简单分为输入、编辑和输出 3 个步骤。本节将介绍非线性编辑的工作流程。

1．素材采集与输入

素材是视频节目的基础，因此收集、整理素材后将其导入编辑系统，便成为正式编辑视频节目前的首要工作。利用 Premiere Pro CC 的素材采集功能，用户可以方便地将磁带或其他存储介质上的模拟音/视频信号转换为数字信号存储在计算机中，并将其导入编辑项目中，使其成为可以处理的素材。

2．素材编辑

多数情况下，并不是素材中的所有部分都会出现在编辑完成的视频中。很多时候，视频编辑人员需要使用剪切、复制、粘贴等方法，选择素材内最合适的部分，然后按一定顺序将不同素材组接成一段完整的视频，而上述操作便是编辑素材的过程。

3．特技处理

由于拍摄手段与技术及其他原因的限制，很多时候人们无法直接得到所需的画面效果。此时，视频编辑人员便需要通过特技处理，向观众呈现此类难拍摄或根本无法拍摄到的画面效果。

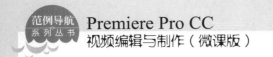

4. 字幕添加

字幕是影视节目的重要组成部分，而 Premiere Pro CC 拥有强大的字幕制作功能，操作也极其简便。除此之外，Premiere Pro CC 还内置了大量的字幕模板，很多时候用户只需借助字幕模板，便可以获得令人满意的字幕效果。

5. 影片输出

视频节目在编辑完成后，就可以输出回录到录像带上。当然，根据需要也可以将其输出为视频文件，以便发布到网上，或者直接刻录成 VCD 光盘、DVD 光盘等。

Section 1.5　范例应用与上机操作

手机扫描下方二维码，观看本节视频课程

时至今日，视频编辑技术经过多年的发展，已经由起初直接剪切胶片的阶段发展到借助计算机进行数字化编辑的阶段。通过本章的学习，读者可以掌握视频剪辑基础入门的知识。本节将通过一些范例，练习上机操作，以达到巩固学习、拓展提高的目的。

1.5.1　设置外观亮度

Premiere Pro CC 2019(全书将以该版本进行讲解)安装完毕后，外观亮度是可以自定义的，从而让用户选择更加适合个人习惯的颜色进行使用。本例详细介绍设置外观亮度的操作方法。

素材文件 ❀	无
效果文件 ❀	无

step 1 启动 Premiere Pro CC 2019 软件，① 在菜单栏中单击【编辑】菜单，② 在弹出的菜单项中选择【首选项】菜单项，③ 选择【外观】菜单项，如图 1-8 所示。

step 2 弹出【首选项】对话框，系统默认的软件外观亮度为"最暗"，① 选择【外观】选项卡，② 在右侧拖动滑动条上的滑动按钮，来改变软件外观的亮度，③ 设置好外观亮度后单击【确定】按钮 `确定`，即可完成设置外观亮度的操作,如图 1-9 所示。

图 1-8

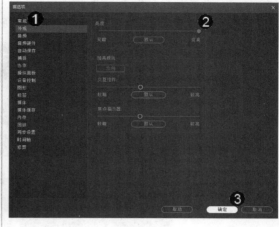

图 1-9

1.5.2　启动时打开最近使用的项目

Premiere Pro CC 2019 可以设置启动时打开最近使用的项目，这样当软件启动时就可以自动打开上一次使用的项目。本例详细介绍启动时打开最近使用的项目的操作方法。

素材文件 无

效果文件 无

step 1　启动 Premiere Pro CC 2019 软件，① 在菜单栏中单击【编辑】菜单，② 在弹出的菜单中选择【首选项】菜单项，③ 选择【常规】菜单项，如图 1-10 所示。

step 2　弹出【首选项】对话框，① 选择【常规】选项卡，② 在右侧的【启动时】下拉列表中选择【打开最近使用的项目】选项，③ 单击【确定】按钮 确定 ，如图 1-11 所示。

图 1-10

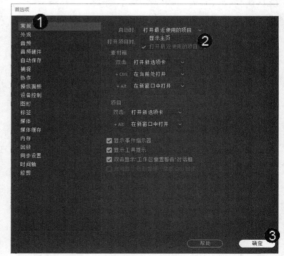

图 1-11

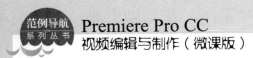

 当启动软件时系统会自动打开最近一次使用的项目文件，这样即可完成设置启动时打开最近使用的项目，如图1-12所示。

图 1-12

1.5.3 自动保存

使用 Premiere Pro CC 2019 时，还可以设置自动保存，这样当意外发生时(如突然断电、死机等情况)，也可以将项目文件保存完好。下面详细介绍自动保存的操作方法。

素材文件❋ 无
效果文件❋ 无

 启动 Premiere Pro CC 2019 软件，① 在菜单栏中单击【编辑】菜单，② 在弹出的菜单中选择【首选项】菜单项，③ 选择【自动保存】菜单项，如图1-13所示。

弹出【首选项】对话框，① 选择【自动保存】选项卡，② 在右侧区域中选择【自动保存项目】复选框，并且设置自动保存的时间间隔，③ 单击【确定】按钮 确定 ，即可完成设置自动保存的操作，如图1-14所示。

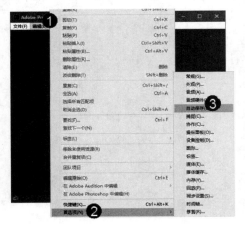

图 1-13

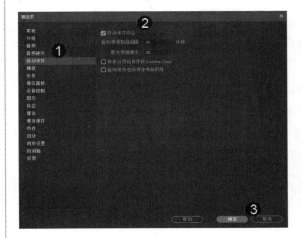

图 1-14

Section 1.6 本章小结与课后练习

本节内容无视频课程

本章主要讲述视频编辑与影视制作的一些基础知识，通过本章的学习，用户可以掌握数字视频编辑的基本概念、创作影视作品的常识、常见的视频和音频格式以及数字视频编辑的相关知识。下面通过练习几道习题，以达到巩固与提高的目的。

一、填空题

1. 模拟信号是指用连续变化的物理量所表达的信息，通常又被称为_____。它在一定的时间范围内可以有_____多个不同的取值。

2. _____是指自变量是离散的、因变量也是离散的信号，这种信号的自变量用整数表示，因变量用有限数字中的一个数字来表示。在计算机中，数字信号的大小常用有限位的_____数表示。

3. _____就是影像动画中最小单位的单幅影像画面，相当于电影胶片上的每一格镜头。

4. _____是指每秒钟刷新的图片的帧数，也可以理解为图形处理器每秒钟能够刷新几次。

5. _____是传统的电视扫描方式。按我国电视标准，一幅完整图像垂直方向由 625 条线构成，一幅完整图像分两次显示，首先显示奇数场(1、3、5……)，再显示偶数场(2、4、6……)。由于线数是恒定的，所以屏幕越大，扫描线越粗，大屏幕的背投电视扫描线甚至有几毫米宽，而小屏幕电视扫描线相对细一些。

6. _____是使电视机的扫描方式按 1、2、3、……的顺序一行一行地显示一幅图像，构成一幅图像的 625 行一次显示完成的一种扫描方式。

7. 在采用隔行扫描方式进行播放的显示设备中，每一帧画面都会被拆分开进行显示，而拆分后得到的残缺画面即被称为_____。

8. _____是指图像中的一像素的宽度与高度之比，而帧纵横比则是指图像的一帧的宽度与高度之比。

9. _____就是将电影或者电视里面单独的画面有逻辑、有构思、有意识、有创意和有规律地连贯在一起。

10. _____是指要在计算机内播放或处理的音频文件，是对声音文件进行数、模转换的过程。

二、判断题

1. 由于模拟信号的幅度、频率或相位都会随着时间和数值的变化而连续变化，使得任何干扰都会造成信号失真。　　　　　　　　　　　　　　　　　　　　（　　）

2. 在数字电路中，由于数字信号只有 0、1 两个状态，它的值是通过中央值来判断的，

第一章 视频剪辑与基础入门

21

在中央值以下规定为 1，以上规定为 0，所以即使混入了其他干扰信号，只要干扰信号的值不超过阈值范围，就可以再现原来的信号。　　　　　　　　　　　　　　　（　　）

3. 数字信号即使因干扰信号的值超过阈值范围而出现了误码，只要采用一定的编码技术，也很容易将出错的信号检测出来并加以纠正。因此，与模拟信号相比，数字信号在传输过程中具有更高的抗干扰能力，更远的传输距离，且失真幅度更小。　　　　　　（　　）

4. 对影片内容而言，帧速率指每秒所显示的静止帧格数。要生成平滑连贯的动画效果，帧速率一般不小于 8fps；而电影的帧速率为 24fps。捕捉动态视频内容时，此数字越高越好。　　　　　　　　　　　　　　　　　　　　　　　　　　　　　　　（　　）

5. 帧速率也是描述视频信号的一个重要概念，对每秒钟扫描多少帧有一定的要求。对于 NTSC 制式电视系统，帧速率为 25 帧/秒，而对于 PAL 制式电视系统，帧速率为 30 帧/秒。　　　　　　　　　　　　　　　　　　　　　　　　　　　　　　（　　）

6. 蒙太奇一般包括画面剪辑和画面合成两方面。画面剪辑是指由许多画面或图样并列或叠化而成的一个统一图画作品；画面合成是指制作这种组合方式的艺术或过程。电影将一系列在不同地点，从不同距离和角度，以不同方法拍摄的镜头排列组合起来，叙述情节，刻画人物。　　　　　　　　　　　　　　　　　　　　　　　　　　　　　　　（　　）

7. 叙事蒙太奇是以镜头对列为基础，通过相连镜头在形式或内容上相互对照、冲击，从而产生单个镜头本身所不具有的丰富含义，以表达某种情绪或思想，其目的在于激发观众的联想，启迪观众的思考。　　　　　　　　　　　　　　　　　　　　　　　　（　　）

8. 在影视的发展过程中，视频节目的制作先后经历了"物理剪辑""电子编辑"和"数字编辑" 3 个不同发展阶段，其编辑方式也先后出现了线性编辑和非线性编辑。　　　（　　）

9. 目前，一套完整的非线性编辑系统，其硬件部分至少应包括一台多媒体计算机，此外，还需要非线性编辑视频卡、IEEE 1394 卡以及其他专用板卡和外围设备等。　　（　　）

三、思考题

1. 如何设置外观亮度？
2. 如何设置自动保存？

第2章

Premiere Pro CC 基本操作

本章主要介绍 Premiere Pro CC 的工作界面、功能面板、界面的布局、创建与配置项目方面的知识及技巧,同时讲解视频剪辑流程。通过本章的学习,读者可以掌握 Premiere Pro CC 基本操作方面的知识,为深入学习 Premiere Pro CC 知识奠定基础。

本 章 要 点

1. Premiere Pro CC 的工作界面
2. 功能面板
3. 界面的布局
4. 创建与配置项目
5. 视频剪辑流程

Section
2.1

Premiere Pro CC 的工作界面

手机扫描下方二维码，观看本节视频课程

在编辑视频时，对工作界面的认识是必不可少的，Premiere Pro CC 采用了一种面板式的操作环境，整个用户界面由多个活动面板组成，视频的后期处理就是在各种面板中进行操作的。本节将详细介绍 Premiere Pro CC 工作界面的知识。

2.1.1 菜单栏

Premiere Pro CC 的菜单栏默认分为文件、编辑、剪辑、序列、标记、图形、窗口和帮助 8 个菜单项，每个菜单选项代表一类命令，如图 2-1 所示。

图 2-1

2.1.2 【项目】面板

【项目】面板用于对素材进行导入、存放和管理，该面板可以用多种方式显示素材，包括素材的缩略图、名称、类型、颜色标签、出入点等信息；也可为素材分类、重命名素材、新建素材等，如图 2-2 所示。

图 2-2

2.1.3　监视器面板

　　监视器面板用来显示音/视频节目编辑合成后的最终效果，用户可通过预览最终效果来估算编辑的效果与质量，以便进一步地调整和修改，如图 2-3 所示。

图 2-3

　　在监视器面板的右下方有【提升】按钮、【提取】按钮，可以用来删除序列中选中的部分内容。单击右下角的【导出帧】按钮，即可打开【导出帧】对话框，如图 2-4 所示，用来将序列单独导出为单帧图片。

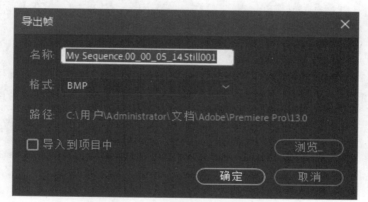

图 2-4

- 【提升】按钮、【提取】按钮：用来删除序列中选中的部分内容。
- 【导出帧】按钮：可以将序列单独导出为单帧图片。

2.1.4　【时间轴】面板

　　【时间轴】面板是 Premiere Pro CC 中最主要的编辑面板，在该面板中用户可以按照时间顺序排列和连接各种素材，可以剪辑片段、叠加图层、设置动画关键帧和合成效果等。时间轴还可多层嵌套，该功能对制作影视长片或者复杂特效十分有用，如图 2-5 所示。

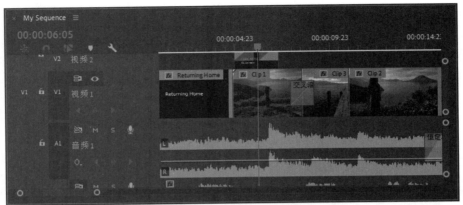

图 2-5

2.1.5　素材源监视器

　　素材源监视器的主要作用是预览和修剪素材，编辑影片时只需双击【项目】面板中的素材，即可通过素材源监视器预览效果。在监视器中，素材预览区的下方为时间标尺，底部则为播放控制区，如图 2-6 所示。

图 2-6

Section
2.2

功能面板

手机扫描下方二维码，观看本节视频课程

　　Premiere Pro CC 拥有多个实用的功能面板，如【工具】面板、【效果】面板、【效果控件】面板、【字幕】面板、【音轨混合器】面板、【历史记录】面板和【信息】面板等。本节将详细介绍 Premiere Pro CC 中各个功能面板的相关知识。

2.2.1 【工具】面板

【工具】面板主要用于对时间轴上的素材进行剪辑、添加或移除关键帧等操作，如图 2-7 所示。

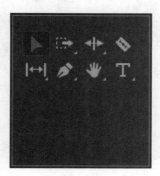

图 2-7

2.2.2 【效果】面板

【效果】面板的作用是提供多种视频过渡效果，在 Premiere Pro CC 中，系统共为用户提供了 70 多种视频过渡效果。单击【窗口】主菜单，在弹出的菜单中选择【效果】菜单项，即可弹出【效果】面板，如图 2-8 和图 2-9 所示。

图 2-8   图 2-9

2.2.3 【效果控件】面板

如果想要修改视频过渡效果，那么可以在【效果控件】面板中进行设置。单击【窗口】主菜单，在弹出的菜单中选择【效果控件】菜单项，即可打开【效果控件】面板，如图 2-10 所示。

第 2 章 Premiere Pro CC 基本操作

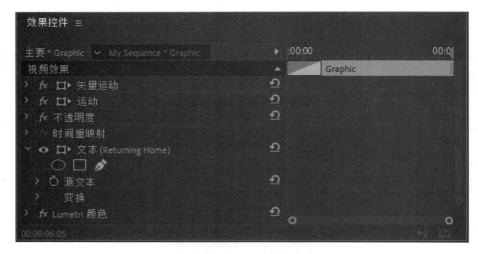

图 2-10

2.2.4 【字幕】面板

在 Premiere Pro CC 中，所有字幕都是在【字幕】面板中创建完成的。在该面板中，不仅可以创建和编辑静态字幕，还可以制作出各种动态的字幕效果。单击【文件】主菜单，在弹出的菜单中选择【新建】菜单项，在弹出的子菜单中选择【字幕】菜单项，弹出【新建字幕】对话框，如图 2-11 所示，单击【确定】按钮 确定 ，即可弹出【字幕】面板，如图 2-12 所示。

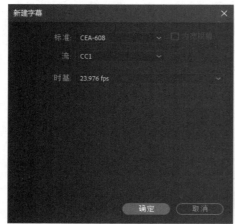

图 2-11

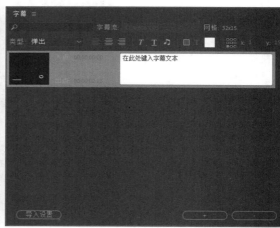

图 2-12

2.2.5 【音轨混合器】面板

音轨混合器是 Premiere Pro CC 为用户制作高质量音频所准备的多功能音频素材处理平台。利用 Premiere 音轨混合器，用户可以在现有音频素材的基础上创建出复杂的音频效果。从【音轨混合器】面板中可以看出，每条音频轨道混合器轨道均对应于活动序列时间周中的某个轨道，并会在音频控制台布局中显示时间轴音频轨道。音轨混合器由若干音频轨道控制器和播放控制器组成，而每个轨道的控制器又由对应轨道的控制按钮和音量控制器等控件组成，如图 2-13 所示。

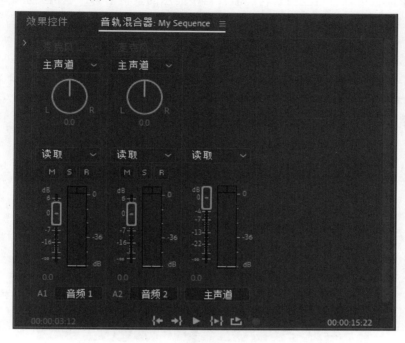

图 2-13

　　默认情况下，【音轨混合器】面板内仅显示当前所激活序列的音频轨道。因此，如果希望在该面板内显示指定的音频轨道，就必须将序列嵌套至当前被激活的序列内。

2.2.6 【历史记录】面板

　　【历史记录】面板中记录了用户曾经操作过的所有步骤，单击某一步骤名称即可返回到该步骤，便于用户修改操作，如图 2-14 所示。

图 2-14

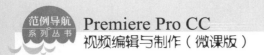

2.2.7 【信息】面板

【信息】面板可以查看当前素材源监视器中显示的素材信息，包括类型、入点、出点、持续时间、所在序列、当前所在时间点等信息，如图 2-15 所示。

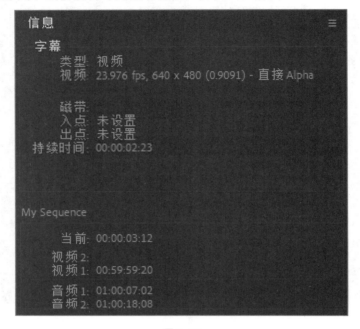

图 2-15

Section 2.3 界面的布局

手机扫描下方二维码，观看本节视频课程

Premiere Pro CC 提供了多种界面布局以供用户在不同情况下使用，如【音频】模式工作界面、【颜色】模式工作界面、【效果】模式工作界面、【编辑】模式工作界面以及【组件】模式工作界面等。本节将介绍进入各个界面布局的方法。

2.3.1 【音频】模式工作界面

Premiere Pro CC 为用户提供了多种模式的工作界面，用户可以根据需要进行选择，下面详细介绍进入【音频】模式工作界面的方法。

step 1 启动 Premiere Pro CC，① 单击【窗口】主菜单，② 在弹出的菜单中选择【工作区】菜单项，③ 在弹出的子菜单中选择【音频】菜单项，如图 2-16 所示。

step 2 可以看到系统会自动切换到【音频】模式工作界面。通过以上步骤即可完成进入【音频】模式工作界面的操作，如图 2-17 所示。

图 2-16

图 2-17

2.3.2 【颜色】模式工作界面

　　【颜色】模式工作界面大多在调整影片色彩时使用，在整个工作环境中，以【效果】面板、【项目】面板、【节目】面板和【参考】面板为主，下面详细介绍进入【颜色】模式工作界面的方法。

step 1 　启动 Premiere Pro CC，① 单击【窗口】主菜单，② 在弹出的菜单中选择【工作区】菜单项，③ 在弹出的子菜单中选择【颜色】菜单项，如图 2-18 所示。

step 2 　可以看到系统会自动切换到【颜色】模式工作界面。通过以上步骤即可完成进入【颜色】模式工作界面的操作，如图 2-19 所示。

图 2-18

图 2-19

2.3.3　【编辑】模式工作界面

　　【编辑】模式工作界面是 Premiere Pro CC 默认使用的工作区布局方案，其特点在于该布局方案为用户进行项目管理、查看源素材和节目播放效果、编辑时间轴等多项工作进行了优化，使用户在进行此类操作时能够快速找到所需面板或工具。下面详细介绍进入【编辑】模式工作界面的方法。

step 1 启动 Premiere Pro CC，① 单击【窗口】主菜单，② 在弹出的菜单中选择【工作区】菜单项，③ 在弹出的子菜单中选择【编辑】菜单项，如图 2-20 所示。

step 2 可以看到系统会自动切换到【编辑】模式工作界面。通过以上步骤即可完成进入【编辑】模式工作界面的操作，如图 2-21 所示。

图 2-20

图 2-21

知识精讲

　　在 Premiere Pro CC 2019 软件界面中，系统为用户提供了 10 套不同的工作界面，以便用户在进行不同类型的编辑工作时，能够达到更高的工作效率。用户可以直接单击菜单栏下面的工作区布局选项卡，快速选择准备使用的界面布局。

2.3.4　【效果】模式工作界面

　　【效果】模式工作界面侧重于对素材进行效果处理，因此在工作界面中以【效果控件】面板、【节目】面板和【时间轴】面板为主，下面详细介绍进入【效果】模式工作界面的操作方法。

step 1 启动 Premiere Pro CC，① 单击【窗口】主菜单，② 在弹出的菜单中选择【工作区】菜单项，③ 在弹出的子菜单中选择【效果】菜单项，如图 2-22 所示。

step 2 可以看到系统会自动切换到【效果】模式工作界面。通过以上步骤即可完成进入【效果】模式工作界面的操作，如图 2-23 所示。

图 2-22

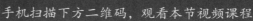

图 2-23

Section 2.4 创建与配置项目

手机扫描下方二维码，观看本节视频课程

在 Premiere Pro CC 中，项目是为获得某个视频剪辑而产生的任务集合，或者是为了对某个视频文件进行编辑处理而创建的框架。在制作影片时，由于所有操作都是围绕项目进行的，所以对 Premiere 项目的各项管理、配置工作就显得尤为重要。本节将详细介绍创建与配置项目的相关知识及操作方法。

2.4.1 创建与设置项目

在 Premiere Pro CC 中，所有的影视编辑任务都以项目的形式呈现，因此创建项目文件是进行视频制作的首要工作。下面详细介绍创建与设置项目的操作方法。

step 1 启动 Premiere Pro CC，① 单击【文件】主菜单，② 在弹出的菜单中选择【新建】菜单项，③ 在弹出的子菜单中选择【项目】菜单项，如图 2-24 所示。

step 2 弹出【新建项目】对话框，选择【常规】选项卡，在其中可设置项目文件的名称和保存位置，还可以对视频渲染和回放、对音频视频显示格式等选项进行调整，如图 2-25 所示。

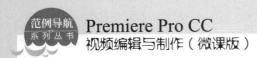

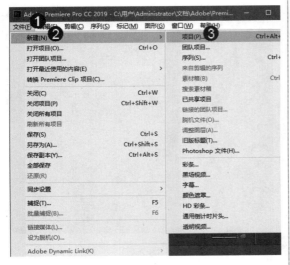

图 2-24

图 2-25

step 3　选择【暂存盘】选项卡，在其中可以设置采集到的音/视频素材、视频预览文件和音频预览文件的保存位置，单击【确定】按钮，如图 2-26 所示。

step 4　通过以上步骤即可完成在 Premiere Pro CC 中创建空白项目的操作，如图 2-27 所示。

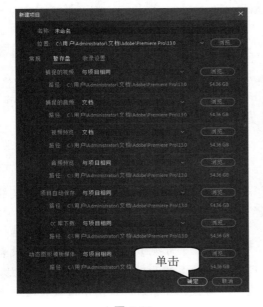

图 2-26

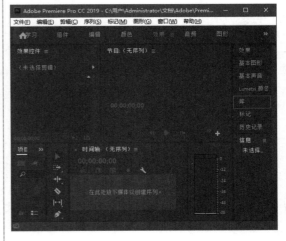

图 2-27

在【暂存盘】选项卡中，由于各个临时文件夹的位置被记录在项目中，所以严禁在项目设置完成后更改所设临时文件夹的名称与保存位置，否则将造成项目所用文件的链接丢失，导致无法进行正常的项目编辑工作。

34

在【常规】选项卡中，部分选项的含义与功能如下。

- 视频和音频【显示格式】下拉列表框：在【视频】和【音频】选项组中，【显示格式】选项的作用都是设置素材文件在项目内的标尺单位。
- 【捕捉格式】下拉列表框：当需要从摄像机等设备内获取素材时，该选项的作用是要求 Premiere Pro CC 以规定的采集方式来获取素材内容。

在 Premiere Pro CC 主界面中选择【文件】→【项目设置】→【常规】菜单项，弹出的对话框如图 2-28 所示。该对话框除了名称和保存位置选项设置外，还可以进行一些其他设置。

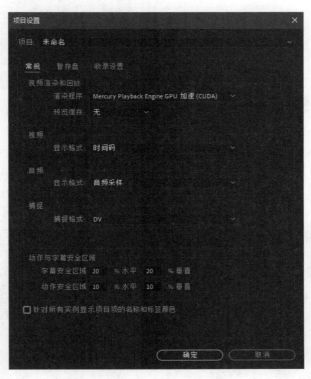

图 2-28

2.4.2 创建与设置序列

Premiere Pro CC 内所有组接在一起的素材，以及这些素材所应用的各种滤镜和自定义设置，都必须放置在一个被称为"序列"的 Premiere 项目元素内。序列对项目极其重要，因为只有当项目内拥有序列时，用户才可进行影片编辑操作。下面详细介绍创建与设置序列的操作方法。

step 1　新建项目文件后，① 单击【文件】主菜单，② 在弹出的菜单中选择【新建】菜单项，③ 在弹出的子菜单中选择【序列】菜单项，如图 2-29 所示。

step 2　弹出【新建序列】对话框，在【序列预设】选项卡中列出了众多预设方案，选择某种方案后，在右侧列表框中可查看方案信息与部分参数，如图 2-30 所示。

35

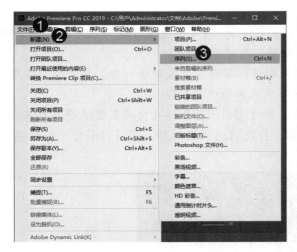

图 2-29

图 2-30

step 3　如果 Premiere Pro CC 提供的预设方案不能满足要求，用户还可以选择【设置】与【轨道】选项卡进行自定义序列配置，单击【确定】按钮 确定，如图 2-31 所示。

step 4　通过以上步骤即可完成在 Premiere Pro CC 中创建序列的操作，如图 2-32 所示。

单击

图 2-31

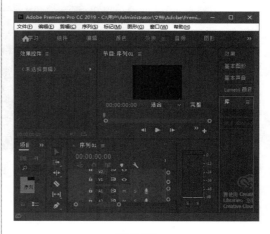

图 2-32

在【设置】选项卡中部分选项的含义及作用如下。

- 【编辑模式】下拉列表框：设定新序列将要以哪种序列预置方案为基础，来设置新的序列配置方案。
- 【时基】下拉列表框：设置序列所应用的帧速率标准，在设置时应根据目标播出设备的参数进行调整。
- 【帧大小】文本框：用于设置视频画面的分辨率。
- 【像素长宽比】下拉列表框：根据编辑模式的不同，包括 0.9091、1.0、1.2121、

1.333、1.5 和 2.0 等多种选项供用户选择。

- 【场】下拉列表框：用于设置扫描方式(隔行扫描还是逐行扫描)。
- 【显示格式】下拉列表框：用于设置序列中的视频显示标尺单位。
- 【采样率】下拉列表框：用于统一控制序列内的音频文件采样率。
- 【显示格式】下拉列表框：用于设置序列中的音频显示标尺单位。
- 【预览文件格式】下拉列表框：用于控制 Premiere Pro CC 将以哪种文件格式来生成相应序列的预览文件。当采用 Microsoft AVI 作为预览文件格式时，还可以在【编解码器】下拉列表框中选择生成预览文件时采用的编码方式。在启用【最大位深度】和【最高渲染质量】复选框后，还可提高预览文件的质量。

作为编辑影片时的重要对象，一个序列往往无法满足用户编辑影片的需要。除了使用【序列】命令创建序列之外，用户还可以单击【项目】面板中的【新建项】按钮，在弹出的菜单中选择【序列】菜单项，打开【新建序列】对话框来创建新序列，如图 2-33 所示。

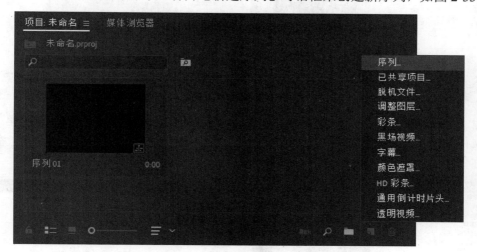

图 2-33

根据选项的不同，部分序列配置选项将呈现为灰色未激活状态(无效或不可更改)；如果需要自定义所有序列配置参数，则应在【设置】选项卡的【编辑模式】下拉列表中选择【自定义】选项。

2.4.3 保存项目文件

由于 Premiere Pro CC 软件在创建项目之初就已经要求用户设置项目的保存位置，所以在保存项目文件时无须再次设置文件保存路径。此时，用户只需在菜单栏中选择【文件】→【保存】菜单项，即可将更新后的编辑操作添加到项目文件内。

1. 保存项目副本

在编辑视频的过程中，如果需要阶段性地保存项目文件，那么可以选择保存项目副本。

在菜单栏中选择【文件】→【保存副本】菜单项，如图 2-34 所示；即可弹出【保存项目】对话框，如图 2-35 所示；在其中设置副本的文件名称和保存位置后，单击【保存】按钮 保存(S) ，即可完成保存项目副本的操作。

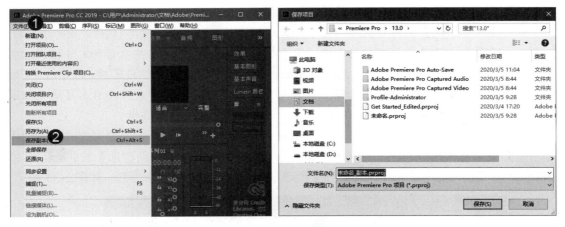

图 2-34   图 2-35

2. 项目文件另存

除了保存项目副本外，项目文件另存也可以起到生成项目副本的目的。在菜单栏中选择【文件】→【另存为】菜单项，如图 2-36 所示；即可弹出【保存项目】对话框，使用新的名称保存项目文件，如图 2-37 所示。

图 2-36   图 2-37

知识精讲

从功能上来看，【保存副本】和【另存为】的功能一致，都是在源项目的基础上创建新的项目。两者之间的差别在于，使用【保存副本】命令生成项目后，Premiere Pro CC 中的当前项目仍然是源项目；而使用【另存为】命令生成项目后，Premiere Pro CC 将关闭源项目，并打开新生成的项目。

2.4.4 打开项目文件

打开项目文件的方法非常简单，下面详细介绍使用菜单命令打开项目文件的操作。

素材文件❀	第2章\素材文件\宝宝成长相册.prproj
效果文件❀	无

step 1 在 Premiere Pro CC 主界面中，① 单击【文件】主菜单，② 在弹出的菜单中选择【打开项目】菜单项，如图 2-38 所示。

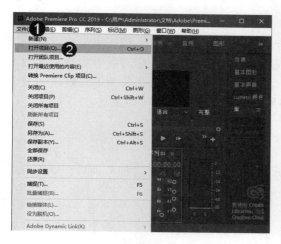

图 2-38

step 3 可以看到选择的项目文件已被打开。这样即可完成打开项目文件的操作，如图 2-40 所示。

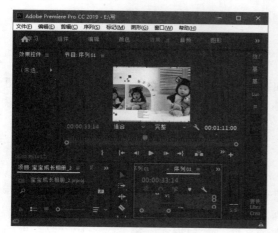

图 2-40

step 2 弹出【打开项目】对话框，① 选择项目所在位置，② 选中准备打开的项目"宝宝成长相册.prproj"，③ 单击【打开】按钮 ，如图 2-39 所示。

图 2-39

智慧锦囊

在 Premiere Pro CC 软件中，只能打开一个项目，因此在打开新项目的同时，将自动关闭当前项目。此时，如果当前项目内还有未保存的编辑操作，则 Premiere Pro CC 会自动提示用户进行保存。

考考您

请您根据上述方法打开一个项目文件，测试一下您的学习效果。

Section 2.5 视频剪辑流程

手机扫描下方二维码，观看本节视频课程

在 Premiere Pro CC 中，确定视频主体和制作方案之后，就可以进行视频剪辑了，视频剪辑的基本流程可大致分为前期准备、设置项目参数、导入素材、编辑素材和导出项目 5 个步骤。本节将详细介绍视频剪辑工作流程的相关知识。

2.5.1 前期准备

制作一部完整的影片，首先要有一个优秀的创作构思将整个故事描述出来，确立故事的大纲。随后根据故事大纲做好详细的细节描述，以此作为影片制作的参考指导。脚本编写完成之后，按照影片情节的需要准备素材。素材的准备工作是一个复杂的过程，一般需要使用 DV 等摄像机拍摄大量的视频素材，另外，也需要音频和图片等素材。

2.5.2 设置项目参数

要使用 Premiere Pro CC 编辑一部影片，应创建符合要求的项目文件，项目参数的设置包括以下两个方面：

- 在新建项目时，设置的项目参数。
- 在进入编辑项目后，单击【编辑】主菜单，在弹出的菜单中选择【首选项】菜单项，在弹出的子菜单中选择菜单项来设置软件的工作参数。

2.5.3 导入素材

在新建项目之后，接下来需要做的是将待编辑的素材导入到 Premiere 的【项目】面板中，为影片编辑做准备。

2.5.4 编辑素材

导入素材之后，接下来应在【时间轴】面板中对素材进行编辑等操作。编辑素材是使用 Premiere 编辑影片的主要内容，包括设置素材的帧频、画面比例、素材的三点和四点插入法等。

2.5.5 导出项目

编辑完项目之后，就需要将编辑的项目进行导出，以便于其他编辑软件进行编辑。导出项目包括两种情况：导出媒体和导出编辑项目。其中，导出媒体是将已编辑完成的项目文件导出为视频文件，一般应该导出为有声视频文件，并根据实际需要为影片设置合理的压缩格式。导出编辑项目包括导出到 Adobe Clip Tape、回录至录影带、导出到 EDL 和导出到 OMP 等。

Section 2.6 范例应用与上机操作

手机扫描下方二维码，观看本节视频课程

通过本章的学习，读者可以掌握 Premiere Pro CC 基本操作的相关知识。本节将通过一些范例应用，如重置当前工作界面、新建"我们的星球"项目文件，练习上机操作，以达到巩固学习、拓展提高的目的。

2.6.1 重置当前工作界面

当调整后的界面布局并不适用于编辑需要时，用户可以将当前布局模式重置为默认的布局模式。下面详细介绍重置当前工作界面的方法。

step 1 启动 Premiere Pro CC，① 单击【窗口】主菜单，② 在弹出的菜单中选择【工作区】菜单项，③ 在弹出的子菜单中选择【重置为保存的布局】菜单项，如图 2-41 所示。

step 2 可以看到已经将工作界面重新设置到更改前的状态。通过以上步骤即可完成重置当前工作界面的操作，如图 2-42 所示。

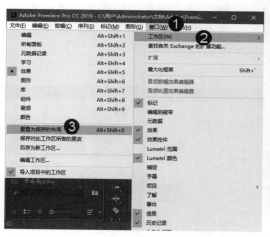

图 2-41

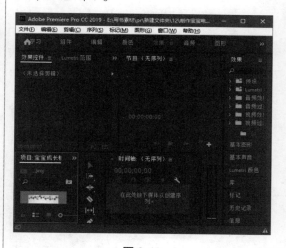

图 2-42

2.6.2 新建"我们的星球"项目文件

本例将介绍如何在 Premiere Pro CC 中新建一个名为"我们的星球"的项目文件，导入"星球"文件夹中的素材并将其拖曳到【时间轴】面板中，下面详细介绍其操作方法。

素材文件 第 2 章\素材文件\星球

效果文件 第 2 章\效果文件\我们的星球.prproj

step 1 启动 Premiere Pro CC，① 单击【文件】主菜单，② 在弹出的菜单中选择【新建】菜单项，③ 选择【项目】菜单项，如图 2-43 所示。

图 2-43

step 2 弹出【新建项目】对话框，① 设置项目名称为"我们的星球"，② 设置项目保存的路径，③ 单击【确定】按钮 确定 ，如图 2-44 所示。

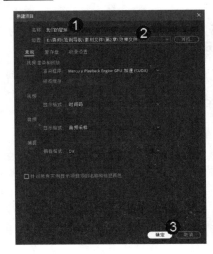

图 2-44

step 3 返回到 Premiere Pro CC 主界面中，可以看到已经新建一个名为"我们的星球"的项目文件，在【项目】面板的"导入媒体以开始"位置处双击鼠标左键，如图 2-45 所示。

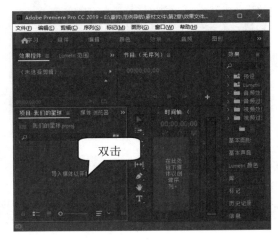

图 2-45

step 4 弹出【导入】对话框，① 选择准备导入文件的位置，② 选择准备导入的素材文件，③ 单击【打开】按钮 打开(O) ，如图 2-46 所示。

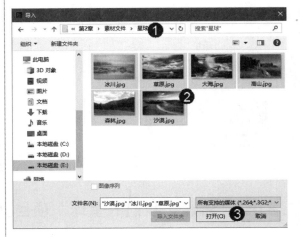

图 2-46

step 5 返回到 Premiere Pro CC 主界面中，可以看到已经将所选择的素材文件导入到【项目】面板中，拖曳所导入的素材文件到【时间轴】面板中，如图 2-47 所示。

图 2-47

step 6 可以看到已经将所导入的素材文件拖曳到【时间轴】面板中，接下来用户就可以进行编辑了，如图 2-48 所示。

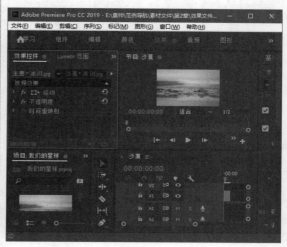

图 2-48

step 7 在 Premiere Pro CC 菜单栏中，① 单击【文件】主菜单，② 在弹出的菜单中选择【保存】菜单项，即可完成本例的操作，如图 2-49 所示。

图 2-49

智慧锦囊

在 Premiere Pro CC 软件中，用户还可以直接按键盘上的 Ctrl+S 组合键，快速保存项目文件。

考考您

请您根据上述方法新建一个项目文件，并导入素材文件到【时间轴】面板中，测试一下您的学习效果。

Section
2.7 本章小结与课后练习

本节内容无视频课程

通过本章的学习，用户除了可以学习到 Premiere Pro CC 的工作环境与功能外，还可以详细了解项目的创建与配置、保存等基本操作知识以及视频剪辑流程，下面通过练习几道习题，以达到巩固与提高的目的。

2.7.1 思考与练习

一、填空题

1. _____用于对素材进行导入、存放和管理，该面板可以用多种方式显示素材，包括素材的缩略图、名称、类型、颜色标签、出入点等信息；也可为素材分类、重命名素材、新建素材等。

2. _____用来显示音/视频节目编辑合成后的最终效果，用户可通过预览最终效果来估算编辑的效果与质量，以便进行进一步的调整和修改。

3. _____的主要作用是预览和修剪素材，编辑影片时只需双击【项目】面板中的素材，即可通过素材源监视器预览效果。在监视器中，素材预览区的下方为时间标尺，底部则为播放控制区。

二、判断题

1. 【时间轴】面板是 Premiere Pro CC 中最主要的编辑面板，在该面板中用户可以按照时间顺序排列和连接各种素材，可以剪辑片段、叠加图层、设置动画关键帧和合成效果等。
（　　）

2. 【效果】面板主要用于对时间轴上的素材进行剪辑、添加或移除关键帧等操作。
（　　）

3. 在 Premiere Pro CC 中，所有的影视编辑任务都以项目的形式呈现，因此创建项目文件是进行视频制作的首要工作。
（　　）

三、思考题

1. 如何进入【音频】模式工作界面？
2. 如何创建序列？

2.7.2 上机操作

通过本章的学习，读者基本可以掌握 Premiere Pro CC 基本操作方面的相关知识，下面练习使【项目】面板独立显示，以达到巩固与提高的目的。

第3章

导入与编辑素材

本章主要介绍导入素材、编辑素材文件、调整影视素材方面的知识与技巧，同时讲解如何编排与归类素材。通过本章的学习，读者可以掌握导入与编辑素材基础操作方面的知识，为深入学习 Premiere Pro CC 知识奠定基础。

本章要点

1. 导入素材
2. 编辑素材文件的操作
3. 调整影视素材
4. 编排与归类素材

导入素材

手机扫描下方二维码，观看本节视频课程

Premiere Pro CC 支持图像、视频、音频等多种类型和文件格式的素材导入，这些素材的导入方式基本相同。将准备好的素材导入到【项目】面板中，可以通过不同的方法来完成，本节将详细介绍导入素材的相关知识及操作方法。

3.1.1 导入视频素材

在制作和编辑影片时，用户可以大量使用视频素材，Premiere Pro CC 支持的视频文件格式也很广泛，本例详细介绍导入视频素材的操作方法。

素材文件 第3章\素材文件\壮丽的烟火.mov
效果文件 第3章\效果文件\导入视频素材.prproj

step 1 新建 Premiere Pro CC 项目文件后，① 单击【文件】主菜单，② 在弹出的菜单中选择【导入】菜单项，如图 3-1 所示。

图 3-1

step 2 弹出【导入】对话框，① 选择素材所在位置，② 选择准备导入的视频素材"壮丽的烟火.mov"，③ 单击【打开】按钮 ，如图 3-2 所示。

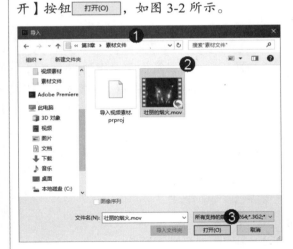

图 3-2

step 3 返回到软件的主界面中，可以看到已经将所选择的视频素材文件导入到【项目】面板中，这样即可完成导入视频素材的操作，如图 3-3 所示。

智慧锦囊

除了利用菜单导入素材外，用户还可以打开素材所在的文件夹，选中并拖动素材到【项目】面板，快速将素材导入到软件中。

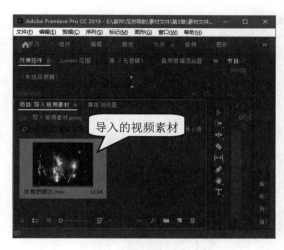

图 3-3

考考您

请您根据上述方法导入视频素材，测试一下您的学习效果。

3.1.2 导入序列素材

Premiere Pro CC 支持导入多种序列格式素材，本例详细介绍导入序列素材的操作方法。

素材文件 第3章\素材文件\序列
效果文件 第3章\效果文件\导入序列素材.prproj

step 1 　新建项目文件后，① 单击【文件】主菜单，② 在弹出的菜单中选择【导入】菜单项，如图 3-4 所示。

图 3-4

step 2 　弹出【导入】对话框，① 选择素材所在位置，② 选择准备导入的序列素材，③ 选择下方的【图像序列】复选框，④ 单击【打开】按钮 打开(O)，如图 3-5 所示。

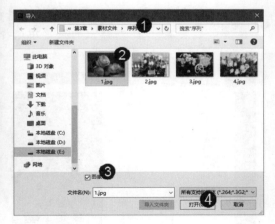

图 3-5

step 3 返回到 Premiere Pro CC 主界面中，可以看到已经将序列素材文件导入到【项目】面板中，选中并拖曳序列素材到【时间轴】面板中，如图 3-6 所示。

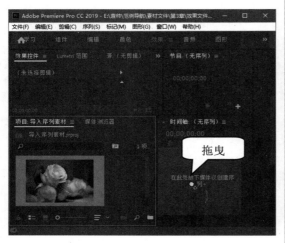

图 3-6

step 4 在监视器面板中单击【播放】按钮，可以观看素材的效果。通过以上步骤即可完成在 Premiere Pro CC 中导入序列素材的操作，如图 3-7 所示。

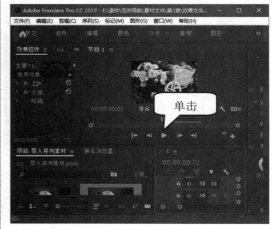

图 3-7

3.1.3 导入 PSD 素材

PSD 是 Adobe 公司的图形设计软件 Photoshop 的专用格式，Premiere Pro CC 支持导入该格式，从而使用户更加方便地使用该素材文件。本例详细介绍导入 PSD 素材的方法。

素材文件 第 3 章\素材文件\水果 PSD 素材.psd
效果文件 第 3 章\效果文件\导入 PSD 素材.prproj

step 1 新建项目文件后，① 单击【文件】主菜单，② 在弹出的菜单中选择【导入】菜单项，如图 3-8 所示。

图 3-8

step 2 弹出【导入】对话框，① 选择素材所在位置，② 选择准备导入的 PSD 素材"水果 PSD 素材.psd"，③ 单击【打开】按钮 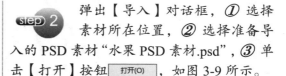，如图 3-9 所示。

图 3-9

step 3 弹出【导入分层文件】对话框，① 在【导入为】下拉列表框中选择【各个图层】选项，② 选择准备导入的 PSD 素材图层，③ 单击【确定】按钮 确定 ，如图 3-10 所示。

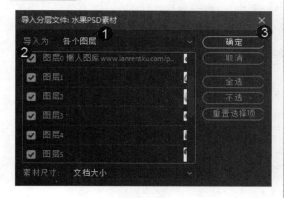

图 3-10

step 5 可以看到已经将该文件夹里的文件打开显示出来，选择图层，将其拖曳到【时间轴】面板中，如图 3-12 所示。

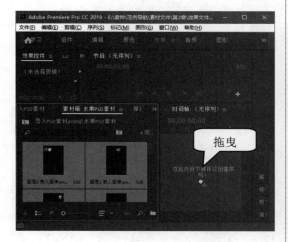

图 3-12

step 4 返回到 Premiere Pro CC 主界面，可以看到已经将 PSD 素材文件导入到【项目】面板中，它以一个文件夹形式显示，双击该文件夹，如图 3-11 所示。

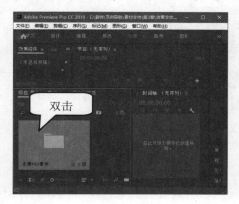

图 3-11

step 6 在监视器面板中单击【播放】按钮 ，可以观看素材的效果。通过以上步骤即可完成在 Premiere Pro CC 中导入 PSD 素材的操作，如图 3-13 所示。

图 3-13

 在【项目】面板的空白处单击鼠标右键，在弹出的快捷菜单中选择【导入】菜单项，打开【导入】对话框后，将直接进入 Premiere Pro CC 软件上次访问的文件夹。

第 3 章 导入与编辑素材

范例导航
系列丛书

Section 3.2 编辑素材文件的操作

手机扫描下方二维码，观看本节视频课程

在 Premiere Pro CC 软件中，将素材文件导入完毕后，用户就可以进行编辑素材文件的操作了，如打包素材文件、编组素材文件、嵌套素材文件等。本节将详细介绍编辑素材文件的相关知识及操作方法。

3.2.1 打包素材文件

添加了视频、图像、音频等素材文件，并做了相应处理后，想要拿到另一台电脑上进行使用，就需要打包保存，本例详细介绍打包素材文件的操作方法。

素材文件 ❀	第 3 章\素材文件\打包素材.prproj
效果文件 ❀	无

step 1 打开素材文件"打包素材.prproj"，① 单击【文件】主菜单，② 在弹出的菜单中选择【项目管理】菜单项，如图 3-14 所示。

step 2 弹出【项目管理器】对话框，① 选择序列，② 在【生成项目】区域下方，选中【收集文件并复制到新位置】单选按钮，③ 在【目标路径】区域下方，用户可以单击【浏览】按钮 浏览... 设置打包保存路径，如图 3-15 所示。

图 3-14

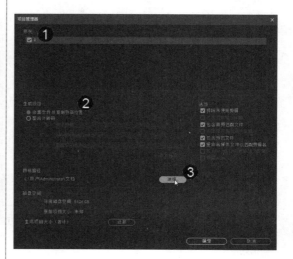

图 3-15

step 3 弹出【请选择生成项目的目标路径】对话框，① 选择准备生成项目的目标路径，② 单击【选择文件夹】按钮 选择文件夹 ，如图 3-16 所示。

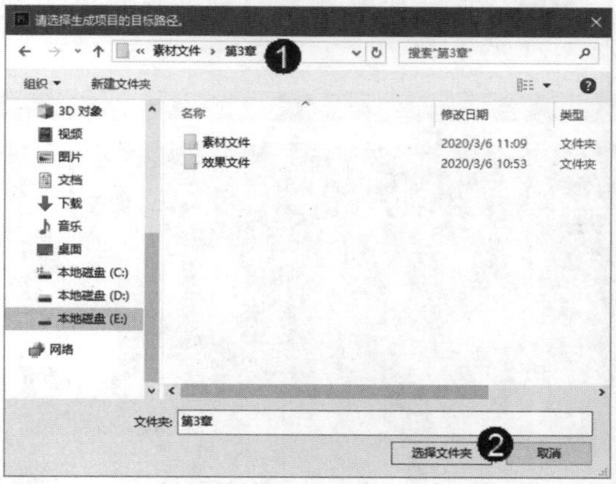

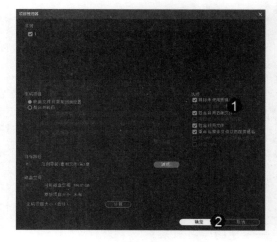

图 3-16

step 5 在【项目管理器】对话框中，① 在【选项】区域下方选择准备使用的复选框，② 单击【确定】按钮 确定 ，如图 3-18 所示。

图 3-18

step 4 返回到【项目管理器】对话框中，可以看到目标路径已被修改，用户还可以单击下方的【计算】按钮 计算 ，预览要生成文件的大小，防止磁盘空间不够用，如图 3-17 所示。

图 3-17

step 6 打开刚刚设置的目标路径文件夹，可以看到已经将素材文件打包保存，这样即可完成打包素材文件的操作，如图 3-19 所示。

图 3-19

3.2.2 编组素材文件

在 Premiere Pro CC 中，将素材文件进行编组可以方便用户批量处理素材文件，从而大大提高工作效率。本例详细介绍编组素材文件的操作方法。

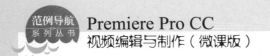
素材文件 ❄ 第3章\素材文件\编组素材文件.prproj
效果文件 ❄ 第3章\效果文件\编组效果.prproj

step 1 打开素材文件"编组素材文件.prproj"，① 选择准备进行编组的素材文件并单击鼠标右键，② 在弹出的快捷菜单中选择【编组】菜单项，如图 3-20 所示。

step 2 编组之后，用户可以随便拖曳其中的一个视频素材到其他位置，如图 3-21 所示。

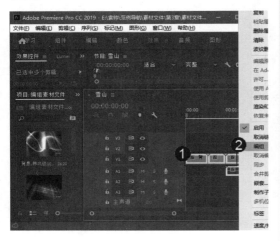

图 3-20

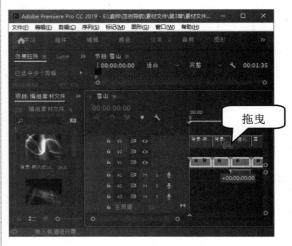

图 3-21

step 3 可以看到所有视频素材都会跟着一起移动，这样即完成编组素材文件的操作，如图 3-22 所示。

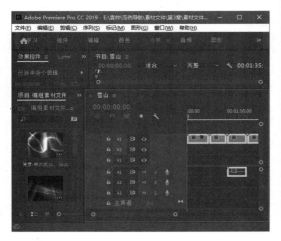

图 3-22

智慧锦囊

在 Premiere Pro CC 软件中，如果用户不想要编组了，可以选中刚刚编组的素材文件并单击鼠标右键，在弹出的快捷菜单中选择【取消编组】菜单项。

考考您

请您根据上述方法编组素材文件，测试一下您的学习效果。

3.2.3 嵌套素材文件

如果想对序列中的每段视频都添加同一种效果，那么为每段视频都添加效果是非常麻烦的，这时，用户就可以进行嵌套操作。使用【嵌套】命令，可以将多个片段合成一个序列来进行移动和复制等操作。本例详细介绍嵌套素材文件的操作方法。

素材文件❀ 第3章\素材文件\整理影片素材2.prproj
效果文件❀ 第3章\效果文件\嵌套效果.prproj

step 1 打开素材文件"整理影片素材2.prproj"，① 在【时间轴】面板中选中要嵌套的所有素材，并右键单击鼠标，② 在弹出的快捷菜单中选择【嵌套】菜单项，如图 3-23 所示。

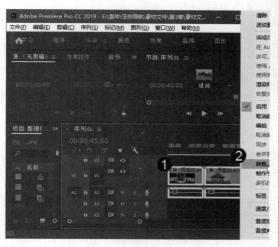

图 3-23

step 3 可以看到嵌套的素材部分会整体变成绿色，这样即可完成嵌套素材文件的操作，如图 3-25 所示。

图 3-25

step 2 弹出【嵌套序列名称】对话框，① 在【名称】文本框中输入嵌套名称，② 单击【确定】按钮 确定 ，如图 3-24 所示。

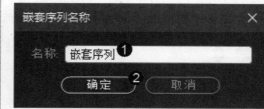

图 3-24

智慧锦囊

嵌套成为一个序列后嵌套是无法取消的，若不想使用嵌套序列，则双击嵌套序列，选中嵌套序列中的素材，单击鼠标右键，在弹出的快捷菜单中选择【剪切】菜单项，然后删除嵌套序列。

考考您

请您根据上述方法嵌套素材文件，测试一下您的学习效果。

第3章 导入与编辑素材

Section 3.3 调整影视素材

手机扫描下方二维码，观看本节视频课程

在 Premiere Pro CC 软件中，素材文件导入和编辑完毕后，用户还可以进行调整影视素材的操作，如调整素材显示方式、调整播放时间、调整播放速度。本节将详细介绍调整影视素材的相关知识及操作方法。

3.3.1 调整素材显示方式

为了便于用户管理素材，Premiere Pro CC 提供了列表视图与图标视图这两种不同的素材显示方式。本例详细介绍调整素材显示方式的操作方法。

素材文件	第 3 章\素材文件\整理影片素材 2.prproj
效果文件	无

step 1 打开素材文件"整理影片素材 2.prproj"，默认情况下，素材将采用列表视图显示在【项目】面板中，此时用户可查看到素材名称、帧速率、视频出入点、素材持续时间等众多素材信息，如图 3-26 所示。

step 2 在【项目】面板底部单击【图标视图】按钮，即可切换到图标视图显示方式。此时，所有素材将以缩略图方式显示在【项目】面板内，使得查看素材变得更为方便，如图 3-27 所示。

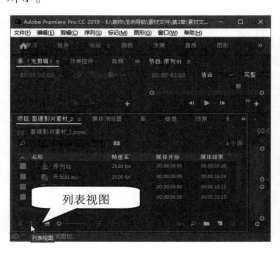

图 3-26

图 3-27

知识精讲

在【项目】面板中的视频文件不被选中的情况下，将鼠标指针指向该视频文件，在视频文件缩略图范围内滑动鼠标，即可播放该视频。

3.3.2 调整播放时间

使用 Premiere Pro CC 导入图片素材后，若发现播放时间太长或太短，用户可以进行调整播放时间的操作。本例详细介绍设置播放时间的操作方法。

> **素材文件** ❋ 第 3 章\素材文件\影视素材.prproj
> **效果文件** ❋ 第 3 章\素材文件\调整播放时间.prproj

step 1 打开素材文件"影视素材.prproj"，在【项目】面板中，设置以图标视图显示方式，在缩略图右下角处可以看到图片的播放时间，如图 3-28 所示。

图 3-28

step 2 在菜单栏中，① 单击【编辑】主菜单，② 在弹出的菜单中选择【首选项】菜单项，③ 在弹出的子菜单中，选择【时间轴】菜单项，如图 3-29 所示。

图 3-29

step 3 弹出【首选项】对话框，① 在【静止图像默认持续时间】文本框中可以设置播放时间，② 单击【确定】按钮 [确定]，如图 3-30 所示。

图 3-30

step 4 返回工作界面中，当用户再次导入图片素材文件后，在【项目】面板中可以看到播放时间已被改变，这样即可完成调整播放时间的操作，如图 3-31 所示。

图 3-31

第 3 章 导入与编辑素材

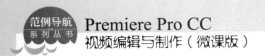

3.3.3 调整播放速度

在众多视频中，播放速度是一个十分重要的属性，对于一些时长较长的视频，用户可以使用 Premiere Pro CC 对播放速度进行处理从而调整到合适的时长。

素材文件 第 3 章\素材文件\整理影片素材 2.prproj
效果文件 第 3 章\效果文件\调整播放速度.prproj

step 1 打开素材文件"整理影片素材 2.prproj"，① 在【时间轴】面板中选中要调整播放速度的视频，并右键单击鼠标，② 在弹出的快捷菜单中选择【速度/持续时间】菜单项，如图 3-32 所示。

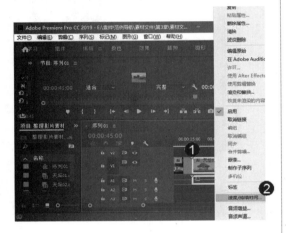

图 3-32

step 3 返回到工作界面中，可以看到时间轴中的视频条上，出现了播放速度的百分比数字，显示播放速度，这样即可完成调整播放速度的操作，如图 3-34 所示。

图 3-34

step 2 弹出【剪辑速度/持续时间】对话框，① 在【速度】文本框中输入准备调整播放速度的数值，② 单击【确定】按钮，如图 3-33 所示。

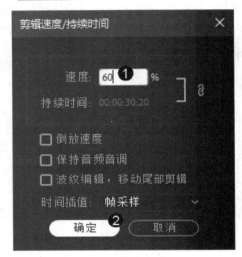

图 3-33

智慧锦囊

原始播放速度为 100%，为正常的播放速度。当小于 100% 时，视频的播放速度为慢速播放，下方对应的播放时长也会变化，延长视频时间；当速度大于 100% 时，就会加速播放，视频时长缩短。

考考您

请您根据上述方法调整播放速度，测试一下您的学习效果。

Section

3.4

编排与归类素材

手机扫描下方二维码，观看本节视频课程

　　通常情况下，在 Premiere Pro CC 项目中的所有素材都将直接显示在【项目】面板中，由于名称、类型等属性的不同，素材在【项目】面板中的排列往往会显得杂乱不堪，从而影响工作效率，为此，用户必须对素材进行统一管理。本节将详细介绍编排与归类素材的相关知识及操作方法。

3.4.1　建立素材箱

　　在进行大型影视编辑工作时，往往会有大量的素材文件，查找选用很不方便。在【项目】面板中新建素材箱，将素材科学合理地进行分类存放，可以便于编辑工作时选用。

　　在【项目】面板中，单击【新建素材箱】按钮▢，Premiere Pro CC 将自动创建一个名为"素材箱"的容器。素材箱在刚刚创建之初，其名称处于可编辑状态，此时可直接输入文字更改素材箱的名称。完成素材箱重命名操作后，即可将部分素材拖曳至素材箱中，从而通过该素材箱管理这些素材，如图 3-35 所示。

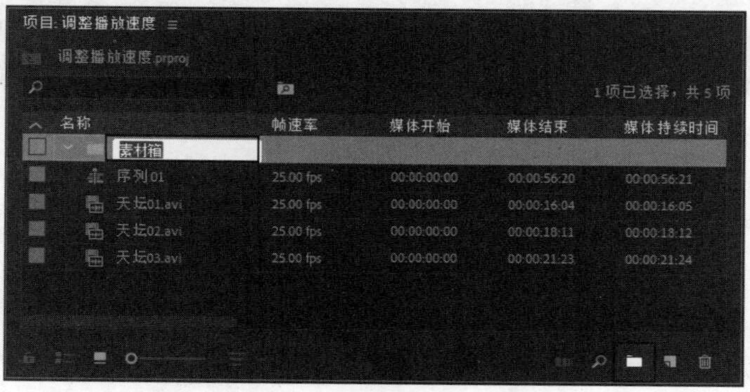

图 3-35

　　此外，Premiere Pro CC 还允许在素材箱中创建素材箱，从而通过嵌套的方式来管理更为复杂的素材。创建嵌套素材箱的要点在于，必须在选择已有素材箱的情况下创建新的素材箱，只有这样才能在所选素材箱内创建新的素材箱，如图 3-36 所示。

图 3-36

第3章　导入与编辑素材

57

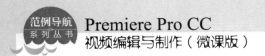

 要删除一个或多个素材箱，可选中素材箱并单击【项目】面板底部的【清除】按钮▥。也可以通过选中素材箱，按键盘上的 Delete 键来删除。

3.4.2 重命名素材

素材文件一旦导入到【项目】面板中，就会和源文件建立链接关系。对【项目】面板中的素材文件进行重命名，往往是为了方便在影视编辑操作过程中容易识别，但这并不会改变源文件的名称。

在【项目】面板中双击素材名称，素材名称将处于可编辑状态。此时只需要输入新的素材名称，即可完成重命名的操作，如图 3-37 所示。

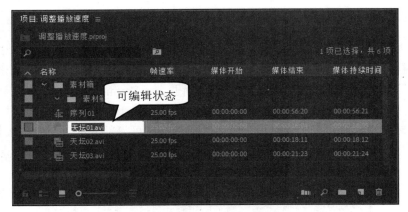

图 3-37

素材文件一旦添加到【序列】面板中，就成为一个素材剪辑，也会和【项目】面板中的素材文件建立链接关系。添加到【序列】面板中的素材剪辑，是以该素材在【项目】面板中的名称显示剪辑名称，但是不会随着【项目】面板中的素材文件重命名而随之更新名称。如果想要在【序列】面板中重命名素材剪辑，须在【序列】面板中右键单击该素材剪辑，在弹出的快捷菜单中选择【重命名】菜单项，如图 3-38 所示。

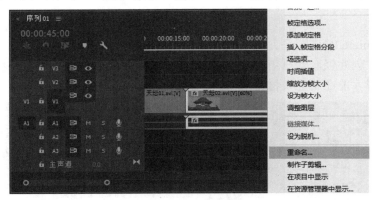

图 3-38

3.4.3　设置素材标记点

标记是一种辅助性工具，它的主要功能是方便用户查找和访问特定的时间点。在 Premiere Pro CC 的【标记】菜单中可以设置序列标记、Encore 章节标记和 Flash 提示标记，如图 3-39 所示。

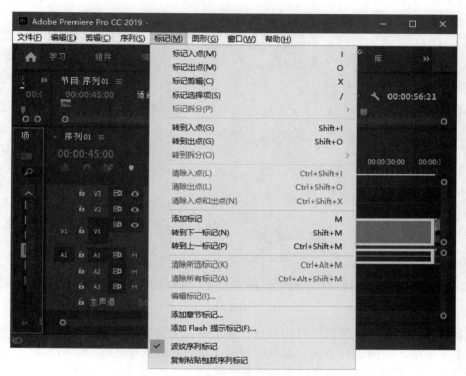

图 3-39

- 序列标记：序列标记需要在【时间轴】面板中进行设置。序列标记主要包括出/入点、套选入点和出点等。
- Encore 章节标记：用户可以打开【标记@*】对话框，并自动选中【章节标记】单选按钮，在时间指针的当前位置添加 DVD 章节标记，作为将影片项目转换输出录成 DVD 影碟后，在放入影碟播放机时显示的章节段落点，可以用影碟机的遥控器进行点播或跳转到对应的位置开始播放。
- Flash 提示标记：用户在打开【标记@*】对话框时，【Flash 提示点】单选按钮自动变为选中状态，在时间指针的当前位置添加 Flash 提示标记，作为将影片项目输出为包含互动功能的影片格式后，在播放到该位置时，依据设置的 Flash 相应方式，执行设置的互动事件或跳转导航。

如果要删除不需要的标记，则可以在时间线上用鼠标右键单击该标记，在弹出的快捷菜单中选择【清除当前标记】菜单项；如果要删除所有标记，则可以选择【清除所有标记】菜单项。

3.4.4 失效和启用素材

在对源素材文件进行重命名或是移动位置后，系统会弹出【链接媒体】对话框，如图 3-40 所示，提示找不到源素材。此时可建立一个离线文件来代替，找到所需文件后，再用该文件替换离线文件，即可进行正常的编辑。离线素材具有与源素材文件相同的属性，起到一个展位浮动的作用。

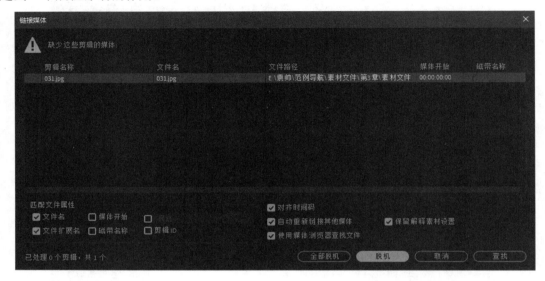

图 3-40

选择【项目】面板中需要脱机的素材，单击鼠标右键，在弹出的快捷菜单中选择【设为脱机】菜单项，如图 3-41 所示。系统会弹出【设为脱机】对话框，如图 3-42 所示。选择所需的选项，即可将所选择的素材文件设为脱机。

图 3-41

图 3-42

在【项目】面板中有处于脱机状态的素材剪辑时，执行【链接媒体】命令，如图 3-43 所示。

图 3-43

在打开的【链接媒体】对话框中可以查看到所有处于脱机状态的素材,在该对话框中选择要进行查找的文件匹配属性,然后单击【查找】按钮  ,如图 3-44 所示。

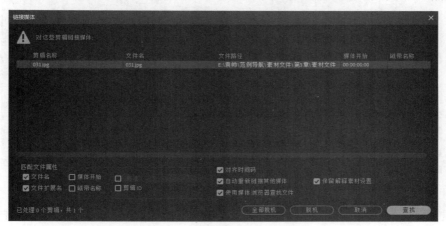

图 3-44

即可弹出【查找文件】对话框,在该对话框中会展开所选素材的原始路径。找到所需素材文件,最后单击【确定】按钮 确定 ,即可重新链接,恢复该素材在影片项目中的正常显示,如图 3-45 所示。

图 3-45

3.4.5 查找素材

随着项目进度的逐渐推进，【项目】面板中的素材往往会越来越多，此时，再通过拖曳滚动条的方式来查找素材会变得费时又费力。为此，Premiere Pro CC 专门提供了查找素材的功能，极大地方便了用户操作。

查找素材时，如果了解素材名称，可以直接在【项目】面板的搜索框内输入所查素材的部分或全部名称。此时，所有包含用户所输关键字的素材都将显示在【项目】面板内，如图 3-46 所示。

图 3-46

如果仅仅通过素材名称无法快速找到匹配素材，用户还可以通过场景、磁带信息或标签内容等信息来查找相应素材。在【项目】面板空白处单击鼠标右键，在弹出的快捷菜单中选择【查找】菜单项，如图 3-47 所示。

图 3-47

弹出【查找】对话框，在对话框中可以设置相关选项或输入需要查找的对象信息，如

图 3-48 所示。

图 3-48

 　如果要使用计算机的文件浏览器查找文件，需要禁用【链接媒体】对话框中的【使用媒体浏览器查找文件】选项。

Section 3.5　范例应用与上机操作

手机扫描下方二维码，观看本节视频课程

通过本章的学习，读者基本可以掌握导入与编辑素材的基本知识以及一些常见的操作方法，本节将通过一些范例应用，如重新链接"大树.jpg"脱机媒体文件、制作"锦鸡"电子相册，练习上机操作，以达到巩固学习、拓展提高的目的。

3.5.1　重新链接"大树.jpg"脱机媒体文件

在影视编辑工作中，媒体素材脱机后，需要通过链接媒体恢复素材在项目中的正常显示，本例将详细介绍对脱机的媒体素材进行链接的操作方法。

素材文件 ※ 第 3 章\素材文件\tree.jpg、稻田.jpg、高山.jpg

效果文件 ※ 无

step 1 新建一个项目文件后，在菜单栏中，① 单击【文件】主菜单，② 在弹出的菜单中选择【新建】菜单项，③ 在弹出的子菜单中选择【序列】菜单项，如图 3-49 所示。

step 2 弹出【新建序列】对话框，① 设置项目序列参数，② 单击【确定】按钮 ，如图 3-50 所示。

第 3 章　导入与编辑素材

63

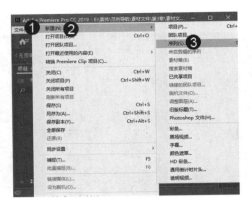

图 3-49

图 3-50

 step 3　新建序列之后，在【项目】面板的空白处双击鼠标左键，如图 3-51 所示。

step 4　弹出【导入】对话框，① 打开素材文件所在的路径，选择"tree.jpg"素材文件，② 单击【打开】按钮，如图 3-52 所示。

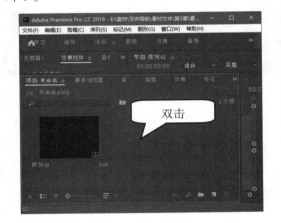

图 3-51

图 3-52

step 5　返回到主界面中，在【项目】面板中可以看到素材文件"tree.jpg"已被导入到其中，如图 3-53 所示。

step 6　将其他两个素材文件"稻田.jpg""高山.jpg"导入到【项目】面板中，如图 3-54 所示。

图 3-53

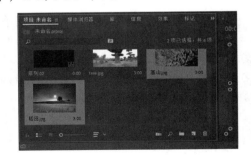

图 3-54

将【项目】面板中的所有图像素材添加到 V1 轨道的开始处，如图 3-55 所示。

 打开素材文件夹，将素材文件"tree.jpg"重命名为"大树.jpg"，如图 3-56 所示。

图 3-55

图 3-56

 完成上述操作后，返回到 Premiere Pro CC 工作区，即可弹出【链接媒体】对话框，单击【查找】按钮，如图 3-57 所示。

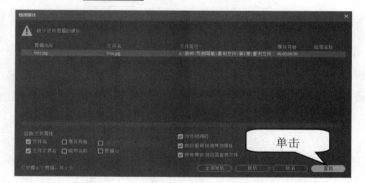

图 3-57

 弹出【查找文件】对话框，① 打开素材文件所在的路径，选择"大树.jpg"素材文件，② 单击【确定】按钮，如图 3-58 所示。

图 3-58

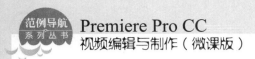

Premiere Pro CC
视频编辑与制作（微课版）

11　返回到 Premiere Pro CC 工作区，可以看到已经重新链接媒体，这样即可重新链接"大树.jpg"脱机媒体文件，如图 3-59 所示。

图 3-59

3.5.2　制作"锦鸡"电子相册

本例将详细介绍如何制作简单的电子相册。首先创建电子相册项目，然后导入素材图片并在【节目】面板中预览动画效果，下面详细介绍其操作方法。

素材文件 第 3 章\素材文件\031.jpg~036.jpg
效果文件 第 3 章\效果文件\电子相册.pproj

step 1　启动 Premiere Pro CC 软件，在菜单栏中，① 单击【文件】主菜单，② 在弹出的菜单中选择【新建】菜单项，③ 在弹出的子菜单中选择【项目】菜单项，如图 3-60 所示。

step 2　弹出【新建项目】对话框，① 在【名称】文本框中输入"电子相册"，② 设置保存位置，③ 单击【确定】按钮，如图 3-61 所示。

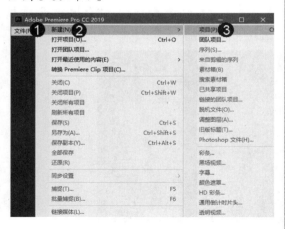

图 3-60

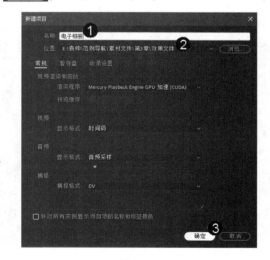

图 3-61

Step 3 在菜单栏中，① 单击【文件】主菜单，② 在弹出的菜单中选择【新建】菜单项，③ 在弹出的子菜单中，选择【序列】菜单项，如图 3-62 所示。

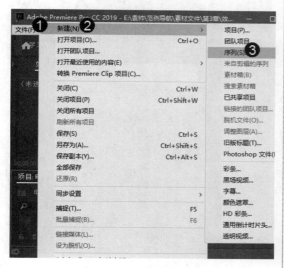

图 3-62

Step 5 完成创建序列文件后，在菜单栏中，① 单击【文件】主菜单，② 在弹出的菜单中选择【导入】菜单项，如图 3-64 所示。

图 3-64

Step 4 弹出【新建序列】对话框，① 选择【序列预设】列表框中的【标准48kHz】选项，② 输入序列名称为"锦鸡"，③ 单击【确定】按钮 确定 ，如图 3-63 所示。

图 3-63

Step 6 弹出【导入】对话框，① 打开素材文件所在的文件夹，选择准备导入的素材文件"031.jpg"～"036.jpg"，② 单击【打开】按钮 打开(O) ，如图 3-65 所示。

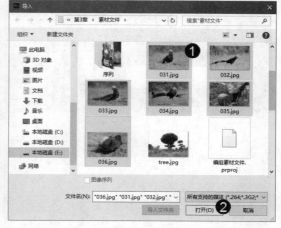

图 3-65

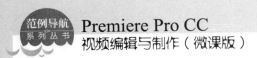
step 7 可以看到已经将素材文件导入到【项目】面板。在【项目】面板中单击右下角处的【新建素材箱】按钮，如图 3-66 所示。

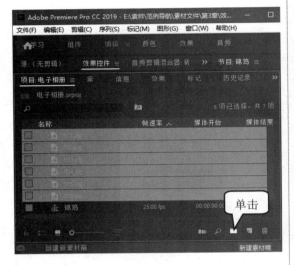

图 3-66

step 8 将素材箱重命名为"素材"，如图 3-67 所示。

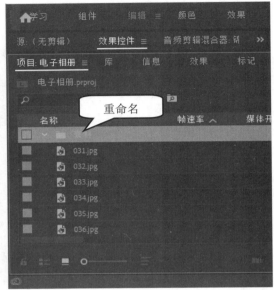

图 3-67

step 9 选中所有素材图片，按住鼠标左键将其拖曳至"素材"素材箱中，如图 3-68 所示。

图 3-68

step 10 选中所有素材图片，单击【项目】面板右下角处的【自动匹配序列】按钮，如图 3-69 所示。

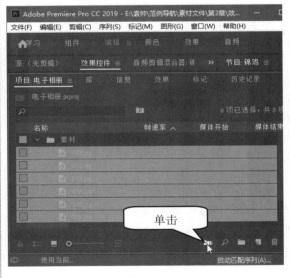

图 3-69

step 11 弹出【序列自动化】对话框，单击【确定】按钮 确定 ，如图 3-70 所示。

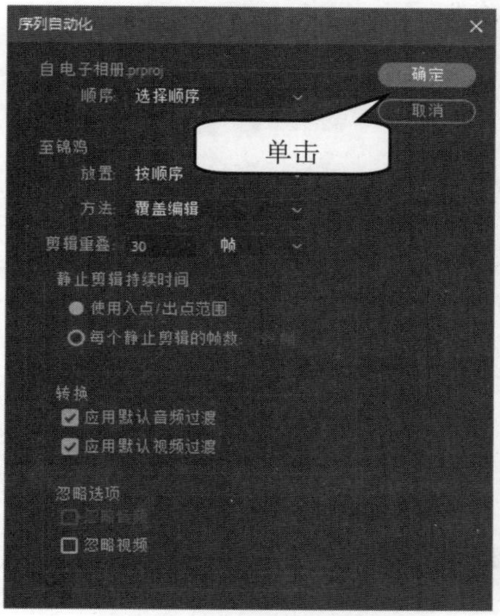

step 12 可以看到选中的素材图片同时插入到【时间轴】面板中，并添加了过渡效果，如图 3-71 所示。

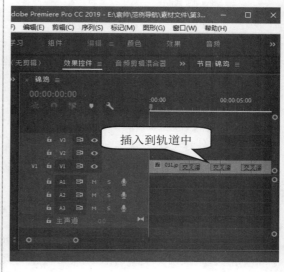

图 3-70

图 3-71

step 13 按键盘上的空格键即可预览动画效果。通过以上步骤即可完成制作"锦鸡"电子相册的操作，如图 3-72 所示。

图 3-72

Section 3.6 本章小结与课后练习

本节内容无视频课程

在影视编辑过程中，确定视频主体和制作方案之后，最终要的就是导入和整理素材，以及对素材进行编辑处理工作。通过本章的学习，用户除了可以学习导入素材，还可以详细了解编辑素材文件、调整影视素材和编排与归类素材。下面通过练习几道习题，以达到巩固与提高的目的。

第 3 章 导入与编辑素材

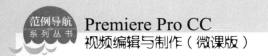

3.6.1　思考与练习

一、填空题

1. 如果想对序列中的每段视频都添加同一种效果，那么为每段视频都添加效果是非常麻烦的，这时，用户就可以进行_____操作。

2. 为了便于用户管理素材，Premiere Pro CC 提供了_____视图与_____视图这两种不同的素材显示方式。

3. 素材文件一旦添加到【序列】面板中，就成为一个_____，也会和【项目】面板中的素材文件建立____关系。

4. _____是一种辅助性工具，它的主要功能是方便用户查找和访问特定的时间点。

二、判断题

1. PSD 是 Adobe 公司的图形设计软件 Photoshop 的专用格式，Premiere Pro CC 支持导入该格式，从而使用户更加方便地使用该素材文件。　　　　　　　　　　　　（　　）

2. 使用 Premiere Pro CC 导入图片素材后，发现播放时间太长或太短，这时，用户就可以进行调整播放速度的操作。　　　　　　　　　　　　　　　　　　　　（　　）

3. Premiere Pro CC 还允许在素材箱中创建素材箱，从而通过嵌套的方式来管理更为复杂的素材。创建嵌套素材箱的要点在于，必须在选择已有素材箱的情况下创建新的素材箱，只有这样才能在所选素材箱内创建新的素材箱。　　　　　　　　　　　　（　　）

4. 添加到【序列】面板中的素材剪辑，是以该素材在【项目】面板中的名称显示剪辑名称，也会随着【项目】面板中的素材文件重命名而随之更新名称。　　　（　　）

三、思考题

1. 如何导入序列素材？

2. 如何编组素材文件？

3. 如何调整素材显示方式？

3.6.2　上机操作

1. 通过本章的学习，读者基本可以掌握导入与编辑素材方面的知识，下面通过练习替换素材，以达到巩固与提高的目的。

2. 通过本章的学习，读者基本可以掌握导入与编辑素材方面的知识，下面通过练习解释素材，以达到巩固与提高的目的。

范例导航
系列丛书

第4章

剪辑与编辑视频素材

本章主要介绍监视器面板、【时间轴】面板、视频编辑工具、分离素材方面的知识与技巧，同时还讲解如何使用 Premiere 创建新元素。通过本章的学习，读者可以掌握剪辑与编辑视频素材方面的知识，为深入学习 Premiere Pro CC 知识奠定基础。

 本 章 要 点

1. 监视器面板
2. 【时间轴】面板
3. 视频编辑工具
4. 分离素材
5. 使用 Premiere 创建新元素

Section
4.1　监视器面板

手机扫描下方二维码，观看本节视频课程

在 Premiere Pro CC 中，可以直接在监视器面板或【时间轴】面板中编辑各种素材，但是如果要进行精确的编辑操作，就必须先使用监视器面板对素材进行预处理，再将其添加至【时间轴】面板内，逐渐形成一个完整的影片。本节将详细介绍监视器面板的相关知识及操作方法。

4.1.1　【源】监视器与节目概览

Premiere Pro CC 中的监视器面板不仅可以在影片制作过程中预览素材或作品，还可以用于精确编辑和修剪。下面详细介绍【源】监视器与【节目】监视器。

1.【源】监视器面板

【源】监视器面板的主要功能是预览和修剪素材，编辑影片时只需双击【项目】面板中的素材，即可通过【源】监视器面板预览其效果，如图 4-1 所示。在面板中，素材画面预览区的下方为时间标尺，底部则为播放控制区。

图 4-1

【源】监视器面板中部分控制按钮的作用如下。

- **【查看区域栏】按钮** ：将鼠标指针放在左右两侧的方块上，按住并向左或向右拖动鼠标，可放大或缩小时间标尺。

- 【标记入点】按钮 ：设置素材的进入时间。
- 【标记出点】按钮 ：设置素材的结束时间。
- 【设置未编号标记】滑块 ：添加自由标记。
- 【转到入点】按钮 ：无论当前时间指示器的位置在何处，单击该按钮，指示器都将跳至素材入点。
- 【转到出点】按钮 ：无论当前时间指示器的位置在何处，单击该按钮，指示器都将跳至素材出点。
- 【后退一帧】按钮 ：以逐帧的方式倒放素材。
- 【播放-停止切换】按钮 ：控制素材画面的播放与暂停。
- 【前进一帧】按钮 ：以逐帧的方式播放素材。
- 【插入】按钮 ：在素材中间单击该按钮，在插入素材的同时，会将该素材一分为二。

2. 【节目】监视器面板

从外观上来看，【节目】面板与【源】面板基本一致。与【源】面板不同的是，【节目】面板用于查看各素材在添加至序列并进行相应编辑后的播出效果，如图 4-2 所示。

图 4-2

无论是【源】监视器面板还是【节目】监视器面板，在播放控制区中单击【按钮编辑器】按钮 ，都会弹出【按钮编辑器】对话框，如图 4-3 所示。对话框中的按钮同样是用来编辑视频文件的。只要将某个按钮图标拖入面板下方，然后单击【确定】按钮 【确定】即可。

图 4-3

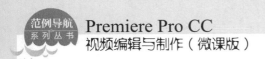

4.1.2 时间控制与安全区域

与直接在【时间轴】面板中进行的编辑操作相比，在监视器面板中编辑影片剪辑的优点是能够精确地控制时间。例如，除了能够通过直接输入当前时间的方式来精确定位外，还可通过【逐帧前进】、【逐帧后退】等多个按钮来微调当前的播放时间。

除此之外，拖动时间区域标杆两端的锚点，时间区域标杆变得越长，时间标尺所显示的总播放时间越长；时间区域标杆变得越短，则时间标尺所显示的总播放时间也越短，如图 4-4 和图 4-5 所示。

图 4-4　　　　　　　　　　　　　　　　　　图 4-5

Premiere Pro CC 中的安全区分为字幕安全区与动作安全区。当制作的节目用于广播电视时，由于多数电视机会切掉图像外边缘的部分内容，所以用户要参考安全区域来保证图像元素在屏幕范围之内。用鼠标右键单击监视器面板，在弹出的快捷菜单中选择【安全边距】菜单项，如图 4-6 所示，即可显示画面中的安全框。其中，里面的方框是字幕安全区，外面的方框是动作安全区，如图 4-7 所示。

图 4-6　　　　　　　　　　　　　　　　　　图 4-7

　　　动作和字幕的安全边距分别为 10% 和 20%。可以在【项目设置】对话框中更改安全区域的尺寸。方法是执行【文件】→【项目设置】→【常规】命令，在【项目设置】对话框的【动作与字幕安全区域】选项组中设置。

4.1.3 设置素材的入点和出点

在素材开始帧的位置是入点，在结束帧的位置是出点，【源】监视器中入点与出点范围之外的东西相当于切去了，在时间线中这一部分将不会出现，改变出点/入点的位置就可以改变素材在时间线上的长度。本例详细介绍改变入点和出点的操作方法。

素材文件※ 第4章\素材文件\古居.prproj

效果文件※ 第4章\效果文件\入点和出点.prproj

Step 1 在【源】监视器面板中拖动时间标记，找到设置入点的位置，单击【标记入点】按钮，入点位置的左边颜色不变，入点位置的右边变成灰色，如图4-8所示。

图 4-8

Step 2 浏览影片，找到准备设置出点的位置，单击【标记出点】按钮，出点位置的左边保持灰色，出点位置的右边不变，如图4-9所示。

图 4-9

Step 3 通过以上步骤即可完成设置素材入点和出点的操作，效果如图4-10所示。

图 4-10

智慧锦囊

除了使用播放控制区的【标记入点】和【标记出点】按钮进行入点和出点的设置外，用户还可以用鼠标右键单击时间标记滑块，在弹出的快捷菜单中选择【标记入点】菜单项和【标记出点】菜单项，实现设置入点和出点的操作。

考考您

请您根据上述方法设置素材的入点和出点，测试一下您的学习效果。

第4章 剪辑与编辑视频素材

4.1.4　添加标记

为素材添加标记、设置备注内容是管理素材、剪辑素材的重要方法，下面将详细介绍设置标记点的方法。

1. 添加标记

在【源】监视器面板中，将时间标记滑块移到需要添加标记的位置，然后单击【添加标记】按钮，标记点会在时间标记处标记完成，如图 4-11 所示。

图 4-11

在【时间轴】面板中，将时间标记滑块移到需要添加标记的位置，然后单击【添加标记】按钮，标记点也会在时间标记处标记完成，如图 4-12 所示。

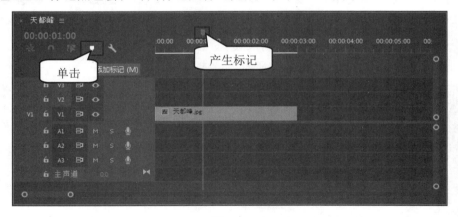

图 4-12

2. 跳转标记

在【源】监视器或【时间轴】面板中，在标尺上单击鼠标右键，在弹出的快捷菜单中选择【转到下一个标记】菜单项，如图 4-13 所示。时间标记会自动跳转到下一标记的位置，如图 4-14 所示。

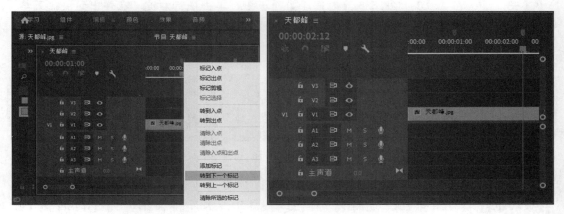

图 4-13   图 4-14

3. 备注标记

在设置好的标记处双击，即可弹出【标记】对话框，在该对话框中用户可以给标记进行命名、添加注释等操作，如图 4-15 所示。

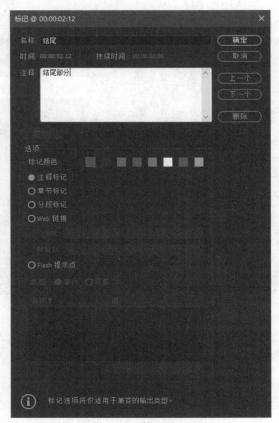

图 4-15

第4章　剪辑与编辑视频素材

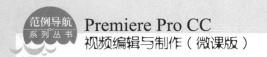

在【源】监视器或【时间轴】面板中，单击鼠标右键，在弹出的快捷菜单中选择【清除当前标记】菜单项，即可清除当前选中的标记；选择【清除所有标记】菜单项，则所有标记都会被清除。

Section
4.2

【时间轴】面板

手机扫描下方二维码，观看本节视频课程

视频素材编辑的前提是将视频素材放置在【时间轴】面板中。在该面板中，用户不仅能够将不同的视频素材按照一定顺序排列，还可以对其进行编辑。本节将详细介绍【时间轴】面板的相关知识及操作方法。

4.2.1 【时间轴】面板概览

在 Premiere Pro CC 中，【时间轴】面板经过重新设计可进行自定义，可以选择要显示的内容并立即访问控件。在【时间轴】面板中，时间标尺上的各种控制选项决定了查看影片素材的方式，以及影片渲染和导出的区域，如图 4-16 所示。

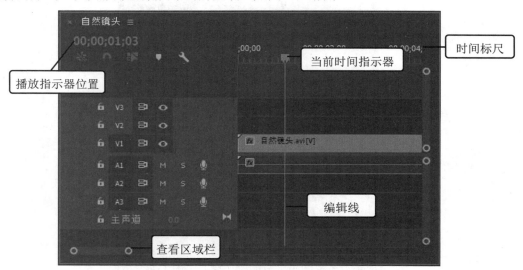

图 4-16

1. 时间标尺

时间标尺是一种可视化的时间间隔显示工具。默认情况下，Premiere Pro CC 按照每秒所播放画面的数量来划分时间轴，从而对应于项目的帧速率，如图 4-17 所示。不过，如果当前正在编辑的是音频素材，则应在【时间轴】面板的关联菜单内选择【显示音频时间单位】菜单项，将标尺更改为按照毫秒或音频采样等音频单位进行显示。

图 4-17

2. 当前时间指示器

当前时间指示器是一个三角形图标 ，其作用是标识当前所查看的视频帧，以及该帧在当前序列中的位置。在时间标尺中，用户可以采用直接拖动【当前时间指示器】的方法来查看视频内容，也可以在单击时间标尺后，将【当前时间指示器】移至鼠标单击处的某个视频帧，如图 4-18 所示。

图 4-18

3. 播放指示器位置

播放指示器位置与当前时间指示器相互关联，当移动时间标尺上的当前时间指示器时，播放指示器位置中的内容也会随之发生变化。同时，当在播放指示器位置上左右拖动鼠标时，也可控制当前时间指示器在时间标尺上的位置，从而达到快速浏览和查看素材的目的，如图 4-19 所示。

图 4-19

---

4. 查看区域栏

查看区域栏的作用是确定出现在时间轴上的视频帧数量。当单击横拉条左侧的方块并向左拖动，从而使其长度减少时，【时间轴】面板在当前可见区域内能够显示的视频帧将逐渐减少，而时间标尺上各时间标记间的距离将会随之延长；反之，时间标尺内将显示更多的视频帧，并减少时间线上的时间间隔，如图 4-20 所示。

图 4-20

4.2.2 【时间轴】面板基本控制

轨道是【时间轴】面板中最为重要的组成部分，原因在于这些轨道能够以可视化的方式来显示音/视频素材及所添加的效果，如图 4-21 所示。下面将详细介绍【时间轴】面板基本控制的相关知识。

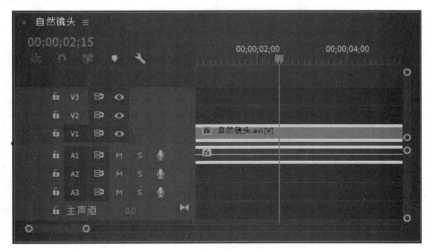

图 4-21

---

1. 切换轨道输出

在视频轨道中，【切换轨道输出】按钮 用于控制是否输出该视频素材。这样一来，便可以在播放或导出项目时，控制在【节目】面板内是否能查看相应轨道中的影片。

在音频轨道中，【切换轨道输出】按钮图标变为【静音轨道】按钮图标 ，其功能是在播放或导出项目时，决定是否输出相应轨道中的音频素材。单击该按钮，即可使视频中的音频静音，同时按钮将改变颜色，如图 4-22 所示。

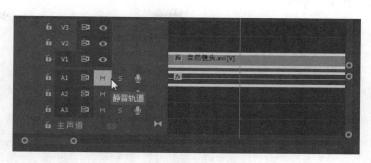

图 4-22

2. 切换同步锁定

通过对轨道启用【切换同步锁定】功能 ![图标]，确定执行插入、波纹删除或波纹修剪操作时哪些轨道将会受到影响。对于其剪辑属于操作一部分的轨道，无论其同步锁定的状态如何，这些轨道始终都会发生移动，但是其他轨道将只在同步锁定处于启用状态的情况下才能移动其剪辑内容，如图 4-23 所示。

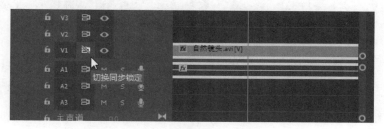

图 4-23

3. 切换轨道锁定

【切换轨道锁定】按钮 ![图标] 的功能是锁定轨道上的素材及其他各项设置，以免因误操作而破坏已编辑好的素材。当单击该按钮时，出现锁图标 ![图标]，表示轨道内容已被锁定，此时无法对相应轨道进行任何修改，如图 4-24 所示。再次单击【切换轨道锁定】按钮，即可去除锁图标 ![图标]，并解除对相应轨道的锁定保护。

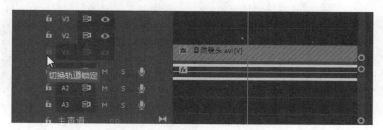

图 4-24

4. 时间轴显示设置

为了方便用户查看轨道上的各种素材，Premiere Pro CC 分别为视频素材和音频素材提

第 4 章　剪辑与编辑视频素材

81

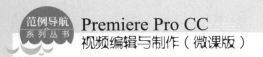

供了多种显示方式。单击【时间轴】面板中的【时间轴显示设置】按钮![wrench]，可以在弹出的菜单中选择样式的显示效果，如图 4-25 所示。

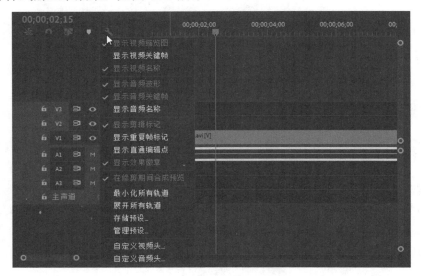

图 4-25

4.2.3 轨道管理

在编辑影片时，往往要根据编辑需要来添加、删除轨道，或对轨道进行重命名等操作。下面将详细介绍轨道管理的相关知识及操作方法。

1. 重命名轨道

在【时间轴】面板中，使用鼠标右键单击轨道，在弹出的快捷菜单中选择【重命名】菜单项，如图 4-26 所示，即可进入轨道名称的编辑状态，输入新的轨道名称，按键盘上的 Enter 键，即可为相应轨道设置新的名称。

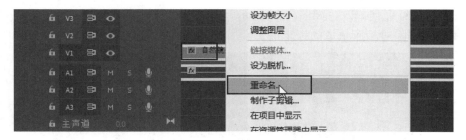

图 4-26

2. 添加轨道

当影片剪辑使用的素材较多时，增加轨道的数量有利于提高影片的编辑效果。此时，可以在【时间轴】面板内右键单击轨道，在弹出的菜单中选择【添加轨道】菜单项，如

图 4-27 所示。

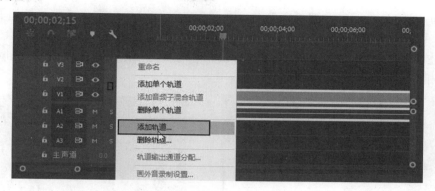

图 4-27

弹出【添加轨道】对话框，在【视频轨道】选项组中，【添加】选项用于设置新增视频轨道的数量，而【放置】选项用于设置新增视频轨道的位置。单击【放置】下拉按钮，即可在弹出的下拉列表中设置新轨道的位置，如图 4-28 所示。

完成以上操作后，单击【确定】按钮，即可在【时间轴】面板的相应位置处添加所设置数量的视频轨道，如图 4-29 所示。

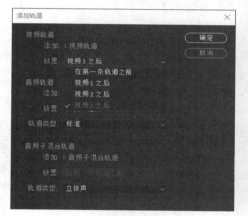

图 4-28

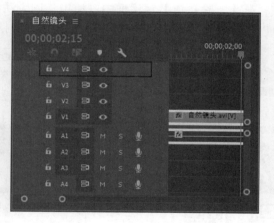

图 4-29

在 Premiere Pro CC 中，【轨道】菜单中还添加了【添加单个轨道】和【添加音频子混合轨道】命令，选择这两个命令，可以直接添加轨道，而不需要通过【添加轨道】对话框来进行设置。在【添加轨道】对话框中，使用相同的方法在【音频轨道】和【音频子混合轨道】选项组内进行设置后，即可在【时间轴】面板内添加新的音频轨道。

3. 删除轨道

当影片所用的素材较少，当前所包含的轨道已经能够满足影片编辑的需要，并且存在多余轨道时，可通过删除空白轨道的方法，减少项目文件的复杂程度，从而在输出影片时

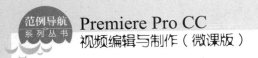

提高渲染速度。

在【时间轴】面板内右键单击轨道，在弹出的快捷菜单中选择【删除轨道】菜单项，如图 4-30 所示。弹出【删除轨道】对话框，启用【视频轨道】选项组内的【删除视频轨道】复选框，在该复选框下方的下拉列表中选择要删除的轨道，最后单击【确定】按钮，即可删除相应的视频轨道，如图 4-31 所示。

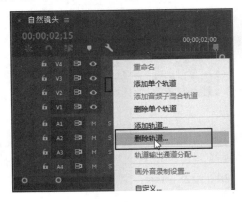
图 4-30

图 4-31

在【删除轨道】对话框中，使用相同方法在【音频轨道】和【音频子混合轨道】选项组内进行设置后，即可在【时间轴】面板内删除相应的音频轨道。

　　按照 Premiere 的默认设置，轨道名称会随其位置的变化而发生改变。例如，当用户以跟随视频 1 的方式添加一条新的视频轨道时，新轨道会以"V2"的名称出现，而原有的 V2 轨道则会被重命名为"V3"轨道，依此类推。

Section
4.3
视频编辑工具
手机扫描下方二维码，观看本节视频课程

　　在时间轴上剪辑素材会使用到很多工具，其中包括 4 种剪辑片段工具，还有一些特殊效果和编组整理命令。本节将详细介绍视频编辑工具的相关知识及操作方法。

4.3.1 【选择工具】和【向前选择轨道工具】

【选择工具】(快捷键 V)和【向前选择轨道工具】(快捷键 A)都是调整素材片段在轨道中位置的工具，但是【选择工具】可以选中同一轨道单击的素材以及后面的素材。

选择【向前选择轨道工具】，在【时间轴】面板中找到需要移动的工具。单击时间线右边的素材，拖动素材时只有右边一个单独素材会被执行操作，如图 4-32 所示。

单击时间线左边的素材后，两个素材会被同时选中，也会同时被执行操作，如图 4-33 所示。

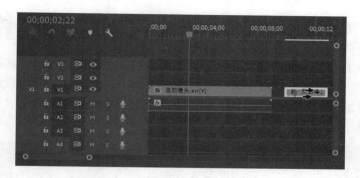

图 4-32

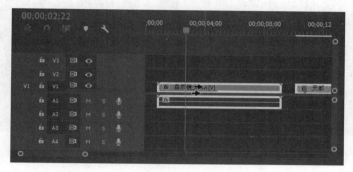

图 4-33

4.3.2 【剃刀工具】

【剃刀工具】![icon]的快捷键是 C，选择【剃刀工具】，然后单击时间线上的素材片段，素材会被裁切成两段，单击哪里就从哪里裁切开，如图 4-34 所示。当裁切点靠近时间标记![icon]的时候，裁切点会被吸到时间标记![icon]所在的位置。

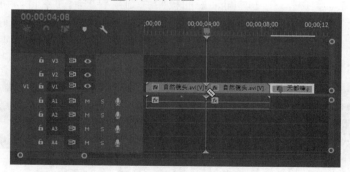

图 4-34

在【时间轴】面板中，当用户拖动时间标记![icon]找到想要裁切的地方时，可以在键盘上按 Ctrl+K 组合键，在时间标记![icon]所在位置把素材裁切开。

4.3.3 【外滑工具】

【外滑工具】![icon]的快捷键为 Y，用【外滑工具】在轨道中的某个片段里面拖动，可以

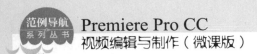
同时改变该片段的出点和入点。而该片段的长度是否发生变化，取决于出点后和入点前是否有必要的余量可供调节使用，相邻片段的出入点及影片长度不变。

选择【外滑工具】 ，在【时间轴】面板中找到需要剪辑的素材。将鼠标指针移动到片段上，指针颜色呈黑色指针时，左右拖曳鼠标对素材进行修改，如图 4-35 所示。在拖曳的过程中，监视器面板将会依次显示上一片段的出点和后一片段的入点，同时显示画面帧数，如图 4-36 所示。

图 4-35   图 4-36

4.3.4　【内滑工具】

【内滑工具】 的快捷键为 U，和外滑工具正好相反，用内滑工具在轨道中的某个片段里面拖动，被拖动片段的出入点和长度不变，而前一相邻片段的出点与后一相邻片段的入点随之发生变化，但是前一相邻片段的出点后与后一相邻片段的入点前要有必要的余量可供调节使用，影片的长度不变。

选择【内滑工具】 ，在【时间轴】面板中找到需要剪辑的素材。将鼠标指针移动到两个片段结合处，待鼠标指针呈黑色指针时，左右拖曳鼠标对素材进行修改，如图 4-37 所示。在拖曳的过程中，监视器面板中显示被调整片段的出点与入点以及未被编辑的出点与入点，如图 4-38 所示。

图 4-37   图 4-38

4.3.5 【滚动编辑工具】

【滚动编辑工具】![icon]的快捷键为 N，使用该工具可以改变片段的入点或出点，相邻素材的出点或入点也相应改变，但影片的总长度不变。

选择【滚动编辑工具】，将光标放到时间线轨道里其中一个片段上，当光标变成红色竖线条时，如图 4-39 所示，按住鼠标左键并向左拖动可以使入点提前，从而使得该片段增长，同时前一相邻片段的出点相应提前，长度缩短，前提是被拖动的片段入点前面必须有余量可供调节。按住鼠标左键向右拖动可以使入点拖后，从而使得该片段缩短，同时前一片段的出点相应拖后，长度增加，前提是前一相邻片段出点后面必须有余量可供调节。

图 4-39

双击红色竖线时，【节目】监视器会弹出详细的修整面板，可以在修整面板中进行详细的调整，如图 4-40 所示。

图 4-40

4.3.6 帧定格

将视频中的某一帧以静帧的方式显示，称为帧定格，被冻结的静帧可以是片段的入点或出点。本例详细介绍帧定格的操作方法。

素材文件❄ 第4章\素材文件\自然镜头.prproj
效果文件❄ 第4章\效果文件\帧定格效果.prproj

第 4 章　剪辑与编辑视频素材

87

step 1 打开素材文件，在工具箱中，① 选择【剃刀工具】，② 在要冻结的那一帧画面上裁切，如图 4-41 所示。

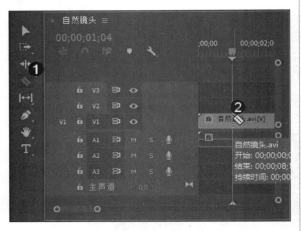

图 4-41

step 3 弹出【帧定格选项】对话框，① 选择【定格位置】复选框，② 单击【确定】按钮 确定 ，如图 4-43 所示。

图 4-43

step 2 用鼠标右键单击素材片段，在弹出的快捷菜单中选择【帧定格选项】菜单项，如图 4-42 所示。

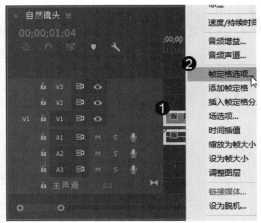

图 4-42

step 4 可以看到选择的片段画面已被定格，这样即可完成帧定格的操作，如图 4-44 所示。

图 4-44

Section 4.4 分离素材

手机扫描下方二维码，观看本节视频课程

由于选取的素材并不一定应用到最终的效果中，这时就需要进行适当的剪辑分离操作。分离素材的操作包括插入和覆盖编辑、提升和提取编辑、分离/链接视音频、复制/粘贴素材以及删除素材等内容。本节将详细介绍分离素材的相关知识。

4.4.1　插入和覆盖编辑

在【源】面板中完成对素材的各种操作后，便可以将调整后的素材添加至时间轴上。从【源】面板向【时间轴】面板中添加视频素材，包括两种添加方法：插入与覆盖，下面将分别予以详细介绍。

1. 插入

在当前时间轴上没有任何素材的情况下，在【源】面板中右键单击鼠标，在弹出的快捷菜单中选择【插入】菜单项向时间轴内添加素材的结果，与直接向时间轴添加素材的结果完全相同。不过，将当前时间指示器移至时间轴已有素材的中间时，单击【源】面板中的【插入】按钮，Premiere 会将时间轴上的素材一分为二，并将【源】面板内的素材添加至两者之间，如图 4-45 所示。

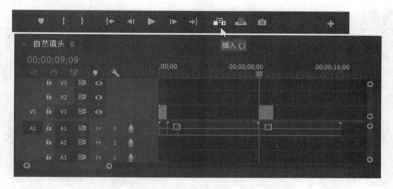

图 4-45

2. 覆盖

与插入不同，当用户单击【覆盖】按钮在时间轴已有素材中间添加新素材时，新素材将会从【当前时间指示器】处开始替换相应时间段的原有素材片段，其结果是时间轴上的原有素材内容会减少，如图 4-46 所示。

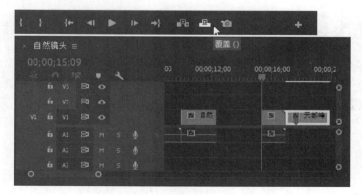

图 4-46

第 4 章　剪辑与编辑视频素材

89

4.4.2　提升和提取编辑

在【节目】面板中，Premiere Pro CC 提供了两个方便的素材剪除工具，分别是提升和提取编辑工具，方便快速删除序列内的某个部分。下面将详细介绍提升和提取编辑工具的操作方法。

1. 提升编辑

提升操作的功能是从序列内删除部分内容，但不会消除因删除素材内容而造成的间隙，下面详细介绍使用提升编辑的方法。

step 1 在【节目】面板中，单击【标记入点】和【标记出点】按钮，设置视频素材的出入点，如图 4-47 所示。

step 2 单击【节目】面板内的【提升】按钮，即可从入点与出点处裁切素材并将出入点区间内的素材删除，如图 4-48 所示。

图 4-47

图 4-48

2. 提取编辑

与提升操作不同的是，提取编辑会在删除部分序列内容的同时，消除因此而产生的间隙，从而减少序列的持续时间。在【节目】面板中为序列设置入点与出点后，单击【节目】面板中的【提取】按钮即可完成提取编辑操作，如图 4-49、图 4-50 所示。

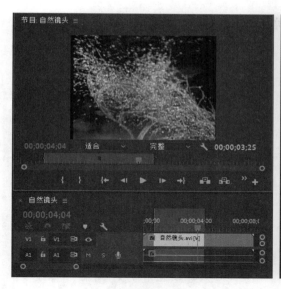

图 4-49

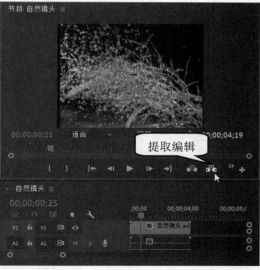

图 4-50

4.4.3　分离/链接视音频

　　分离/链接视音频可以把视频和音频分离开单独操作，也可以链接在一起成组操作。

　　分离素材时，在时间轴中用鼠标右键单击需要分离的素材，在弹出的快捷菜单中选择【取消链接】菜单项，即可将素材分离，如图 4-51 所示。

　　链接素材时，在时间轴中用鼠标右键单击需要链接的素材，在弹出的快捷菜单中选择【链接】菜单项，即可将素材链接在一起，如图 4-52 所示。

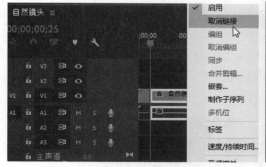

图 4-51

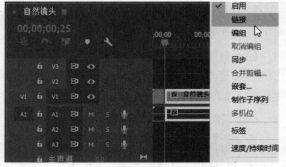

图 4-52

4.4.4　复制/粘贴素材

　　复制/粘贴素材的操作非常简单，在时间轴中，选中需要执行粘贴命令的素材，按键盘上的 Ctrl+C 组合键复制素材，按键盘上的 Ctrl+V 组合键粘贴素材，复制的素材被粘贴到时间标记的位置上，时间标记后面的素材将会被覆盖。下面详细介绍复制/粘贴素材的方法。

step 1 在时间轴中选中需要复制的素材，然后单击【编辑】主菜单，在弹出的菜单中选择【复制】菜单项，如图4-53所示。

step 2 移动时间标记到准备粘贴的位置，按键盘上的 Ctrl+V 组合键即可完成操作，如图4-54所示。

图 4-53

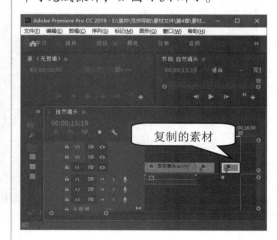

图 4-54

知识精讲

复制完素材后，如果按键盘上的 Ctrl+V 组合键，时间标记后面的素材不会向后移动，而是被覆盖；如果按键盘上的 Ctrl+Shift+V 组合键，时间标记后面的素材会向后移动。

4.4.5 删除素材

在时间轴中不再使用的素材用户可以将其删除，从时间轴中删除的素材并不会在【项目】面板中删除。

删除有两种方式，即清除和波纹删除。在时间轴中用鼠标右键单击准备删除的素材，在弹出的快捷菜单中选择【清除】菜单项后，时间轴的轨道上会留下该素材的空位；如果选择【波纹删除】菜单项，后面的素材会覆盖被删除的素材留下的空位，分别如图4-55和图4-56所示。

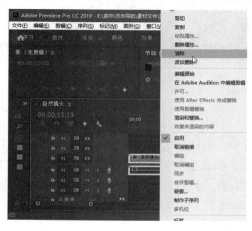

图 4-55

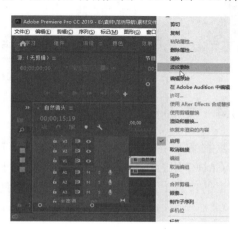

图 4-56

Section 4.5 使用 Premiere 创建新元素

手机扫描下方二维码,观看本节视频课程

　　Premiere Pro CC 除了能使用导入的素材外,还可以自建新元素,这对用户编辑视频是很有帮助的,如可以创建彩条测试、黑场、彩色遮罩、调整图层、透明视频、倒计时等。本节将详细介绍使用 Premiere 创建新元素的相关知识及操作方法。

4.5.1 彩条测试

　　一般的视频前都会有一段彩条测试,类似以前电视机没信号的样子。制作彩条素材的方法非常简单,在【项目】面板下方单击【新建项】按钮■,在弹出的菜单中选择【彩条】菜单项,如图 4-57 所示。这样即可创建彩条。创建出的彩条素材同时也带有声音素材,如图 4-58 所示。

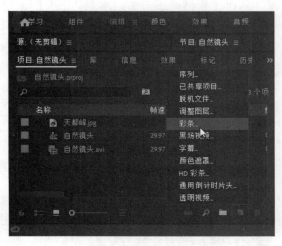

图 4-57

图 4-58

4.5.2 黑场

　　用户除了可以制作彩条素材之外,还可以制作黑场素材,并且创建出的黑场可以进行透明度调整。制作黑场素材的方法非常简单,下面详细介绍制作黑场素材的操作方法。

　　在【项目】面板下方单击【新建项】按钮■,在弹出的菜单中选择【黑场视频】菜单项,如图 4-59 所示,这样即可创建黑场视频,在【项目】面板中的显示效果如图 4-60 所示。

第 4 章　剪辑与编辑视频素材

93

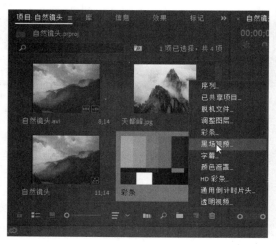

图 4-59

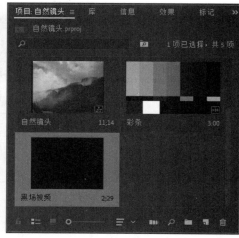

图 4-60

4.5.3 彩色遮罩

　　Premiere Pro CC 可以为影片创建彩色遮罩，从而使素材更加丰富。本例详细介绍创建彩色遮罩的操作方法。

素材文件 第 4 章\素材文件\自然镜头.prproj
效果文件 第 4 章\效果文件\彩色遮罩.prproj

step 1 打开素材文件，① 在【项目】面板下方单击【新建项】按钮，② 在弹出的菜单中选择【颜色遮罩】菜单项，如图 4-61 所示。

step 2 弹出【新建颜色遮罩】对话框，① 设置宽度、高度、时基、像素长宽比参数，② 单击【确定】按钮，如图 4-62 所示。

图 4-61

图 4-62

step 3 弹出【拾色器】对话框，① 在颜色库中选择一种颜色，② 单击【确定】按钮 确定 ，如图 4-63 所示。

图 4-63

step 5 在【项目】面板中可以看到已经新建一个颜色遮罩，选中该颜色遮罩，将其拖曳到【时间轴】面板的轨道中，如图 4-65 所示。

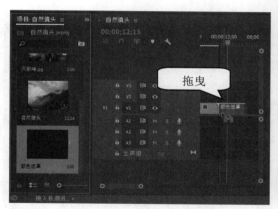

图 4-65

step 4 弹出【选择名称】对话框，① 在【选择新遮罩的名称】文本框中输入名称，② 单击【确定】按钮 确定 ，如图 4-64 所示。

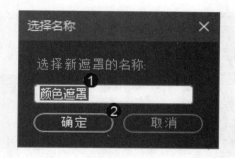

图 4-64

step 6 通过以上步骤即可完成创建彩色遮罩的操作，效果如图 4-66 所示。

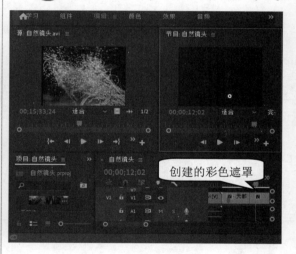

图 4-66

4.5.4 调整图层

调整图层是一个透明的图层，它能将特效应用到一系列的影片剪辑中而无须重复地复制和粘贴属性。只要应用一个特效到调整图层轨道上，特效结果将自动出现在下面的所有视频轨道中。本例详细介绍创建调整图层素材的操作。

素材文件 第 4 章\素材文件\自然镜头.prproj
效果文件 第 4 章\效果文件\调整图层.prproj

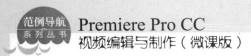

step 1 打开素材文件，① 在【项目】面板下方单击【新建项】按钮，② 在弹出的菜单中选择【调整图层】菜单项，如图 4-67 所示。

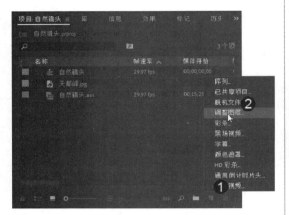

图 4-67

step 3 在【项目】面板中可以看到已经新建一个调整图层。选中该调整图层，将其拖曳到【时间轴】面板的轨道中，如图 4-69 所示。

图 4-69

step 2 弹出【调整图层】对话框，① 设置宽度、高度、时基、像素长宽比参数，② 单击【确定】按钮，如图 4-68 所示。

图 4-68

step 4 通过以上步骤即可完成创建调整图层素材的操作，效果如图 4-70 所示。

图 4-70

4.5.5 透明视频

用户除了可以制作上面介绍的素材之外，还可以制作透明视频素材。制作透明视频素材的方法非常简单，本例详细介绍操作方法。

素材文件❀ 第 4 章\素材文件\自然镜头.prproj

效果文件❀ 第 4 章\效果文件\透明视频.prproj

step 1 打开素材文件，① 在【项目】面板下方单击【新建项】按钮████，② 在弹出的菜单中选择【透明视频】菜单项，如图 4-71 所示。

图 4-71

step 3 在【项目】面板中可以看到已经新建一个透明视频素材，选中该透明视频，将其拖曳到【时间轴】面板的轨道中，如图 4-73 所示。

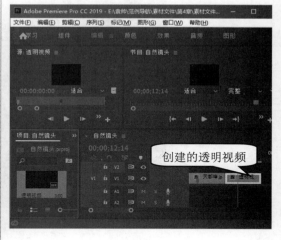

图 4-73

step 2 弹出【新建透明视频】对话框，① 设置宽度、高度、时基、像素长宽比参数，② 单击【确定】按钮████，如图 4-72 所示。

图 4-72

step 4 通过以上步骤即可完成创建透明视频素材的操作，效果如图 4-74 所示。

图 4-74

4.5.6　倒计时

倒计时元素常用于影片开始前的倒计时准备。

在【项目】面板下方单击【新建项】按钮████，在弹出的菜单中选择【通用倒计时片头】菜单项，如图 4-75 所示。在弹出的【新建通用倒计时片头】对话框中，设置相关参数，单击【确定】按钮，如图 4-76 所示。

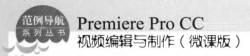

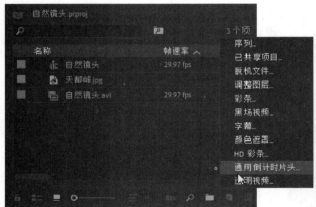

图 4-75

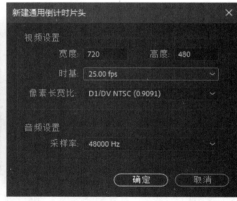

图 4-76

系统即可弹出【通用倒计时设置】对话框，从中可以设置详细的倒计时视频参数，如图 4-77 所示。

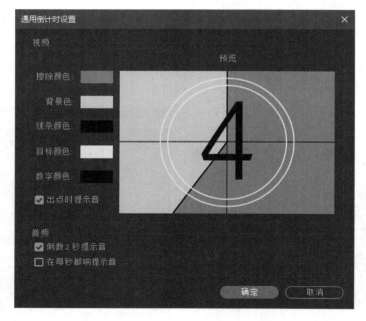

图 4-77

【通用倒计时设置】对话框中的各个选项说明如下。

- 【擦除颜色】选项：表示擦除的颜色，用户可以为圆形参数区域选择颜色。
- 【背景色】选项：表示背景的颜色，用户可以为擦除颜色后的区域选择颜色。
- 【线条颜色】选项：表示指示线的颜色，为水平和垂直线条选择颜色。
- 【目标颜色】选项：标准准星颜色，为数字周围的双圆形选择颜色。
- 【数字颜色】选项：表示数字颜色，为倒数数字选择颜色。
- 【出点时提示音】复选框：表示结束提示标志，选择该复选框后，将在片头的最后一帧中显示提示圈。

- 【倒数 2 秒提示音】复选框：选择该复选框后，则在 2 秒数字处播放提示音。
- 【在每秒都响提示音】复选框：若选择该复选框，则在每秒开始时播放提示音。

Section 4.6 范例应用与上机操作

手机扫描下方二维码，观看本节视频课程

　　通过本章的学习，读者基本可以掌握剪辑与编辑视频素材的基本知识以及一些常见的操作方法，本节将通过一些范例应用，如风景视频剪辑练习上机操作，以达到巩固学习、拓展提高的目的。

4.6.1 风景视频剪辑

　　本例将以风景视频剪辑为例，来详细介绍使用 Premiere Pro CC 进行视频剪辑的操作步骤，使用户更好地理解和应用视频剪辑的相关工具。

素材文件　第 4 章\素材文件\风景视频剪辑.prproj
效果文件　第 4 章\效果文件\风景视频剪辑效果.prproj

step 1　打开素材文件"风景视频剪辑.prproj"，① 在【项目】面板中选中所有图像素材，并单击鼠标右键，② 在弹出的快捷菜单中选择【速度/持续时间】菜单项，如图 4-78 所示。

step 2　弹出【速度/持续时间】对话框，① 设置【持续时间】为 00:00:04:00，② 单击【确定】按钮　确定　，如图 4-79 所示。

图 4-78

图 4-79

第 4 章 剪辑与编辑视频素材

99

step 3　在【项目】面板中，将图像素材"1.jfif"拖曳到【时间轴】面板中 V1 轨道上的开始位置，如图 4-80 所示。

图 4-80

step 4　将其余图像素材拖曳到【时间轴】面板中的 V1 轨道上并对齐到"1.jfif"的出点，如图 4-81 所示。

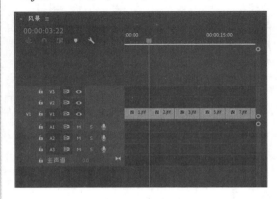

图 4-81

step 5　打开【节目】监视器面板，在 00:00:00:00 处，单击【标记入点】按钮，即可为视频添加入点，如图 4-82 所示。

图 4-82

step 6　在 00:00:39:00 处，单击【标记出点】按钮，即可为视频添加出点，如图 4-83 所示。

图 4-83

step 7　完成上述操作之后，即可在【时间轴】面板上查看刚刚设置之后的效果，如图 4-84 所示。

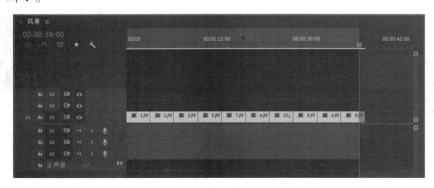

图 4-84

将【项目】面板中的音频素材文件"背景音乐.mp3"拖曳到【时间轴】面板 A1 轨道上的开始位置，与 V1 轨道上的视频入点对齐，如图 4-85 所示。

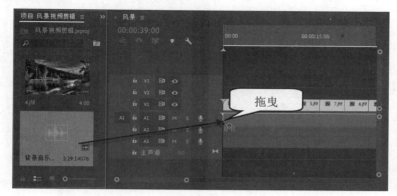

图 4-85

step 9 选择【剃刀工具】，对齐 V1 轨道上视频出点标记，将 A1 轨道上的"背景音乐.mp3"剪开，如图 4-86 所示。

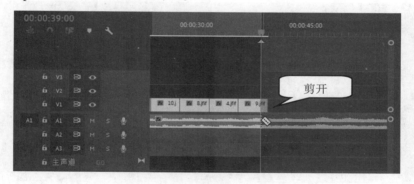

图 4-86

step 10 选择【选择工具】，单击时间轴 A1 轨道上指示器右侧的音频素材，即可选中右侧素材，如图 4-87 所示。

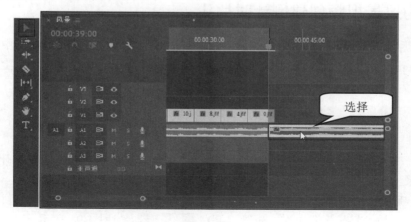

图 4-87

第4章 剪辑与编辑视频素材

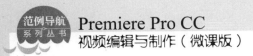

step 11 选中右侧的音频素材后，单击鼠标右键，在弹出的快捷菜单中选择【清除】菜单项，即可删除所选素材，如图 4-88 所示。

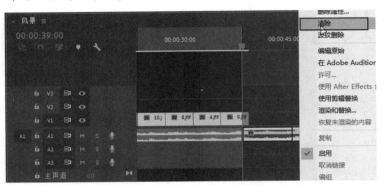

图 4-88

step 12 完成上述操作之后，在【时间轴】面板中即可查看到制作效果，这样即可完成风景视频剪辑的操作，如图 4-89 所示。

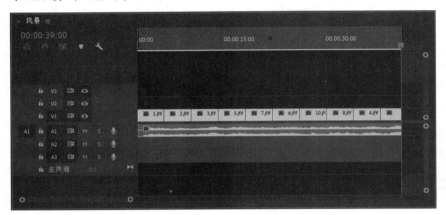

图 4-89

4.6.2 为风景视频创建倒计时片头

倒计时片头是在视频短片中经常使用到的开场内容，常用来提醒观众集中注意力，观看短片。Premiere Pro CC 可以很方便地创建数字倒计时片头动画。本例将以上一小节制作的视频剪辑为基础，来详细介绍为风景视频创建倒计时片头的操作方法。

素材文件❀ 第 4 章\素材文件\风景视频剪辑效果.prproj
效果文件❀ 第 4 章\效果文件\创建倒计时片头.prproj

step 1 打开素材文件"风景视频剪辑效果.prproj"，① 在【项目】面板中，单击【新建项】按钮，② 在弹出的菜单中选择【通用倒计时片头】菜单项，如图 4-90 所示。

step 2 弹出【新建通用倒计时片头】对话框，① 设置宽度、高度、时基、像素长宽比参数，② 单击【确定】按钮 ，如图 4-91 所示。

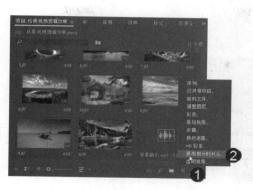

图 4-90

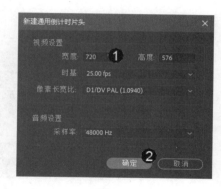

图 4-91

 step 3 弹出【通用倒计时设置】对话框，单击【擦除颜色】色块，如图 4-92 所示。

step 4 弹出【拾色器】对话框，① 在颜色库中选择一种颜色，② 单击【确定】按钮 确定 ，如图 4-93 所示。

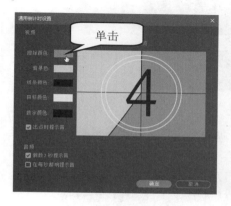

图 4-92

图 4-93

step 5 返回到【通用倒计时设置】对话框中，可以预览刚设置的擦除颜色，① 选择【在每秒都响提示音】复选框，② 单击【确定】按钮 确定 ，如图 4-94 所示。

step 6 返回到【项目】面板中，① 使用鼠标右键单击刚刚添加的"通用倒计时片头"素材，② 在弹出的快捷菜单中选择【从剪辑新建序列】菜单项，如图 4-95 所示。

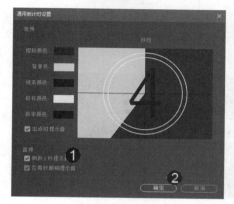

图 4-94

图 4-95

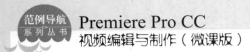

 选中【风景】中的所有素材，并单击鼠标右键，在弹出的快捷菜单中选择【嵌套】菜单项，如图 4-96 所示。

图 4-96

 弹出【嵌套序列名称】对话框，① 在【名称】文本框中输入嵌套名称，② 单击【确定】按钮，如图 4-97 所示。

图 4-97

 完成上述操作之后，返回到【时间轴】面板中，可以查看到刚刚制作的嵌套序列效果，如图 4-98 所示。

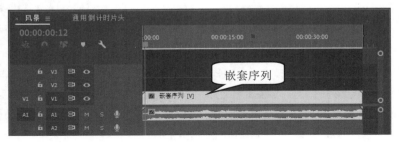

图 4-98

step10 将【嵌套序列】拖曳到【通用倒计时片头】中的 V1 轨道上，与【通用倒计时片头】出点对齐，如图 4-99 所示。

图 4-99

按键盘上的空格键，即可在节目监视器面板中预览制作的最终效果，如图 4-100 所示。

图 4-100

Section 4.7　本章小结与课后练习

本节内容无视频课程

　　剪辑就是通过对素材截取其中好的视频片段，将其与其他视频素材进行组合，形成一个新的视频片段，本章对视频剪辑与编辑一些必备的理论知识和基础操作进行了详细的介绍。下面通过练习几道习题，以达到巩固与提高的目的。

4.7.1　思考与练习

一、填空题

　　将视频中的某一帧，以静帧的方式显示，称为_____，被冻结的静帧可以是片段的入点或出点。

二、判断题

　　Premiere Pro CC 中的监视器面板不仅可以在影片制作过程中预览素材或作品，还可以用于精确编辑和修剪。　　　　　　　　　　　　　　　　　（　　）

三、思考题

　　1. 如何设置素材的入点和出点？
　　2. 如何创建彩色遮罩？

4.7.2　上机操作

　　通过本章的学习，读者基本可以掌握剪辑与编辑视频素材方面的知识，下面通过练习使用滚动编辑工具编辑素材，以达到巩固与提高的目的。

第**5**章

设计完美的视频过渡效果

　　本章主要介绍快速应用视频过渡、设置过渡效果的属性方面的知识与技巧，同时还讲解如何应用常用过渡特效。通过本章的学习，读者可以掌握设计视频过渡效果基础操作方面的知识，为深入学习 Premiere Pro CC 知识奠定基础。

本 章 要 点

1. 快速应用视频过渡
2. 设置过渡效果的属性
3. 常用过渡特效

在镜头切换中加入过渡效果这种技术被广泛应用于数字电视制作中，是比较常见的技术手段。过渡效果的加入会使节目更富有表现力，影片风格更加突出。本节将详细介绍快速应用视频过渡的相关知识及操作方法。

5.1.1　什么是视频过渡

视频过渡是指两个场景(即两段素材)之间，采用一定技巧，如溶解、划像、卷页等，实现场景或情节之间的平滑过渡，从而达到丰富画面、吸引观众的效果。

制作一部电影作品往往要用成百上千个镜头。这些镜头的画面和视角大都千差万别，直接将这些镜头连接在一起会让整部影片的显示断断续续。为此，在编辑影片时便需要在镜头之间添加视频过渡，使镜头与镜头之间的过渡更为自然、顺畅，使影片的视觉连续性更强。

5.1.2　在视频中添加过渡效果

在 Premiere Pro CC 中，系统为用户提供了丰富的视频过渡效果。这些视频过渡效果被分类放置在【效果】面板【视频过渡】文件夹中，如图 5-1 所示。

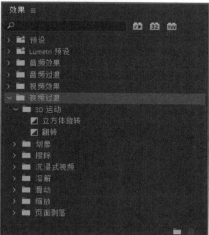

图 5-1

如果想要在两段素材之间添加过渡效果，那么这两段素材必须在同一轨道上，且中间没有间隙。在镜头之间应用视频过渡，只需将某一过渡效果拖曳至时间轴上的两段素材之间即可，如图 5-2 所示。

图 5-2

此时，单击【节目】面板内的【播放-停止切换】按钮▶，或直接按键盘上的空格键，即可预览所添加的视频过渡效果，如图 5-3 所示。

图 5-3

5.1.3 调整过渡区域

所有的过渡效果都可以在【效果控件】面板中调整过渡区域属性。如图 5-4 所示，用户可以在【效果控件】面板中调整位置、缩放、锚点等属性，从而调整过渡区域。

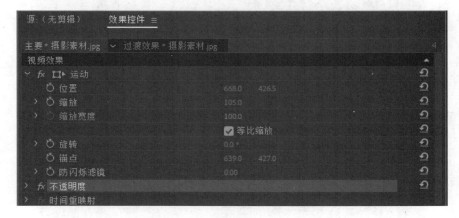

图 5-4

5.1.4 清除与替换过渡

在编排镜头的过程中，有时很难预料镜头在添加视频过渡后会产生怎样的效果。此时，往往需要通过清除、替换的方法，尝试应用不同的过渡，并从中挑选出最合适的效果。

1. 清除过渡

如果用户感觉当前应用的视频过渡不太合适，只需在【时间轴】面板中用鼠标右键单击视频过渡，在弹出的快捷菜单中选择【清除】菜单项，如图 5-5 所示。即可清除相应的视频过渡效果，如图 5-6 所示。

图 5-5　　　　　　　　　　　　　　　　图 5-6

2. 替换过渡

当修改项目时，往往需要使用新的过渡替换之前添加的过渡。从【效果】面板中，将所需要的视频或音频过渡拖放到序列中原有过渡上即可完成替换。

与清除过渡后再添加新的过渡相比，使用替换过渡来更新镜头过渡的方法更为简便。只需将新的过渡效果拖曳覆盖在原有过渡上即可，如图 5-7 所示。

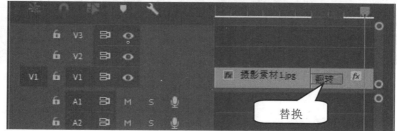

图 5-7

设置过渡效果的属性

手机扫描下方二维码，观看本节视频课程

为了让用户自由地发挥想象力，Premiere Pro CC 允许用户在一定范围内修改视频过渡的效果。也就是说，用户可以根据需要对添加后的视频过渡效果调整相关属性。本节将详细介绍设置过渡效果属性的相关知识及操作方法。

5.2.1　设置过渡时间

将视频过渡效果添加到两个素材连接处后，在【时间轴】面板中选择添加的视频过渡效果，打开【效果控件】面板，即可设置该视频过渡效果的参数。单击【持续时间】选项右侧的数值后，在出现的文本框内输入时间数值，即可设置视频过渡的持续时间。该参数值越大，视频过渡特效持续时间越长；参数值越小，视频过渡特效持续时间越短，如图 5-8 所示。

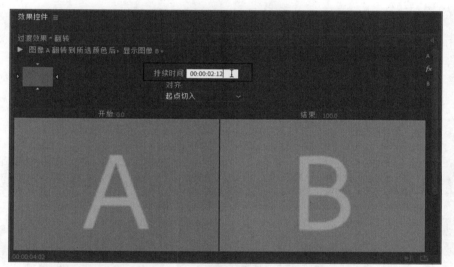

图 5-8

将鼠标指针置于参数的数值上，当光标变成 形状时，左右拖曳鼠标便可以快速更改参数数值。

5.2.2　对齐过渡效果

在【效果控件】面板中，对齐用于控制视频过渡特效的切割对齐方式，这些对齐方式分别为【中心切入】、【起点切入】、【终点切入】及【自定义起点】，如图 5-9 所示。

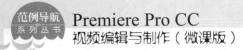
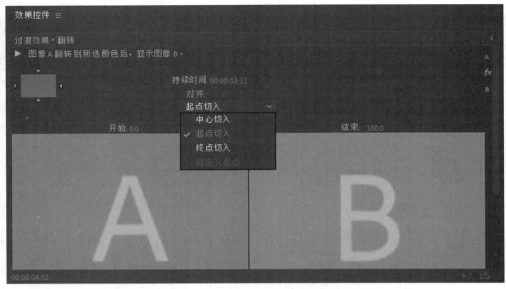

图 5-9

1. 中心切入

当用户要将视频过渡效果插入两素材中心位置时，在【效果控件】面板的【对齐】选项中选择【中心切入】对齐方式，视频过渡效果位于两素材之间的中心位置，所占用的两素材均等，在【时间轴】面板中添加的视频过渡效果如图 5-10 所示，画面效果如图 5-11 所示。

图 5-10   图 5-11

2. 起点切入

当用户要将视频过渡效果添加到某素材的开始端时，在【效果控件】面板的【对齐】选项中选择显示视频过渡效果对齐方式为【起点切入】，如图 5-12 所示，画面效果如图 5-13 所示。

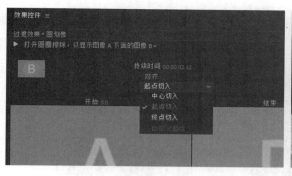

图 5-12   图 5-13

3. 终点切入

当用户要将视频过渡效果添加于素材的结束位置时，在【效果控件】面板的【对齐】选项中选择显示视频过渡效果对齐方式为【终点切入】，如图 5-14 所示，画面效果如图 5-15 所示。

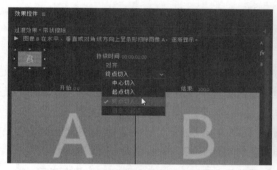

图 5-14   图 5-15

4. 自定义起点

除了前面所介绍的【中心切入】、【起点切入】、【终点切入】对齐方式，用户还可以自定义视频过渡起点的对齐方式。在【时间轴】面板中，选择准备添加的视频过渡效果，按住鼠标左键并拖动，如图 5-16 所示。

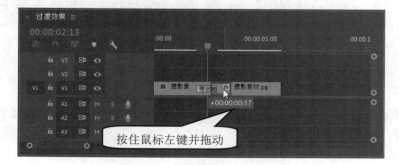

图 5-16

第 5 章 设计完美的视频过渡效果

113

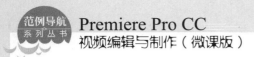

在调整视频过渡效果的对齐位置之后，系统自动将视频过渡效果的对齐方式切换为【自定义起点】，如图 5-17 所示。

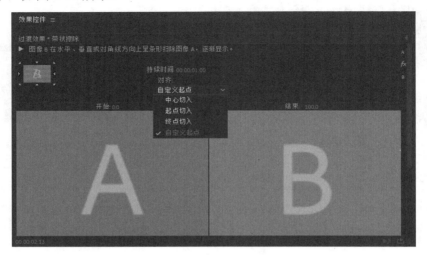

图 5-17

5.2.3　反向过渡效果

在为素材添加视频过渡效果之后，视频过渡效果按照定义进行视频过渡，而在【效果控件】面板中却没有参数用于自定义视频过渡效果，例如【时钟式擦除】视频过渡效果按照顺时针方向进行视频过渡，当用户需要调整【时钟式擦除】视频过渡的过渡方向时，只能通过选择【反向】复选框，来反转视频过渡效果。未选择【反向】复选框时画面效果如图 5-18 所示。选择【反向】复选框后，画面效果如图 5-19 所示。

图 5-18　　　　　　　　　　　　图 5-19

5.2.4　设置过渡边框大小及颜色

部分视频过渡特效在视频过渡的过程中会产生一定的边框效果，而在【效果控件】面板中就有用于控制这些边框效果宽度、颜色的参数，如【边框宽度】和【边框颜色】参数，如图 5-20 所示。

图 5-20

1. 边框宽度

　　【边框宽度】选项用于控制视频过渡效果在视频过渡过程中形成的边框的宽窄。该参数值越大，边框宽度就越大；该参数值越小，边框宽度就越小。默认值为 0，不同【边框宽度】参数下，视频过渡效果的边框效果也不同。如图 5-21 和图 5-22 所示的边框宽度分别为20 和 70。

图 5-21　　　　　　　　　　　　　　　　　　　　　图 5-22

2. 边框颜色

　　【边框颜色】选项用于控制边框的颜色。单击【边框颜色】参数后的色块，在弹出的【拾色器】对话框中设置边框的颜色参数；或者选择色块后面的吸管工具，在视图中直接吸取屏幕画面中的颜色作为边框的颜色。通过【拾色器】对话框设置边框颜色如图 5-23 所示。利用吸管工具吸取屏幕中的颜色来定义边框颜色如图 5-24 所示。

第 5 章　设计完美的视频过渡效果

115

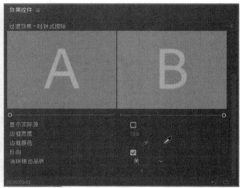

图 5-23   图 5-24

Section 5.3 常用过渡特效

手机扫描下方二维码，观看本节视频课程

Premiere Pro CC 作为一款非常优秀的视频编辑软件，内置了许多视频过渡效果供用户选用，针对视频素材中的各种情况准备了不同的效果，巧妙地运用这些视频过渡效果可以为制作出的影片增色不少。本节将详细介绍常用过渡特效的相关知识。

5.3.1 立方体旋转过渡特效

在该视频过渡特效中，图像 A 与图像 B 就像是一个立方体的两个不同的面。立方体旋转时，其中一个面随着立方体的旋转而离开，另一个面则随着立方体的旋转出现。该过渡效果如图 5-25 所示。

图 5-25

5.3.2 划像过渡特效

划像视频过渡特效组是通过分割画面来完成场景转换的，该组包含了【交叉划像】、

【圆划像】、【盒形划像】、【菱形划像】等划像视频过渡特效。

1. 交叉划像

在【交叉划像】视频过渡特效中，图像 B 以一个十字形出现且图形越来越大，以至于将图像 A 完全覆盖，如图 5-26 所示。

2. 圆划像

在【圆划像】视频过渡特效中，图像 B 呈圆形在图像 A 上展开并逐渐覆盖整个图像 A，如图 5-27 所示。

图 5-26　　　　　　　　　　　　　　图 5-27

3. 盒形划像

在【盒形划像】视频过渡特效中，图像 B 以盒子形状从图像的中心划开，盒子形状逐渐增大，直至充满整个画面并全部覆盖住图像 A，如图 5-28 所示。

4. 菱形划像

在【菱形划像】视频过渡特效中，图像 B 以菱形图像形式在图像 A 的任何位置出现并且菱形的形状逐渐展开，直至覆盖图像 A，如图 5-29 所示。

图 5-28　　　　　　　　　　　　　　图 5-29

5.3.3　滑动过渡特效

滑动视频过渡特效组主要通过画面的平移变化来实现镜头画面间的切换，其中包括【中

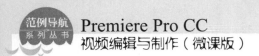
心拆分】、【带状滑动】、【拆分】、【推】、【滑动】等。

1. 中心拆分

在【中心拆分】视频过渡特效中，图像 A 从画面中心分成 4 片并向 4 个方向滑行，逐渐露出图像 B，如图 5-30 所示。

2. 带状滑动

在【带状滑动】视频过渡特效中，图像 B 以分散的带状从画面的两边向中心靠拢，合并成完整的图像并将图像 A 遮盖，如图 5-31 所示。

图 5-30   图 5-31

3. 拆分

在【拆分】视频过渡特效中，图像 A 向两侧分裂，显现出图像 B，如图 5-32 所示。

4. 推

在【推】视频过渡特效中，图像 A 和图像 B 左右并排在一起，图像 B 把图像 A 向一边推动使图像 A 离开画面，图像 B 逐渐占据图像 A 的位置，如图 5-33 所示。

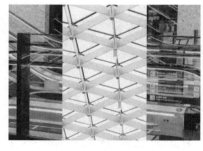 

图 5-32   图 5-33

5. 滑动

在【滑动】视频过渡特效中，图像 B 从画面的左边到右边直接插入画面，将图像 A 覆盖，如图 5-34 所示。

图 5-34

5.3.4　渐变擦除过渡特效的应用

　　本例将添加【擦除】视频过渡效果组中的【渐变擦除】效果，通过对本例的学习，用户可以掌握镜头渐变擦除过渡效果的使用方法。

素材文件❀　第 5 章\素材文件\渐变擦除.prproj
效果文件❀　第 5 章\效果文件\渐变擦除效果.prproj

step 1 打开素材文件"渐变擦除.prproj"，可以看到已经新建一个【渐变擦除】序列，并添加了两个图像素材，如图 5-35 所示。

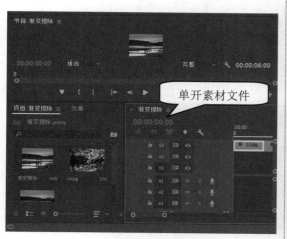

图 5-35

step 2 打开【效果】面板，依次展开【视频过渡】→【擦除】卷展栏，选择【渐变擦除】过渡特效，如图 5-36 所示。

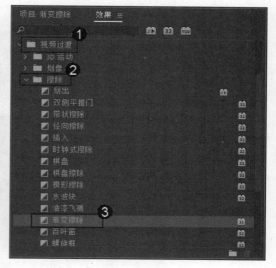

图 5-36

 3 选择【渐变擦除】视频过渡特效后，使用鼠标将其拖曳到两段素材连接处，如图 5-37 所示。

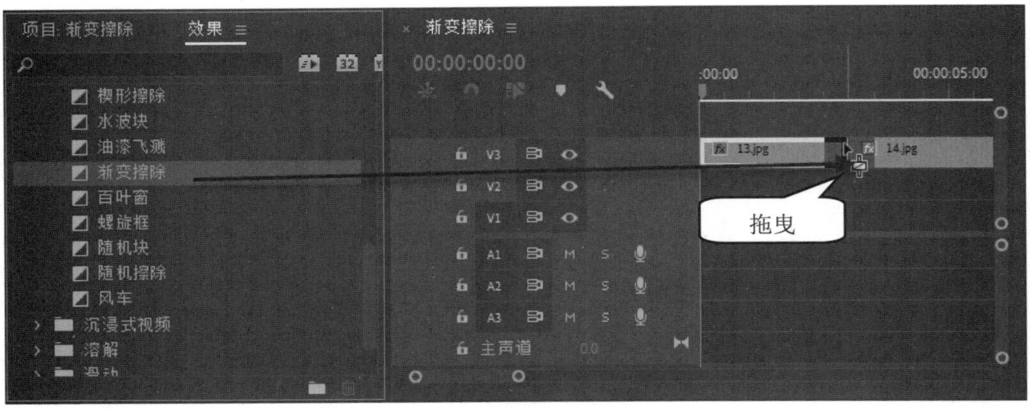

图 5-37

step 4 弹出【渐变擦除设置】对话框，① 设置【柔和度】参数，② 单击【确定】按钮 确定 ，如图 5-38 所示。

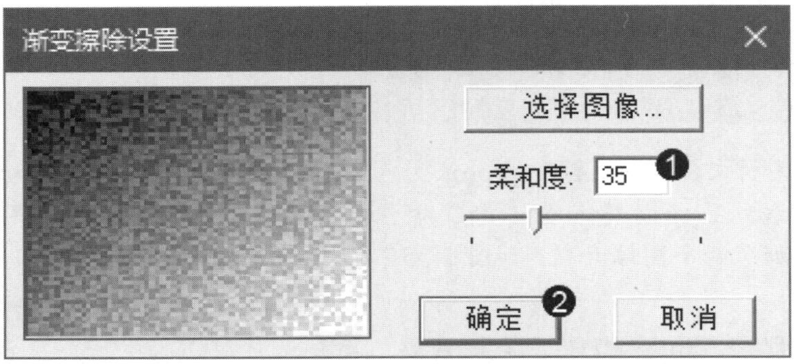

图 5-38

step 5 打开【效果控件】面板，设置视频过渡特效的相关参数，如设置【持续时间】、【开始】和【结束】时间等，如图 5-39 所示。

图 5-39

step 6 　完成上述操作之后，用户即可在【节目】监视器中预览制作的过渡效果，这样即可完成应用渐变擦除过渡效果的操作，如图 5-40 所示。

图 5-40

5.3.5 　溶解过渡特效

　　【溶解】视频过渡特效组主要是以淡化、渗透等方式产生过渡效果，该类特效包括【交叉溶解】、【叠加溶解】、【胶片溶解】、【非叠加溶解】、【白场过渡】、【黑场过渡】等视频过渡特效。

1. 交叉溶解

　　在【交叉溶解】视频过渡特效中，图像 A 的不透明度逐渐降低直至完全透明，图像 B 则在图像 A 逐渐降低透明度的过程中慢慢显示出来，如图 5-41 所示。

2. 叠加溶解

　　在【叠加溶解】视频过渡特效中，图像 A 和图像 B 以亮度叠加方式相互融合，图像 A 逐渐变亮的同时图像 B 逐渐出现在屏幕上，如图 5-42 所示。

图 5-41　　　　　　　　　　　　　　　　　图 5-42

3. 胶片溶解

　　在【胶片溶解】视频过渡特效中，图像 A 逐渐变色为胶片反色效果并消失，同时图像 B 也由胶片反色效果逐渐显现并恢复正常色彩，如图 5-43 所示。

4. 非叠加溶解

在【非叠加溶解】视频过渡特效中，图像 A 从黑暗部分消失，而图像 B 则从最亮部分到最暗部分依次进入屏幕，直至最终完全占据整个屏幕，如图 5-44 所示。

图 5-43

图 5-44

5. 白场过渡

在【白场过渡】视频过渡特效中，图像 A 逐渐变白，而图像 B 则从白色中逐渐显现出来，如图 5-45 所示。

6. 黑场过渡

在【黑场过渡】视频过渡特效中，图像 A 逐渐变黑，而图像 B 则从黑暗中逐渐显现出来，如图 5-46 所示。

图 5-45

图 5-46

5.3.6　交叉缩放过渡特效

在【交叉缩放】视频过渡特效中，图像 A 被逐渐放大直至撑出画面，图像 B 以图像 A 最大的尺寸比例逐渐缩小进入画面，最终在画面中缩放成原始比例大小。该过渡效果如图 5-47 所示。

图 5-47

5.3.7　页面剥落过渡特效

【页面剥落】视频过渡特效组主要是使图像 A 以各种卷叶的动作形式消失，最终显示出图像 B。该组包含了【翻页】、【页面剥落】等视频过渡特效。

1. 翻页

在【翻页】视频过渡特效中，图像 A 以滚轴动画的方式向一边滚动卷曲，滚动卷曲完成后最终显现出图像 B，如图 5-48 所示。

2. 页面剥落

【页面剥落】视频过渡特效类似于【翻页】的对折效果，但是卷曲时背景是渐变色，如图 5-49 所示。

图 5-48

图 5-49

Section 5.4　范例应用与上机操作

手机扫描下方二维码，观看本节视频课程

通过本章的学习，读者基本可以掌握设计视频过渡效果的基本知识以及一些常见的操作方法，本节将通过一些范例应用，如制作镜头淡入淡出效果、制作鲜花从含苞待放到盛开的过渡效果，练习上机操作，以达到巩固学习、拓展提高的目的。

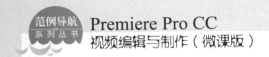
5.4.1 制作镜头淡入淡出效果

淡入淡出效果是图像展示过程中经常使用的视频过渡效果，本例将详细介绍如何制作镜头淡入淡出效果，以巩固、拓展提高本章学到的内容。

素材文件 第5章\素材文件\镜头淡入淡出.prproj
效果文件 第5章\效果文件\镜头淡入淡出效果.prproj

step 1 打开素材文件"镜头淡入淡出.prproj"，可以看到已经新建一个【淡入淡出】序列，并添加了两个图像素材，使用鼠标右键在【项目】面板中单击，在弹出的快捷菜单中选择【新建项目】→【颜色遮罩】菜单项，如图 5-50 所示。

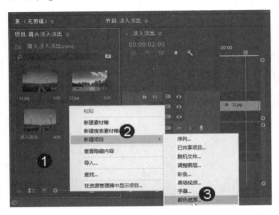

图 5-50

step 2 弹出【新建颜色遮罩】对话框，① 设置宽度、高度、时基、像素长宽比参数，② 单击【确定】按钮 确定 ，如图 5-51 所示。

图 5-51

step 3 弹出【拾色器】对话框，① 在颜色库中选择白色，② 单击【确定】按钮 确定 ，如图 5-52 所示。

图 5-52

step 4 弹出【选择名称】对话框，① 输入名称，② 单击【确定】按钮 确定 ，如图 5-53 所示。

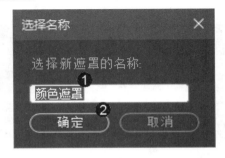

图 5-53

step 5 返回到【项目】面板中，可以看到新建的白色颜色遮罩，将该颜色遮罩拖曳到【时间轴】面板的 V1 轨道中，如图 5-54 所示。

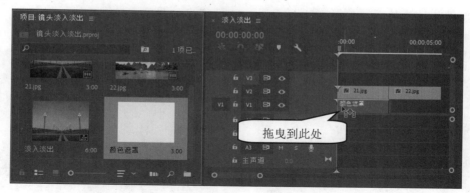

图 5-54

step 6 在【时间轴】面板中，① 使用鼠标右键单击 V1 轨道中的颜色遮罩，② 在弹出的快捷菜单中选择【速度/持续时间】菜单项，如图 5-55 所示。

step 7 弹出【剪辑速度/持续时间】对话框，① 设置【持续时间】为 00:00:06:00，② 单击【确定】按钮，如图 5-56 所示。

图 5-55

图 5-56

step 8 返回到【时间轴】面板中，可以看到此时 V1 轨道中的素材和 V2 轨道中的素材持续时间相同，如图 5-57 所示。

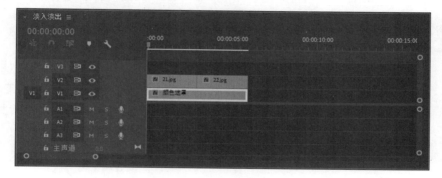

图 5-57

第 5 章 设计完美的视频过渡效果

step 9　打开【效果】面板，依次展开【视频过渡】→【溶解】卷展栏，选择【交叉溶解】过渡特效，如图 5-58 所示。

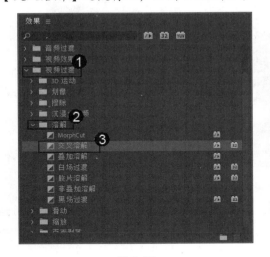

图 5-58

step 10　选择完【交叉溶解】视频过渡特效后，使用鼠标将其拖曳到 V2 轨道中的两段素材连接处，如图 5-59 所示。

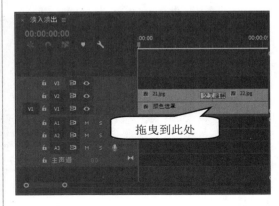

图 5-59

step 11　按键盘上的空格键，可在【节目】监视器中预览制作的最终效果，这样即可完成制作镜头淡入淡出效果的操作，如图 5-60 所示。

图 5-60

5.4.2　制作鲜花从含苞待放到盛开的过渡效果

在了解 Photoshop CC 视频过渡特效之后，用户应该熟练掌握过渡特效的添加方法以及控制方法。本例将详细介绍为素材添加【叠加溶解】视频过渡特效，制作鲜花从含苞待放到盛开的过渡效果，从而达到巩固学习、拓展提高本章学到的内容的目的。

素材文件	第 5 章\素材文件\叠加溶解.prproj
效果文件	第 5 章\效果文件\含苞待放到盛开效果.prproj

step 1　打开素材文件"叠加溶解.prproj"，可以看到已经新建一个【含苞待放】序列，并添加了两个鲜花图像素材，如图 5-61 所示。

step 2　在【项目】面板中，选择"23.jpg"图像素材，然后在菜单栏中选择【剪辑】→【修改】→【解释素材】菜单项，如图 5-62 所示。

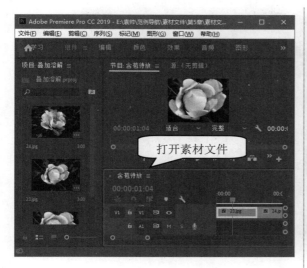

图 5-61

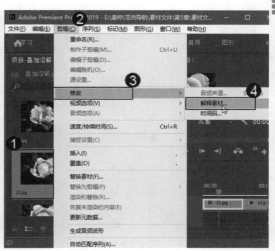

图 5-62

step 3　弹出【修改剪辑】对话框，① 设置素材的【像素长宽比】参数，② 单击【确定】按钮 确定 ，如图 5-63 所示。

step 4　使用相同的方法修改 "24.jpg" 图像素材的【像素长宽比】参数，如图 5-64 所示。

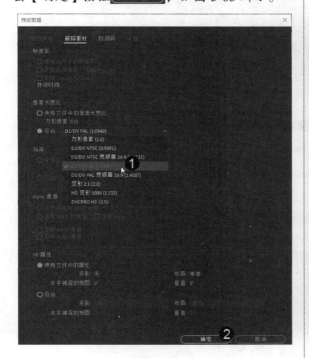

图 5-63

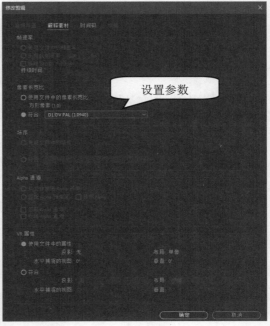

图 5-64

step 5　完成上述操作之后，用户可以在【节目】监视器中查看效果，如图 5-65 所示。

step 6　打开【效果】面板，依次展开【视频过渡】→【溶解】卷展栏，选择【叠加溶解】过渡特效，如图 5-66 所示。

图 5-65

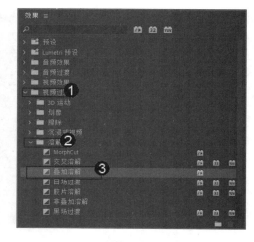

图 5-66

 选择完【叠加溶解】视频过渡特效后，使用鼠标将其拖曳到 V1 轨道中的两段素材连接处，如图 5-67 所示。

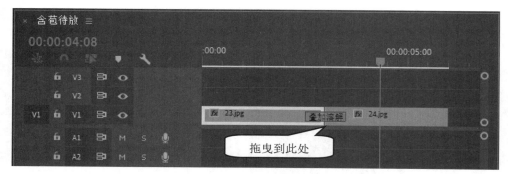

图 5-67

 单击【时间轴】面板中的【叠加溶解】特效，切换到【效果控件】面板中，设置视频过渡特效的相关参数，如图 5-68 所示。

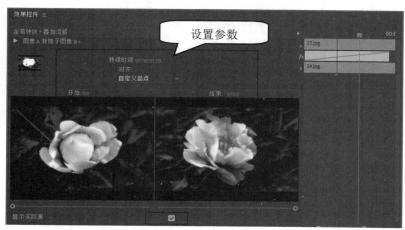

图 5-68

step 9 完成上述操作之后，本例的制作步骤都已完成，用户可以在菜单栏中选择【文件】
→【另存为】菜单项，保存当前编辑项目，如图 5-69 所示。

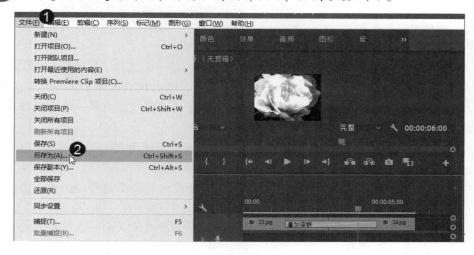

图 5-69

step 10 按键盘上的空格键，即可在【节目】监视器中预览制作的最终效果，这样即可完
成制作鲜花从含苞待放到盛开的过渡效果，如图 5-70 所示。

图 5-70

Section 5.5 本章小结与课后练习

本节内容无视频课程

视频过渡特效可以使影像之间的切换变得平滑流畅，本章主要介绍了
Premiere Pro CC 中的视频过渡效果。通过本章的学习，读者可以掌握视频过渡
在影片中的运用和一些常用视频过渡的效果。下面通过练习几道习题，以达到
巩固与提高的目的。

第 5 章 设计完美的视频过渡效果

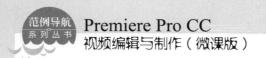

5.5.1 思考与练习

一、填空题

1. 视频过渡是指_____场景(即两段素材)之间，采用一定技巧，如溶解、划像、卷页等，实现场景或情节之间的平滑过渡，从而达到丰富画面、吸引观众的效果。

2. 在 Premiere Pro CC 中，系统为用户提供了丰富的视频过渡效果。这些视频过渡效果被分类放置在【效果】面板_____文件夹中。

3. 在_____视频过渡特效中，图像 B 以一个十字形出现且图形越来越大，以至于将图像 A 完全覆盖。

4. 在_____视频过渡特效中，图像 B 以分散的带状从画面的两边向中心靠拢，合并成完整的图像并将图像 A 遮盖。

5. 在_____视频过渡特效中，图像 A 以滚轴动画的方式向一边滚动卷曲，滚动卷曲完成后最终显现出图像 B。

二、判断题

1. 如果想要在两段素材之间添加过渡效果，那么这两段素材必须在同一轨道上，且中间没有间隙。在镜头之间应用视频过渡，只需将某一过渡效果拖曳至时间轴上的两段素材之间即可。　　　　　　　　　　　　　　　　　　　　　　　　　　　　　　（　　）

2. 在【效果控件】面板中，对齐用于控制视频过渡特效的切割对齐方式，这些对齐方式分别为【中心切入】【起点切入】【终点切入】及【自定义切入】。　　（　　）

3. 所有的视频过渡特效在视频过渡的过程中都会产生一定的边框效果，而在【效果控件】面板中就有用于控制这些边框效果宽度、颜色的参数，如【边框宽度】和【边框颜色】参数。　　　　　　　　　　　　　　　　　　　　　　　　　　　　　　（　　）

4. 在【交叉溶解】视频过渡特效中，图像 A 的不透明度逐渐降低直至完全透明，图像 B 则在图像 A 逐渐透明度的过程中慢慢显示出来。　　　　　　　　（　　）

三、思考题

1. 如何在视频中添加过渡效果？
2. 如何应用渐变擦除过渡特效？

5.5.2 上机操作

1. 通过本章的学习，读者基本可以掌握设计视频过渡效果方面的知识，下面通过练习制作天旋地转的冲浪画面，以达到巩固与提高的目的。

2. 通过本章的学习，读者基本可以掌握设计视频过渡效果方面的知识，下面通过练习制作动物园宣传片，以达到巩固与提高的目的。

第<big>6</big>章

编辑与设置影视字幕

　　本章主要介绍字幕及属性面板、创建多种类型字幕、设置字幕属性、设置字幕外观效果方面的知识与技巧，同时还讲解应用字幕样式的方法。通过本章的学习，读者可以掌握编辑与设置影视字幕基础操作方面的知识，为深入学习 Premiere Pro CC 知识奠定基础。

本章要点

1. 字幕及属性面板
2. 创建多种类型字幕
3. 设置字幕属性
4. 设置字幕外观效果
5. 应用字幕样式

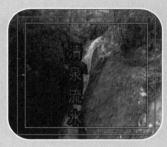

手机扫描下方二维码，观看本节视频课程

Section 6.1 字幕及属性面板

在影视节目中，字幕是必不可少的。字幕可以帮助影片更完整地展现相关信息内容，起到解释画面、补充内容等作用。此外，在各式各样的广告中，精美的字幕不仅能够起到为影片增光添彩的作用，还能够快速、直接地向观众传达信息。

6.1.1 字幕工作区及相关属性面板

在 Premiere Pro CC 中，所有字幕都是在字幕工作区内创建完成的。在该工作区中，不仅可以创建和编辑静态字幕，还可以制作出各种动态的字幕效果。下面详细介绍新建【字幕】项目并打开字幕工作区的操作方法。

step 1 启动 Premiere 程序，① 单击【文件】主菜单，② 在弹出的菜单中选择【新建】菜单项，③ 在弹出的子菜单中选择【字幕】菜单项，如图 6-1 所示。

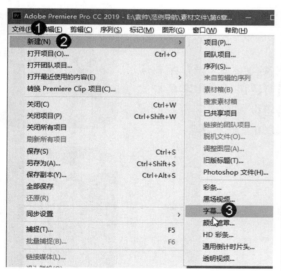

图 6-1

step 2 弹出【新建字幕】对话框，设置相关参数后，单击【确定】按钮 ，如图 6-2 所示。

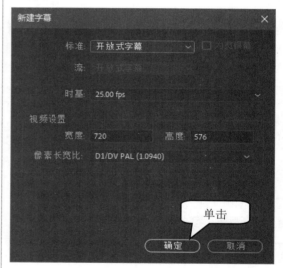

图 6-2

step 3 返回到工作界面中，即可新建一个字幕项目，打开【字幕】面板，即可进入到字幕工作区中，如图 6-3 所示。

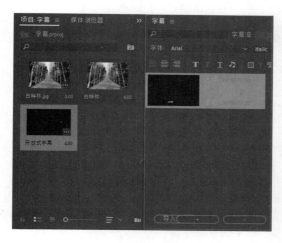

图 6-3

上面介绍的是进入新版 Premiere Pro CC 字幕功能的方法,如果用户习惯用 Premiere Pro CC 2017.1 版本之前的旧版字幕功能,可以进行以下操作。

step 1 启动 Premiere Pro CC 2019 程序,①单击【文件】主菜单,②在弹出的菜单中选择【新建】菜单项,③在弹出的子菜单中选择【旧版标题】菜单项,如图 6-4 所示。

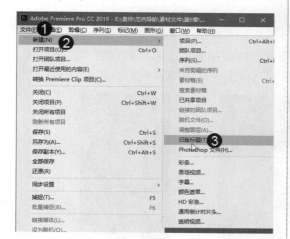

图 6-4

step 3 系统会弹出一个对话框,即为字幕工作区,里面包含有【字幕】面板、【字幕工具】面板、【字幕动作】面板、【字幕样式】面板、【字幕属性】面板等。通过以上步骤即可打开旧版字幕工作区,如图 6-6所示。

智慧锦囊

用户还可以按键盘上的 Ctrl+T 组合键,快速切换到字幕编辑模式。

在菜单栏中选择【窗口】→【字幕】菜单项即可打开【字幕】面板。

考考您

请您根据上述方法新建【字幕】项目,测试一下您的学习效果。

step 2 弹出【新建字幕】对话框,设置相关参数后,单击【确定】按钮,如图 6-5 所示。

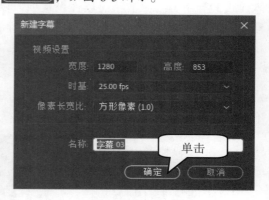

图 6-5

智慧锦囊

在旧版字幕工作区中,在默认工具状态下,用户可以在显示素材画面的区域内单击鼠标,输入文字内容。

第6章 编辑与设置影视字幕

133

请您根据上述方法打开旧版字幕工作区，测试一下您的学习效果。

图 6-6

1. 【字幕】面板

该面板是创建、编辑字幕的主要工作场所，用户不仅可以在该面板中直观地了解字幕应用于影片后的效果，还可以直接对其进行修改。【字幕】面板共分为属性栏和编辑窗口两部分，其中编辑窗口是创建和编辑字幕的区域，而属性栏内则含有【字体系列】、【字体样式】等字幕对象的常见属性设置项，以便快速调整字幕对象，从而提高创建及修改字幕时的工作效率，如图 6-7 所示。

2. 【字幕工具】面板

【字幕工具】面板内放置着制作和编辑字幕时所要用到的工具。利用这些工具，用户不仅可以在字幕内加入文本，还可以绘制简单的几何图形，如图 6-8 所示。

图 6-7

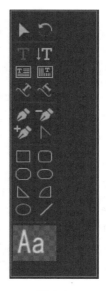

图 6-8

- 【选择工具】按钮▶: 利用该工具, 只需在【字幕】面板内单击文本或图形, 即可选择这些对象。选中对象后, 所选对象的周围将会出现多个角点, 按住 Shift 键还可以选择多个对象。

- 【旋转工具】按钮↺: 用于对文本进行旋转操作。

- 【文字工具】按钮T: 该工具用于输入水平方向上的文字。

- 【垂直文字工具】按钮IT: 该工具用于在垂直方向上输入文字。

- 【区域文字工具】按钮▤: 用于在水平方向上输入多行文字。

- 【垂直区域文字工具】按钮▥: 可在垂直方向上输入多行文字。

- 【路径文字工具】按钮↘: 可沿弯曲的路径输入垂直于路径的文本。

- 【钢笔工具】按钮✎: 用于创建和调整路径。此外, 还可以通过调整路径的形状而影响由【路径文字工具】和【垂直路径文字工具】所创建的路径文字。

- 【添加锚点工具】按钮✎⁺: 可以增加路径上的节点, 常与【钢笔工具】结合使用。路径上的节点数量越多, 用户对路径的控制也就越灵活, 路径所能够呈现出的形状也就越复杂。

- 【删除锚点工具】按钮✎⁻: 可以减少路径上的节点, 常与【钢笔工具】结合使用。当使用【删除锚点工具】按钮将路径上的所有节点删除后, 该路径对象也会随之消失。

- 【转换锚点工具】按钮◣: 路径内每个节点都包含两个控制柄, 而【转换锚点工具】的作用就是通过调整节点上的控制柄, 达到调整路径形状的作用。

- 【矩形工具】按钮▭: 用于绘制矩形图形, 配合 Shift 键可以绘制正方形。

- 【圆角矩形工具】按钮▢: 用于绘制圆角矩形, 配合 Shift 键可以绘制出长宽相等的圆角矩形。

- 【切角矩形工具】按钮◯: 用于绘制八边形, 配合 Shift 键可以绘制出正八边形。

- 【圆角矩形工具】按钮◯: 该工具用于绘制类似于胶囊的图形, 所绘制的图形与上一个【圆角矩形工具】绘制出的图形的差别在于: 此圆角矩形只有 2 条直线边, 上一个圆角矩形有 4 条直线边。

- 【楔形工具】按钮◥: 用于绘制不同样式的三角形。

- 【弧形工具】按钮◠: 用于绘制封闭的弧形对象。

- 【椭圆工具】按钮◯: 用于绘制椭圆形。

- 【直线工具】按钮╱: 用于绘制直线。

> Premiere 字幕内的路径是一种既可以反复调整的曲线对象, 又是具有填充颜色、线宽等文本或图形属性的特殊对象。

3. 【字幕动作】面板

该面板内的工具在【字幕】面板的编辑窗口对齐或排列所选对象时使用, 如图 6-9 所示。

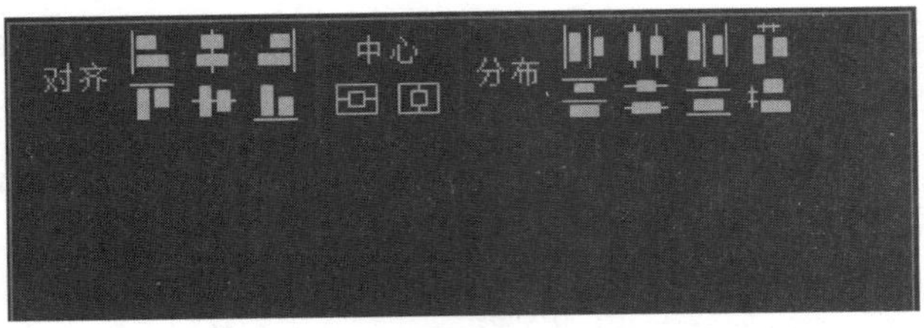

图 6-9

其中，各个工具的作用如下。

- 【水平靠左】按钮：所选对象以最左侧对象的左边线为基准进行对齐。
- 【水平居中】按钮：所选对象以中间对象的水平中线为基准进行对齐。
- 【水平靠右】按钮：所选对象以最右侧对象的右边线为基准进行对齐。
- 【垂直靠上】按钮：所选对象以最上方对象的顶边线为基准进行对齐。
- 【垂直居中】按钮：所选对象以中间对象的垂直中线为基准进行对齐。
- 【垂直靠下】按钮：所选对象以最下方对象的底边线为基准进行对齐。
- 【水平居中】按钮：在垂直方向上，与视频画面的水平中心保持一致。
- 【垂直居中】按钮：在水平方向上，与视频画面的垂直中心保持一致。
- 【水平靠左】按钮：以左右两侧对象的左边线为界，使相邻对象左边线的间距保持一致。
- 【水平居中】按钮：以左右两侧对象的垂直中心线为界，使相邻对象中心线的间距保持一致。
- 【水平靠右】按钮：以左右两侧对象的右边线为界，使相邻对象右边线的间距保持一致。
- 【水平等距间隔】按钮：以左右两侧对象为界，使相邻对象的垂直间距保持一致。
- 【垂直靠上】按钮：以上下两侧对象的顶边线为界，使相邻对象顶边线的间距保持一致。
- 【垂直居中】按钮：以上下两侧对象的水平中心线为界，使相邻对象中心线的间距保持一致。
- 【垂直靠下】按钮：以上下两侧对象的底边线为界，使相邻对象底边线的间距保持一致。
- 【垂直等距间隔】按钮：以上下两侧对象为界，使相邻对象水平间距保持一致。

知识精讲　至少选择 2 个对象后，【对齐】选项组内的工具才会被激活；而【分布】选项组内的工具至少要选择 3 个对象后才会被激活。

4. 【字幕样式】面板(旧版标题样式)

该面板存放着 Premiere 内的各种预置字幕样式。利用这些字幕样式，用户创建字幕内容后，即可快速获得各种精美的字幕素材，如图 6-10 所示。

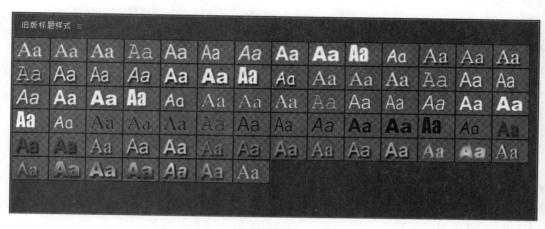

图 6-10

知识精讲 Premiere Pro CC 内的各种字幕样式实质上是记录着不同属性的属性参数集，而应用字幕样式便是将这些属性参数集内的参数设置应用于当前所选对象。

5. 【字幕属性】面板(旧版标题属性)

在 Premiere Pro CC 中，所有与字幕内各对象属性相关的选项都放置在【字幕属性】面板中。利用该面板内的各种选项，用户不仅可对字幕的位置、大小、颜色等基本属性进行调整，还可以为其定制描边与阴影效果，如图 6-11 所示。

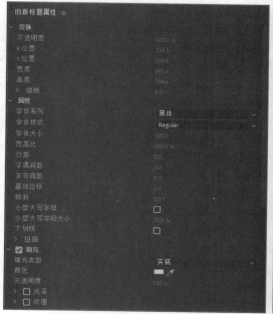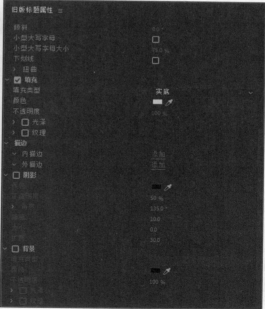

图 6-11

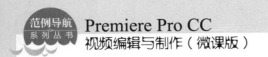

6.1.2　字幕的种类

在 Premiere Pro CC 中，字幕分为 3 种类型，即默认静态字幕、默认滚动字幕和默认游动字幕。创建字幕后可以在这 3 种字幕类型之间随意转换。

1. 默认静态字幕

默认静态字幕是指在默认状态下停留在画面指定位置不动的字幕。对于该类型字幕，若要使其在画面中产生移动效果，则必须为其设置【位置】关键帧。默认静态字幕在系统默认状态下是位于创建位置静止不动。用户可以在其【特效控制台】面板制作位移、缩放、旋转、透明度关键帧动画。

2. 默认滚动字幕

默认滚动字幕在被创建之后，其默认的状态即为在画面中从上到下垂直运动，运动速度取决于该字幕文件的持续时间长度。默认滚动字幕是不需要设置关键帧动画的，除非用户需要更改其运动状态。

3. 默认游动字幕

默认游动字幕在被创建之后，其默认状态就具有沿画面水平方向运动的特性。其运动方向可以是从左至右的，也可以是从右至左的。虽然默认游动字幕的默认状态为水平方向运动，但用户可根据视频编辑需求更改字幕运动状态，制作位移、缩放等关键帧动画。

Section 6.2　创建多种类型字幕

手机扫描下方二维码，观看本节视频课程

在 Premiere Pro CC 中，文本字幕可以分为多种类型，除了基本的水平字幕和垂直字幕外，还能够创建路径文本字幕以及动态字幕。本节将详细介绍创建多种类型字幕的相关知识及操作方法。

6.2.1　创建水平文本字幕

水平文本字幕是指沿水平方向进行分布的字幕类型。在字幕工作区中，使用【文字工具】 T 在【字幕】面板内的字幕工作区任意位置单击后，即可输入相应的文字，从而创建水平文本字幕，如图 6-12 所示。在输入文本内容的过程中，按键盘上的 Enter 键，即可实现换行，从而使接下来的内容另起一行，如图 6-13 所示。

图 6-12   图 6-13

此外，使用【区域文字工具】在字幕工作区内绘制文本框，如图 6-14 所示。然后输入文字内容，就可以创建水平多行文本字幕，如图 6-15 所示。

图 6-14   图 6-15

在 Premiere Pro CC 中，无论是普通的垂直文本字幕，还是垂直多行文本字幕，其顺序都是从上至下、从右至左。

6.2.2　创建垂直文本字幕

垂直类文本字幕的创建方法与水平类文本字幕的创建方法很相似。例如选择【垂直文字工具】在字幕工作区内单击后，输入相应的文字内容即可创建垂直文本字幕，如图 6-16 所示。使用【垂直区域文字工具】在字幕工作区内绘制文本框，输入相应的文字即可创建垂直多行文本字幕，如图 6-17 所示。

图 6-16

图 6-17

6.2.3 创建路径文本字幕

与水平文本字幕和垂直文本字幕相比，路径文本字幕的特点是能够通过调整路径形状而改变字幕的整体形态，但它必须依附于路径才能够存在。下面详细介绍创建路径文本字幕的操作方法。

step 1 使用【路径文字工具】单击字幕工作区内的任意位置，创建路径的第一个节点。使用相同的方法创建第二个节点，并通过调整节点上的控制柄来修改路径形状，如图 6-18 所示。

step 2 完成路径的绘制后，使用相同的工具在路径中单击，直接输入文本内容，即可完成路径文本的创建，如图 6-19 所示。

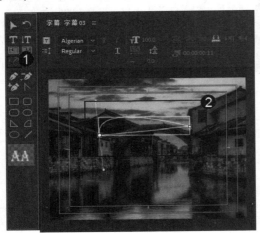

图 6-18

图 6-19

step 3 运用相同的方法，使用【垂直路径文字工具】，即可创建出沿着路径垂直方向的文本字幕，如图 6-20 所示。

图 6-20

智慧锦囊

创建路径文本字幕时，必须重新创建路径，而无法在现有路径的基础上添加文本。

考考您

请您根据上述方法创建路径文本字幕，测试一下您的学习效果。

6.2.4　创建动态字幕

在此前所创建的字幕都属于静态字幕，即本身不会运动的字幕，而动态字幕则是字幕本身可以运动的字幕类型。下面详细介绍创建动态字幕的操作方法。

step 1 在字幕工作区中完成创建静态文本字幕后，单击左上角处的【滚动/游动】按钮，如图 6-21 所示。

图 6-21

step 2 弹出【滚动/游动选项】对话框，①选中【滚动】单选按钮，②选择【开始于屏幕外】复选框和【结束于屏幕外】复选框，③单击【确定】按钮，如图 6-22 所示。

图 6-22

step 3 关闭字幕工作区，返回到【项目】面板中，选择刚刚创建的字幕项目，将其拖曳到【时间轴】面板中，如图 6-23 所示。

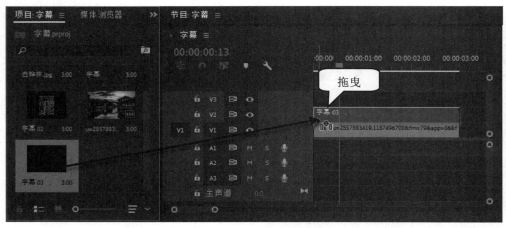

图 6-23

step 4 按键盘上的空格键，即可在【节目】监视器中预览制作的最终效果，这样即可完成创建动态字幕的操作，如图 6-24 所示。

图 6-24

Section 6.3　设置字幕属性

手机扫描下方二维码，观看本节视频课程

在 Premiere Pro CC 软件中的【字幕属性】面板(旧版标题属性)中，【属性】选项组内的选项主要用于调整字幕的基本属性，如字体样式、字体大小、字幕间距、字幕行距等。本节将详细介绍设置字幕属性的相关知识及操作方法。

6.3.1　设置字体类型

【字体系列】选项用于设置字体的类型，用户既可以直接在【字体系列】列表框内输入字体名称，也可以单击该选项的下拉按钮，在弹出的【字体系列】下拉列表中选择合适的字体类型，如图 6-25 所示。

根据字体类型的不同，某些字体拥有多种不同的形态效果，而【字体样式】选项便是用于指定当前所要显示的字体形态，如图 6-26 所示。

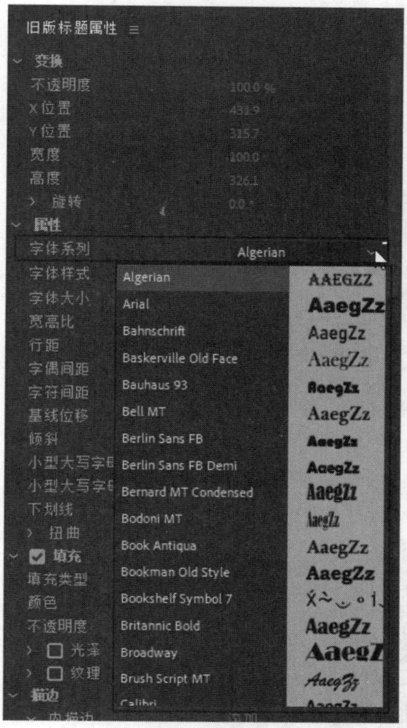

图 6-25

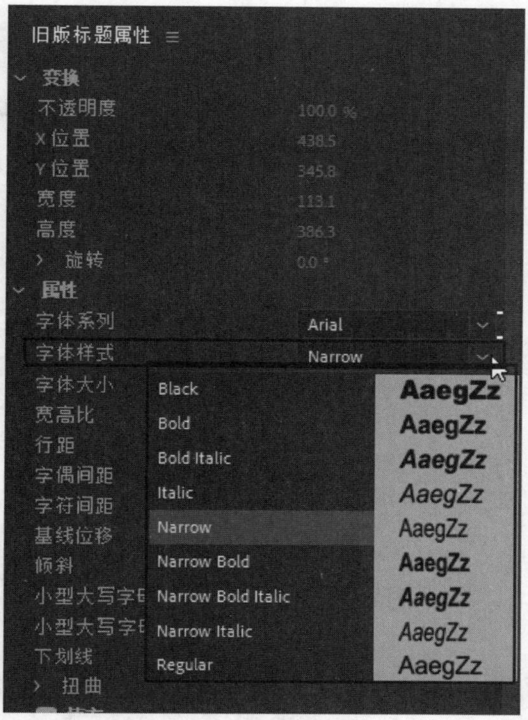

图 6-26

6.3.2 设置字体大小

【字体大小】选项用于控制文本的尺寸,如图 6-27 所示。其取值越大,字体的尺寸就越大;反之,则越小。

图 6-27

如图 6-28 所示为原字体大小和设置字体大小之后的对比。

图 6-28

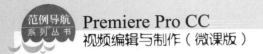

6.3.3　设置字幕间距

　　【字偶间距】选项可以用于调整字幕内字与字之间的距离。其调整效果与【字符间距】选项的调整效果类似，如图 6-29 所示。

图 6-29

　　如图 6-30 所示为原字幕间距和设置字幕间距后的效果对比。

图 6-30

6.3.4　设置字幕行距

　　【行距】选项用于控制文本内行与行之间的距离，如图 6-31 所示。

图 6-31

　　如图 6-32 所示为原字幕行距和设置字幕行距后的效果对比。

图 6-32

设置字幕外观效果

手机扫描下方二维码，观看本节视频课程

在 Premiere Pro CC 软件中，字幕的创建离不开设置字幕外观效果，只有对字幕颜色进行填充，设置字幕描边、字幕阴影效果等参数之后，才能够获得各种精美的字幕。本节将详细介绍设置字幕外观效果的相关知识及操作方法。

6.4.1 设置字幕颜色填充

完成创建字幕后，通过在【字幕属性】面板(旧版标题属性)内启用【填充】复选框，并对该选项内的各项参数进行调整，即可对字幕的填充颜色进行控制，如图 6-33 所示。如果希望填充效果不应用于字幕，则可以在禁用【填充】复选框后，关闭填充效果，从而使字幕的相应部分成为透明状态。

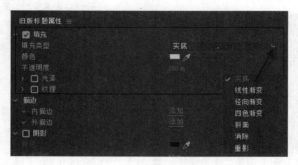

图 6-33

下面详细介绍设置字幕颜色填充的操作方法。

step 1 在字幕工作区中完成创建文本字幕后，① 在【字幕属性】面板(旧版标题属性)内启用【填充】复选框，② 选择【填充类型】为【实底】，③ 单击【颜色】选项右侧的颜色块，如图 6-34 所示。

图 6-34

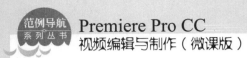
 弹出【拾色器】对话框，❶选择一种准备填充的颜色，❷单击【确定】按钮 确定，如图 6-35 所示。

 返回到【字幕属性】面板(旧版标题属性)中，用户还可以设置不透明度、光泽和纹理等参数选项，如图 6-36 所示。

图 6-35

图 6-36

 完成以上操作之后即可完成字幕颜色填充，效果如图 6-37 所示。

图 6-37

智慧锦囊

在开启字幕的填充效果后，Premiere Pro CC 为用户提供了多种不同的填充样式，通过选择不同的填充方式，即可得到不同显示效果的文本。

考考您

请您根据上述方法设置字幕颜色填充，测试一下您的学习效果。

 知识精讲

如果关闭字幕颜色的填充效果，则可以通过其他方式将字幕颜色呈现在观众面前，如使用阴影或描边效果等。

6.4.2 设置字幕描边效果

Premiere Pro CC 将描边分为内描边和外描边两种类型。内描边的效果是从字幕边缘向内进行扩展，因此会覆盖字幕原有的填充效果；外描边的效果是从字幕文本的边缘向外进行扩展，因此会增大字幕所占据的屏幕范围。

展开【描边】选项组，单击【外描边】选项右侧的【添加】按钮，即可为当前所选字幕对象添加默认的黑色描边效果，如图 6-38 和图 6-39 所示。

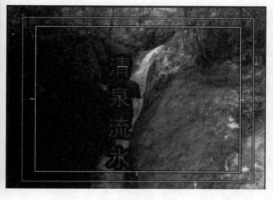

图 6-38   图 6-39

在【类型】下拉列表中，Premiere Pro CC 根据描边方式的不同提供了【边缘】、【深度】和【凹进】3 种不同选项，如图 6-40 所示。

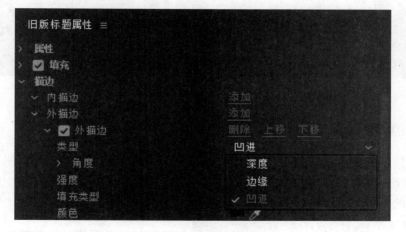

图 6-40

下面将分别介绍这 3 种不同的描边方式。

1. 边缘描边

这是 Premiere Pro CC 默认采用的描边方式，对于边缘描边效果来说，其描边宽度可通过【大小】选项进行控制，该选项的取值越大，描边的宽度也就越大，【颜色】选项则用于调整描边的色彩。至于【填充类型】、【不透明度】和【纹理】等选项，作用和控制方法与【填充】选项组内的相应选项完全相同。

2. 深度描边

当采用该方式进行描边时，Premiere Pro CC 中的描边只能出现在字幕的一侧，且描边的一侧与字幕相连，而描边宽度则受到【大小】选项的控制，如图 6-41 所示。

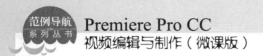
3. 凹进描边

这是一种描边位于字幕对象下方，效果类似于投影效果的描边方式，如图 6-42 所示。默认情况下，为字幕添加凹进描边时无任何效果。在调整【强度】选项后，凹进描边便会显现出来，并随着【强度】选项参数值的增大而逐渐远离字幕文本。【角度】选项用于控制凹进描边相对于字幕文本的偏离方向。

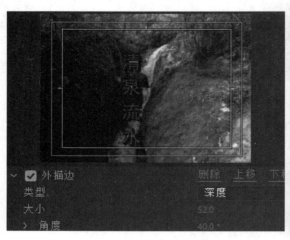

图 6-41　　　　　　　　　　　　　　　图 6-42

6.4.3　设置字幕阴影效果

与填充效果相同的是，阴影效果也属于可选效果，用户只有在启用【阴影】复选框后，Premiere Pro CC 才会为字幕添加投影。在【阴影】选项组中，各选项的参数如图 6-43 所示，添加阴影后的字幕效果如图 6-44 所示。

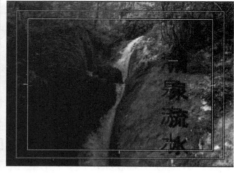

图 6-43　　　　　　　　　　　　　　　图 6-44

在【阴影】选项组中，各选项的含义以及作用如下。

- 颜色：该选项用于控制阴影的颜色，用户可根据字幕颜色、视频画面的颜色，以及整个影片的色彩基调等多方面进行考虑，从而最终决定字幕阴影的色彩。

- 不透明度：控制投影的透明程度。在实际应用中，应适当降低该选项的取值，使阴影呈适当的透明状态，从而获得接近于真实情形的阴影效果。
- 角度：该选项用于控制字幕阴影的投射位置。
- 距离：用于确定阴影与主体间的距离，其取值越大，两者间的距离越远；反之，则越近。
- 大小：默认情况下，字幕阴影与字幕主体的大小相同，而该选项的作用就是在原有字幕阴影的基础上，增大阴影。
- 扩展：该选项用于控制阴影边缘的发散效果，其取值越小，阴影就越锐利；取值越大，阴影就越模糊。

应用字幕样式

手机扫描下方二维码，观看本节视频课程

字幕样式是 Premiere Pro CC 软件预置的设置方案，作用是帮助用户快速设置字幕属性，从而获得效果精美的字幕。在【字幕】面板中，不仅能够应用预设的样式效果，还可以自定义样式。本节将详细介绍应用字幕样式的相关知识及方法。

6.5.1 使用字幕样式

在 Premiere Pro CC 中，字幕样式的应用方法很简单，只需在输入相应的字幕文本内容后，在【字幕样式】(旧版标题样式)面板内单击某个字幕样式的预览图，即可将其应用于当前字幕，如图 6-45 所示。

如果需要有选择地应用字幕样式所记录的字幕属性，则可在【字幕样式】(旧版标题样式)面板内右键单击字幕样式预览图，在弹出的菜单中选择【应用带字体大小的样式】或【仅应用样式颜色】菜单项，如图 6-46 所示。

图 6-45

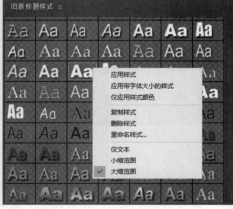

图 6-46

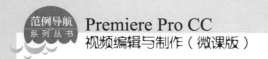

6.5.2　创建字幕样式

　　为进一步提高用户创建字幕时的工作效率，Premiere Pro CC 还为用户提供了自定义字幕样式的功能，便于设置相同属性或相近属性的字幕。下面详细介绍创建字幕样式的操作方法。

step 1　完成字幕素材的设置后，① 在【字幕样式】面板内单击面板菜单按钮，② 在弹出的菜单中选择【新建样式】菜单项，如图 6-47 所示。

step 2　弹出【新建样式】对话框，① 在【名称】文本框中输入名称，如"渐变天蓝"，② 单击【确定】按钮，如图 6-48 所示。

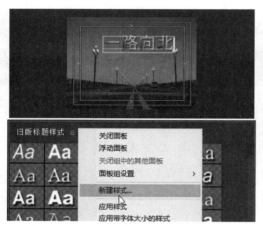

图 6-47

图 6-48

step 3　返回到【字幕样式】面板中，即可看到刚刚所创建的字幕样式的预览图，这样即可完成创建字幕样式的操作，如图 6-49 所示。

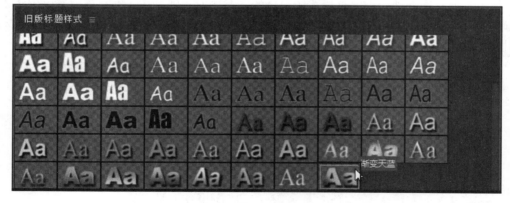

图 6-49

　　在为字幕添加字幕样式后，还可以在【字幕属性】面板内设置字幕文本的各项属性，从而在字幕样式的基础上获得更精美、更新的字幕效果。

Section
6.6
范例应用与上机操作

手机扫描下方二维码，观看本节视频课程

通过本章的学习，读者基本可以掌握编辑与设置影视字幕的基本知识以及一些常见的操作方法，本节将通过一些范例应用，如制作浮雕字幕效果、制作旋转字幕效果，练习上机操作，以达到巩固学习、拓展提高的目的。

6.6.1 制作浮雕字幕效果

在影视节目制作的过程中，经常会根据不同的背景给字幕添加不同的效果，浮雕效果是在字幕中经常使用的艺术效果，该效果会给人一种厚重的感觉。本例将详细介绍如果制作浮雕字幕效果，以巩固提高本章学习到的内容。

素材文件 第6章\素材文件\浮雕字幕.prproj
效果文件 第6章\效果文件\浮雕字幕效果.prproj

step 1 打开素材文件"浮雕字幕.prproj"，可以看到已经新建一个【营养早餐】序列，并添加了一个图像素材，如图6-50所示。

step 2 在菜单栏中，① 单击【文件】主菜单，② 在弹出的菜单中选择【新建】菜单项，③ 在弹出的子菜单中选择【旧版标题】菜单项，如图6-51所示。

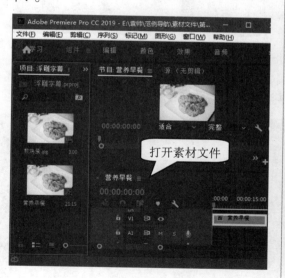

图 6-50

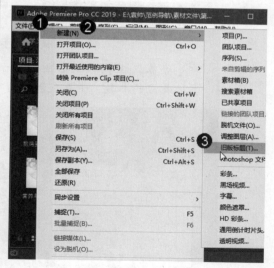

图 6-51

step 3 弹出【新建字幕】对话框，① 在【名称】文本框中输入名称，② 单击【确定】按钮 **确定** ，如图6-52所示。

step 4 在弹出的字幕工作区中，选择【文字工具】 ，在【字幕】面板内的编辑窗口确定位置处单击后输入字幕"营养早餐"，如图6-53所示。

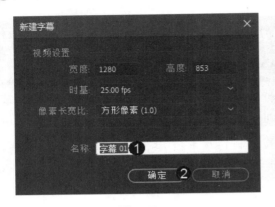

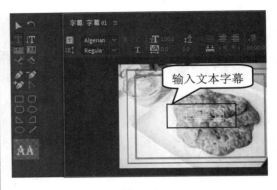

图 6-52

图 6-53

step 5　在【字幕属性】(旧版标题属性)面板的【变换】和【属性】区域中设置字幕的参数，设置完成后的字幕效果在左侧显示，如图 6-54 所示。

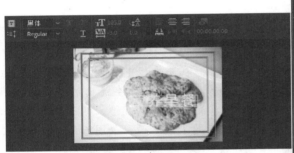

图 6-54

step 6　在【字幕属性】(旧版标题属性)面板中，选择【填充类型】为【斜面】，并设置其他相应的参数，设置完成后的字幕效果在左侧显示，如图 6-55 所示。

图 6-55

step 7　在【字幕属性】(旧版标题属性)面板中，选择【阴影】复选框，并设置其他相应的参数，设置完成后的字幕效果在左侧显示，如图 6-56 所示。

图 6-56

step 8 关闭【字幕属性】面板后，返回到【项目】面板中可以看到制作好的字幕效果，将其拖曳到【时间轴】面板的 V2 轨道中，如图 6-57 所示。

图 6-57

step 9 在【时间轴】面板中，将鼠标指针放置在 V2 轨道中的素材右侧，待鼠标指针变为 ↔ 形状时，拖曳鼠标将其持续时间与 V1 轨道素材中的持续时间设置为一致，如图 6-58 所示。

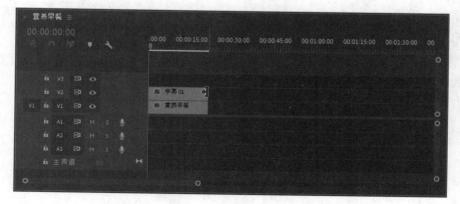

图 6-58

step 10 按键盘上的空格键，即可在【节目】监视器中预览制作的最终效果，这样即可完成制作浮雕字幕效果的操作，如图 6-59 所示。

第 6 章 编辑与设置影视字幕

图 6-59

6.6.2 制作旋转字幕效果

本例将详细介绍制作旋转字幕效果的方法。

素材文件❀ 第 6 章\素材文件\旋转字幕.prproj.prproj
效果文件❀ 第 6 章\效果文件\旋转字幕效果.prproj

step 1 打开素材文件"旋转字幕.prproj"，可以看到已经新建一个【flower】序列，并添加了一个图像素材和字幕，如图 6-60 所示。

step 2 在菜单栏中，①单击【窗口】主菜单，②在弹出的菜单中选择【效果控件】菜单项，如图 6-61 所示。

图 6-60

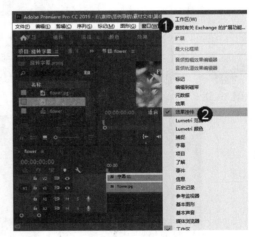

图 6-61

step 3 打开【效果控件】面板，单击【缩放】、【旋转】和【不透明度】选项左侧的【切换动画】按钮，并设置详细的参数，如图 6-62 所示。

step 4 将当前时间指示器拖曳至 00:00:00:20 的位置，设置【缩放】、【旋转】和【不透明度】的参数，如图 6-63 所示。

图 6-62

图 6-63

 将当前时间指示器拖曳至 00:00:01:00 的位置，设置【缩放】、【旋转】和【不透明度】的参数，如图 6-64 所示。

 将当前时间指示器拖曳至 00:00:02:20 的位置，设置【缩放】、【旋转】和【不透明度】的参数，如图 6-65 所示。

图 6-64

图 6-65

 按键盘上的空格键，即可在【节目】监视器中预览制作的最终效果，这样即可完成制作旋转字幕效果的操作，如图 6-66 所示。

图 6-66

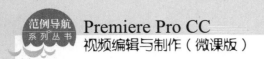
Section 6.7 本章小结与课后练习

本节内容无视频课程

通过本章的学习，读者除了对 Premiere Pro CC 的字幕创建工具有了了解，还可以掌握文本字幕的创建、设置字幕属性外观以及字幕样式的应用和字幕效果的编辑与制作过程。下面通过练习几道习题，以达到巩固与提高的目的。

6.7.1 思考与练习

一、填空题

1. 水平文本字幕是指沿_____方向进行分布的字幕类型。
2. _____选项用于控制文本内行与行之间的距离。

二、判断题

与水平文本字幕和垂直文本字幕相比，路径文本字幕的特点是能够通过调整路径形状而改变字幕的整体形态，但必须依附于路径才能够存在。 （　　）

三、思考题

1. 如何创建路径文本字幕？
2. 如何创建动态字幕？

6.7.2 上机操作

1. 通过本章的学习，读者基本可以掌握编辑与设置影视字幕方面的知识，下面通过练习制作字幕扭曲效果，以达到巩固与提高的目的。
2. 通过本章的学习，读者基本可以掌握编辑与设置影视字幕方面的知识，下面通过练习制作图形字幕，以达到巩固与提高的目的。

第**7**章

编辑与制作音频特效

　　本章主要介绍音频制作基础知识、添加与编辑音频、音频控制台方面的知识与技巧，同时还讲解如何制作音频效果。通过本章的学习，读者可以掌握编辑与制作音频特效基础操作方面的知识，为深入学习 Premiere Pro CC 知识奠定基础。

 本 章 要 点

1. 音频制作基础知识
2. 添加与编辑音频
3. 音频控制台
4. 制作音频效果

**Section
7.1**
音频制作基础知识
手机扫描下方二维码，观看本节视频课程

在制作影视节目时，声音是必不可少的元素，无论是同期的配音、后期的效果，还是背景音乐都是不可或缺的。影视制作中的声音包括有人声、解说、音乐和音响等。本节将详细介绍音频制作的基础知识。

7.1.1 音频的基础知识

基本音频处理是使用 Premiere Pro CC 编辑影片过程中非常重要的部分，音频涉及许多基本概念，现简述如下。

- 音量：音量用来标记声音的强弱程度，是声音的重要属性之一。音量越大，声波的幅度(振幅)就越大。音量的单位是分贝。
- 音调：即通常所说的"音高"，它是声音的一个重要物理特性。音调的高低决定于声音频率的高低，频率越高音调越高。有时为了得到某些特殊效果，会将声音频率变高或者变低。
- 音色：音色好比绘图中的颜色，发音体、发音环境的不同都会影响声音的音质。不同的谐波具有不同的幅值和相位偏移，由此而产生各种音色。
- 噪音：噪音对人的正常听觉造成一定的干扰，它通常是由不同频率和不同强度的声波的无规律组合所形成的声音，即物体无规律的振动所产生的声音。噪音不仅由声音的物理特性决定，而且还与人们的生理和心理状态有关。
- 动态范围：动态范围是录音或放音设备在不失真和高于该设备固有噪声的情况下所能承受的最大音量范围，通常以分贝表示。人耳所能承受的最大音量为120分贝。
- 静音：所谓静音就是无声。没有声音是一种具有积极意义的表现手段，在影视作品中通常用来表现恐惧、不安、孤独以及内心极度空虚的气氛和心情。
- 失真：失真是指声音经录制加工后产生的一种畸变，一般分为非线性失真和线性失真两种。非线性失真指的是声音在录制工加后出现了一种新的频率。而线性失真则没有产生新的率频，但是原有声音的比例发生了变化，要么增加了高频成分的音量，要么减少了低频成分的音量等。
- 增益：增益是"放大量"的统称，它包括功率的增益、电压的增益和电流的增益。通过调整音响设备的增益量，可使系统的信号电平处于一种最佳的状态。

7.1.2 音频的分类

在 Premiere Pro CC 中可以新建单声道、立体声和 5.1 声道 3 种类型的音频轨道，每一种轨道只能添加相应类型的音频素材。

1. 单声道

单声道的音频素材只包含一个音轨，其录制技术是最早问世的音频制式。若使用双声道的扬声器播放单声道音频，两个声道的声音完全相同。

2. 立体声

立体声是在单声道基础上发展起来的，该录音技术至今依然被广泛使用。在用立体声录音技术录制音频时，用左右两个单声道系统，将两个声道的音频信息分别记录，可准确再现声源点的位置以及运动效果，其主要作用是能为声音定位。立体声音素材在【源】监视器中的显示效果如图 7-1 所示。

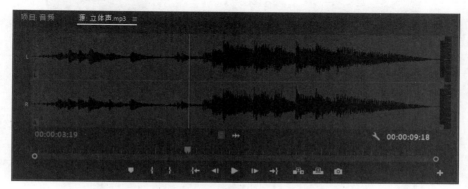

图 7-1

3. 5.1 声道

5.1 声道是指中央声道，前置左、右声道，后置左、右环绕声道，及所谓的 0.1 声道——重低音声道。一套系统总共可连接 6 个喇叭。5.1 声道已广泛运用于各类传统影院和家庭影院中，一些比较知名的声音录制压缩格式，比如杜比 AC-3(Dolby Digital)、DTS 等都是以5.1 声音系统为技术蓝本的，其中的 0.1 声道则是一个专门设计的超低音声道，这一声道可以产生频响范围 20～120Hz 的超低音。

Section 7.2 添加与编辑音频

手机扫描下方二维码，观看本节视频课程

所谓音频素材，是指能够持续一段时间，含有各种乐器音响效果的声音。在制作影片的过程中，声音素材的好坏将直接影响影视节目的质量。本节将详细介绍添加与编辑音频的相关知识及操作方法。

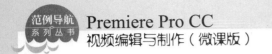

7.2.1　添加音频

在 Premiere Pro CC 中，添加音频素材的方法与添加视频素材的方法基本相同，下面将分别介绍两种添加音频的方法。

1. 通过【项目】面板添加音频

在【项目】面板中，用鼠标右键单击准备添加的音频素材，在弹出的快捷菜单中选择【插入】菜单项，即可将音频添加到时间轴上，如图 7-2 所示。

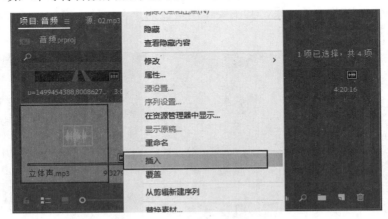

图 7-2

2. 通过鼠标拖曳添加音频

除了使用菜单添加音频之外，用户还可以直接在【项目】面板中单击并拖动准备添加的音频素材到时间轴上，如图 7-3 所示。

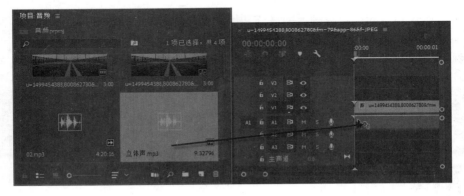

图 7-3

在使用鼠标右键菜单添加音频素材时，需要先在【时间轴】面板上激活要添加素材的音频轨道。被激活的音频轨道将以白色显示。如果在【时间轴】面板中没有激活相应的音频轨道，则在右键菜单中，【插入】菜单项将被禁用。

7.2.2　在时间轴中编辑音频

　　源音频素材可能无法满足用户在制作视频时的需求，Premiere Pro CC 在提供了强大的视频编辑功能的同时，还可以处理音频素材。在【时间轴】面板中用户即可编辑音频。

1. 使用音频单位

　　对于视频来说，视频帧是其标准的测量单位，通过视频帧可以精确地设置入点或者出点。但是在 Premiere Pro CC 中，音频素材应当使用毫秒或者音频采样率来作为显示单位。

　　如果要查看音频的单位及音频素材的声波图形，应当先将音频素材或带有声音的视频素材添加至【时间轴】面板上。默认情况下，时间轴上的音频素材是显示音频波形和音频名称的。要想控制音频素材的名称与波形显示与否，只需要单击【时间轴】面板中的【时间轴显示设置】按钮，在弹出的菜单中取消对【显示音频波形】与【显示音频名称】的选择，即可隐藏音频波形与音频名称，如图 7-4 所示。

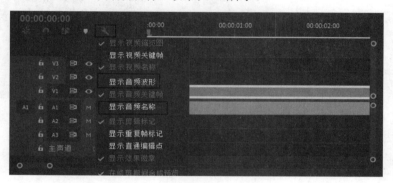

图 7-4

　　如果要显示音频单位，在【时间轴】面板内单击面板菜单按钮，在弹出的菜单中选择【显示音频时间单位】菜单项，即可在时间标尺上显示相应的时间单位，如图 7-5 所示。

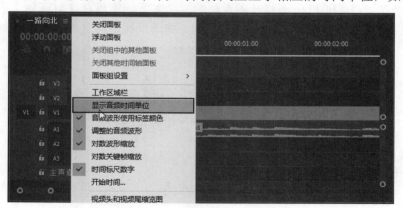

图 7-5

　　默认情况下，Premiere Pro CC 项目文件会采用音频采样率作为音频素材单位，用户可根据需要将其修改为毫秒。下面详细介绍修改音频素材单位的方法。

step 1 ① 单击【文件】主菜单，② 在弹出的菜单中选择【项目设置】菜单项，③ 在弹出的子菜单中选择【常规】菜单项，如图 7-6 所示。

step 2 弹出【项目设置】对话框，① 在【音频】栏中的【显示格式】下拉列表中选择【毫秒】选项，② 单击【确定】按钮 确定 即可完成修改音频单位的操作，如图 7-7 所示。

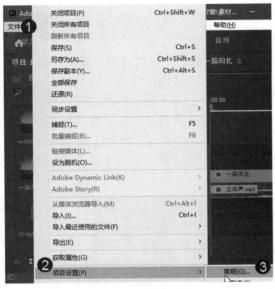

图 7-6

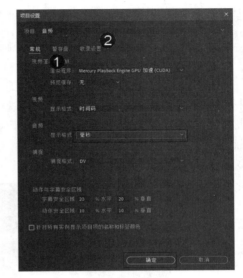

图 7-7

2. 调整音频素材的持续时间

音频素材的持续时间是指音频素材的播放长度，用户可以通过设置音频素材的入点和出点来调整其持续时间。另外，Premiere Pro CC 还允许用户通过更改素材长度和播放速度的方式来调整其持续时间。

如果要通过更改其长度来调整音频素材的持续时间，可以在【时间轴】面板上将鼠标指针移至音频素材的末尾，当光标变成█形状时，拖动鼠标即可更改其长度，如图 7-8 所示。

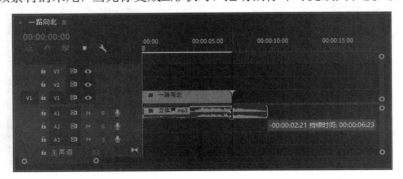

图 7-8

使用鼠标拖动来延长或缩短音频素材持续时间的方式，会影响音频素材的完整性。因此，如果要在保证音频内容完整的前提下更改持续时间，则必须通过调整播放速度的方式来实现。下面详细介绍通过调整播放速度更改持续时间的方法。

 1 在【时间轴】面板中，用鼠标右键单击音频素材，在弹出的菜单中选择【速度/持续时间】菜单项，如图7-9所示。

 2 弹出【剪辑速度/持续时间】对话框，① 在【速度】文本框内输入数值，② 单击【确定】按钮 确定，如图7-10所示。

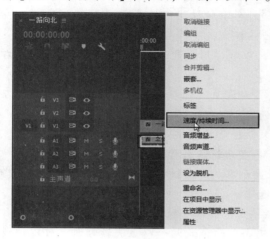

图 7-9

图 7-10

知识精讲

在调整素材时长时，向左拖动鼠标持续时间变短，向右拖动鼠标则持续时间变长。但是当音频素材处于最长持续时间状态时，将不能通过向外拖动鼠标的方式来延长其持续时间。

3. 快速编辑音频

Premiere Pro CC 为【时间轴】面板中的轨道添加了自定义轨道头。通过自定义轨道头，能够为音频轨道添加编辑与控制音频的功能按钮。通过这些功能按钮，能够快速控制与编辑音频素材。下面详细介绍自定义轨道头的方法。

 1 单击【时间轴】面板中的【时间轴显示设置】按钮 ，然后在弹出的菜单中选择【自定义音频头】菜单项，如图7-11所示。

 2 弹出【按钮编辑器】面板，将音轨中没有或者需要的功能按钮拖入轨道中，单击【确定】按钮 确定 即可完能自定义轨道头的操作，如图7-12所示。

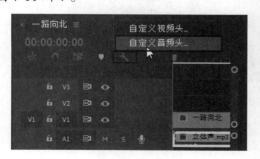

图 7-11

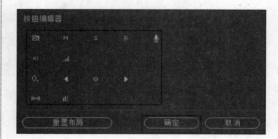

图 7-12

音频轨道中的功能按钮操作起来非常简单，在播放音频的过程中，只要单击某个功能按钮，即可在音频中听到相应的变化。主要功能按钮的名称和作用如下。

- 【静音轨道】按钮M：单击该按钮，相对应轨道中的音频将无法播放出声音。
- 【独奏轨道】按钮S：当两个或两个以上的轨道同时播放音频时，单击其中一条轨道中的该按钮，即可禁止播放除该轨道以外其他轨道中的音频。
- 【启用轨道以进行录制】按钮R：单击该按钮，能够启用相应的轨道进行录音。
- 【轨道音量】按钮：添加该按钮后，以数字形式显示在轨道头。单击并向左右拖动鼠标，即可降低或提高音量。
- 【左/右平衡】按钮：该按钮以圆形滑轮形式显示在音频轨道头中，单击并向左右拖动鼠标，即可控制左右声道音量的大小。
- 【轨道计】按钮：单击该按钮，音频轨道头将提供一个轨道计。
- 【轨道名称】按钮A1：添加该按钮，将显示轨道名称。
- 【显示关键帧】按钮：该按钮用来显示添加的关键帧。单击该按钮，可以选择【剪辑关键帧】或者【轨道关键帧】选项。
- 【添加-移除关键帧】按钮：单击该按钮，可以在轨道中添加或移除关键帧。
- 【转到上一关键帧】按钮：当轨道中添加两个或两个以上关键帧时，可以通过单击该按钮选择上一个关键帧。
- 【转到下一关键帧】按钮：当轨道中添加两个或两个以上关键帧时，可以通过单击该按钮选择下一个关键帧。

7.2.3　在效果控件中编辑音频

除了能够在【时间轴】面板中快速地编辑音频外，某些音频的效果还可以在【效果控件】面板中进行精确设置。

当选中【时间轴】面板中的音频素材后，在【效果控件】面板中将显示【音量】、【声道音量】和【声像器】三个选项组，如图 7-13 所示。

图 7-13

1. 音量

【音量】选项组中包括【旁路】与【级别】选项。【旁路】选项用于指定是应用还是绕过合唱效果的关键帧选项；【级别】选项则用来控制总体音量的高低。

在【级别】选项中，除了能够设置总体音量的高低，还能够为其添加关键帧，从而使音频素材在播放时的音量能够时高时低。下面详细介绍其操作方法。

step 1 ① 确定当前时间指示器在时间轴中的位置，② 在【效果控件】面板中单击【级别】选项左侧的【切换动画】按钮，创建第 1 个关键帧，如图 7-14 所示。

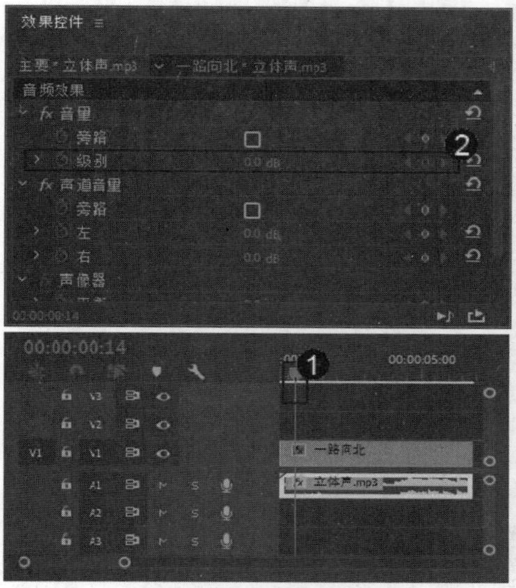

step 2 ① 拖动当前时间指示器改变其位置，② 单击该选项右侧的【添加-移除关键帧】按钮，添加第 2 个关键帧，并修改此处的音量，如图 7-15 所示。

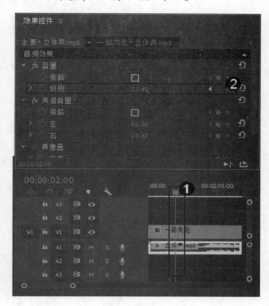

图 7-14

图 7-15

step 3 ① 拖动当前时间指示器改变其位置，② 单击该选项右侧的【添加-移除关键帧】按钮，添加第 3 个关键帧，并修改此处的音量，如图 7-16 所示。

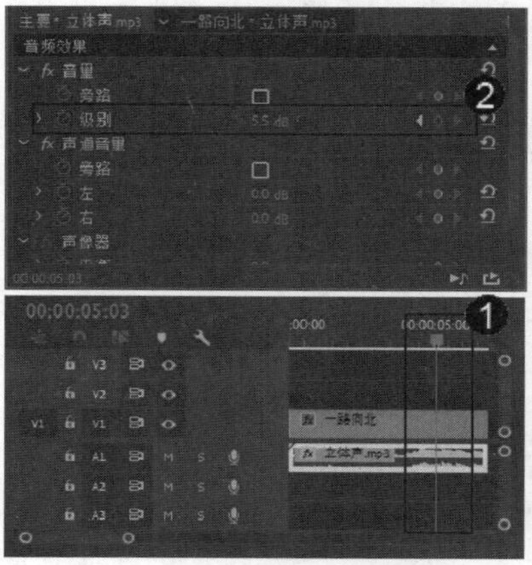

step 4 完成设置后，即可在时间轴面板中播放音频素材，测试设置效果，如图 7-17 所示。

图 7-16

图 7-17

2. 声道音量

【声道音量】选项组中的选项用来设置音频素材左右声道的音量，在该选项组中既可以同时设置左右声道的音量，还可以分别设置左右声道的音量。其方法与【音量】选项组中的方法相同，如图 7-18 所示。

3. 声像器

【声像器】选项组用来设置音频的立体声声道，使用【音量】选项创建关键帧的方法创建多个关键帧，通过拖动关键帧下方相对应的点，同时还可以通过拖动改变点与点之间的弧度，从而控制声音变化的缓急，改变音频轨道中音频的立体声效果，如图 7-19 所示。

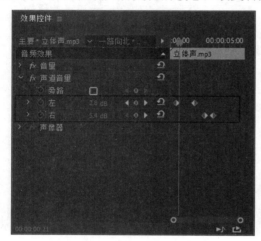
图 7-18

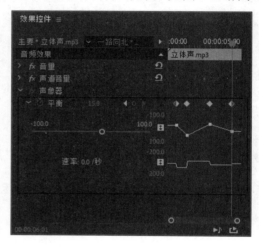
图 7-19

7.2.4　调整音频增益、淡化和均衡

在 Premiere Pro CC 中，音频素材内音频信号的声调高低称为增益，而音频素材内各声道间的平衡状况被称为均衡。下面将详细介绍调整音频增益、淡化声音，以及调整音频素材均衡状态的操作方法。

1. 调整增益

制作影视节目时，整部影片中往往会使用多个音频素材。此时，就需要对各个音频素材的增益进行调整，以免部分音频素材出现声调过高或过低的情况，最终影响整个影片的制作效果。下面详细介绍调整增益的方法。

step 1　在【时间轴】面板中选中音频素材后，❶ 单击【剪辑】主菜单，❷ 在弹出的菜单中选择【音频选项】菜单项，❸ 在弹出的子菜单中选择【音频增益】菜单项，如图 7-20 所示。

step 2　弹出【音频增益】对话框，❶ 选中【将增益设置为】单选按钮，❷ 在右侧文本框中输入增益数值，❸ 单击【确定】按钮 ▐ 确定 ▐ 即可完成调整增益的操作，如图 7-21 所示。

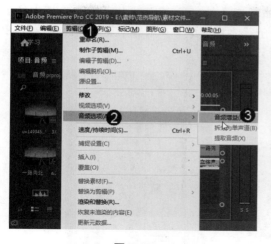

图 7-20

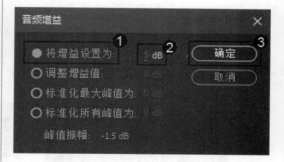

图 7-21

2. 淡化声音

在影视节目中，对背景音乐最为常见的一种处理方法是随着影片的播放，背景音乐的声音逐渐减小，直至消失。这种效果称为声音的淡化处理，用户可以通过调整关键帧的方式来制作。

如果要实现音频素材的淡化效果，至少应当为音频素材添加两处音量关键帧：一处位于声音淡化效果的起始阶段，另一处位于淡化效果的末尾阶段，在【工具】面板内选择【钢笔工具】，用它降低淡化效果末尾关键帧的增益，即可实现相应音频素材的逐渐淡化至消失的效果，如图 7-22 所示。

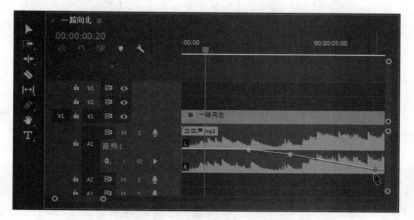

图 7-22

3. 均衡立体声

利用 Premiere Pro CC 中的【钢笔工具】，用户可以直接在【时间轴】面板上为音频素材添加关键帧，并调整关键帧位置上的音量大小，从而达到均衡立体声的目的。

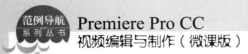

在【时间轴】面板中用鼠标右键单击音频素材，①在弹出的菜单中选择【显示剪辑关键帧】菜单项，②在弹出的子菜单中选择【声像器】菜单项，③在弹出的子菜单中选择【平衡】菜单项，如图7-23所示。

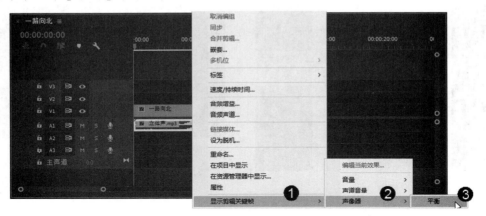

图 7-23

单击相应音频轨道中的【添加-移除关键帧】按钮，并使用【工具】面板中的【钢笔工具】调整关键帧调节线，即可调整立体声的均衡效果，如图7-24所示。

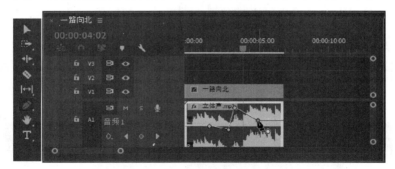

图 7-24

使用【工具】面板中的【选择工具】，同样也可以调整关键帧调节线。

Section 7.3 音频控制台

手机扫描下方二维码，观看本节视频课程

作为专业的影视编辑软件，Premiere Pro CC对音频的控制能力是非常出色的，除了可以在多个面板中使用多种方法编辑音频素材，还为用户提供了专业的音频控制面板。本节将详细介绍音轨混合器和音频剪辑混合器的相关知识及使用方法。

7.3.1　音轨混合器

在【音轨混合器】面板中，可在听取音频轨道和查看视频轨道时调整设置。每条混合器轨道均对应于活动序列时间轴中的某个轨道，并会在音频控制台布局中显示时间轴音频轨道。音轨混合器是 Premiere Pro CC 为用户制作高质量音频所准备的多功能音频素材处理平台。利用 Premiere Pro CC 音轨混合器，用户可以在现有音频素材的基础上创建复杂的音频效果。

从【音轨混合器】面板内可以看出，音轨混合器由若干音频轨道控制器和播放控制器组成，而每个轨道控制器内又由对应轨道的控制按钮和音量控制器等控件组成，如图 7-25 所示。

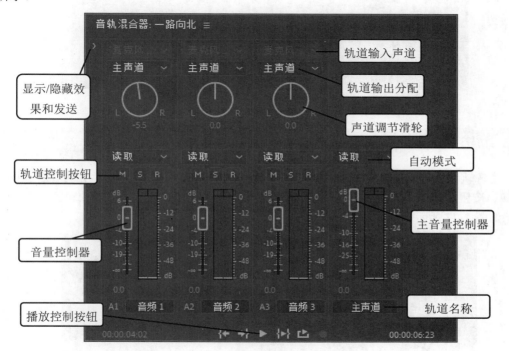

图 7-25

默认情况下，【音轨混合器】面板内仅显示当前所激活序列的音频轨道。因此，如果希望在该面板内显示指定的音频轨道，就必须将序列嵌套至当前被激活的序列中。接下来，对【音轨混合器】面板中的各个控件进行详细介绍。

1. 自动模式

在【音轨混合器】面板中，自动模式控件对音频的调节作用主要分为调节音频素材和调节音频轨道两种方式。当调节对象为音频素材时，音频调节效果仅对当前素材有效，且调节效果会在用户删除素材后一同消失。如果是对音频轨道进行调节，则音频效果将应用于整个音频轨道内，即所有处于该轨道的音频素材都会在调节范围内受到影响。

在实际应用中，将音频素材添加到时间轴上，在【音轨混合器】面板内单击相应轨道

第 7 章　编辑与制作音频特效

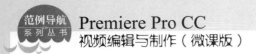

中的【自动模式】下拉按钮 ，即可选择所要应用的自动模式选项，如图7-26所示。

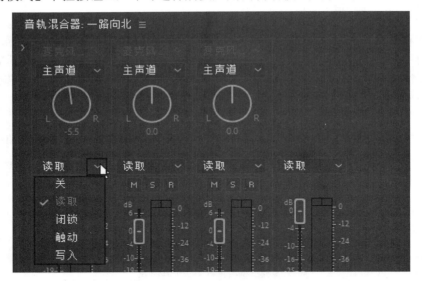

图7-26

2. 轨道控制按钮

在【音轨混合器】面板中，【静音轨道】 、【独奏轨道】 、【启用轨道以进行录制】 等按钮的作用是在用户预听音频素材时，让指定轨道以完全静音或独奏的方式进行播放，如图7-27所示。

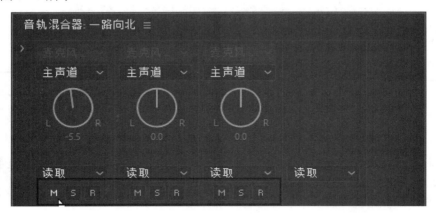

图7-27

3. 声调调节滑轮

当调节的音频素材只有左、右两个声道时，声道调节滑轮可用来切换音频素材的播放声道。例如，当用户向左拖动声道调节滑轮时，相应轨道音频素材的左声道音量将会得到提升，而右声道音量会降低；如果是向右拖动声道调节滑轮，则右声道音量得到提升，而左声道音量降低，如图7-28和图7-29所示。

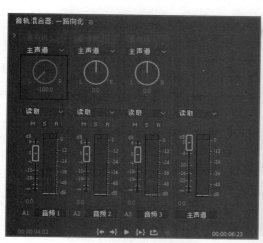
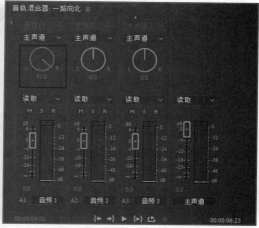

图 7-28   图 7-29

知识精讲

> 　　除了拖动声道调节滑轮设置音频素材的播放声道外，还可以直接单击其数值，使其进入编辑状态后，直接输入数值的方式进行设置。

4. 音量控制器

　　音量控制器的作用是调节相应轨道内音频素材的播放音量，由左侧的 VU 仪表和右侧的音量调节滑块所组成，根据类型的不同分为主音量控制器和普通音量控制器。其中，普通音量控制器的数量由相应序列内的音频轨道数量所决定，而主音量控制器只有一项。

　　在用户预览音频素材播放效果时，VU 仪表将会显示音频素材音量大小的变化。此时，利用音量调节滑块即可调整素材的声音大小，向上拖动滑块可增大素材音量，反之则降低素材音量，如图 7-30 和图 7-31 所示。

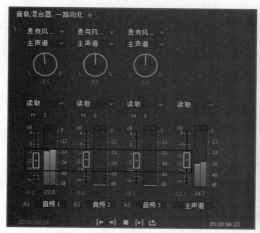

图 7-30   图 7-31

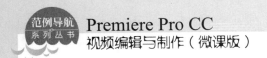

5. 播放控制按钮

播放控制按钮位于【音轨混合器】面板的正下方，其功能是控制音频素材的播放状态。当用户为音频素材设置入点和出点之后，就可以利用各个播放控制按钮对其进行控制，如图 7-32 所示。

图 7-32

各按钮的名称及其作用如下。

- 【转到入点】按钮：将当前时间指示器移至音频素材的开始位置。
- 【转到出点】按钮：将当前时间指示器移至音频素材的结束位置。
- 【播放-停止切换】按钮：播放音频素材。
- 【从入点播放到出点】按钮：播放音频素材入点与出点间的部分。
- 【循环】按钮：使音频素材不断进行循环播放。
- 【录制】按钮：单击该按钮，即可开始对音频素材进行录制操作。

6. 显示/隐藏效果和发送

默认情况下，效果与发送选项被隐藏在【轨道混合器】面板内，用户可以通过单击【显示/隐藏效果和发送】按钮的方式展开该区域，如图 7-33 所示。

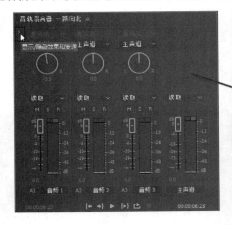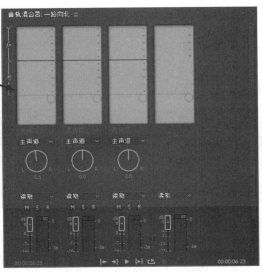

图 7-33

7. 面板菜单

由于【轨道混合器】面板内的控制选项众多，Premiere Pro CC 特别允许用户通过【轨道混合器】面板菜单自定义【轨道混合器】面板中的功能。用户只需单击面板右上角的面

板菜单按钮![菜单图标]，即可显示该面板菜单，如图 7-34 所示。

图 7-34

　　在编辑音频素材的过程中，选择【音轨混合器】面板菜单中的【显示音频时间单位】菜单项后，还可以在【音频混合器】面板内按照音频单位显示音频时间，从而能够以更精确的方式来设置音频处理效果，如图 7-35 所示。

图 7-35

8. 重命名轨道名称

　　在【轨道混合器】面板中，轨道名称不再是固定不变的，而是能够更改的。在【轨道名称】文本框中输入文本，即可更改轨道名称，如图 7-36 所示。

图 7-36

7.3.2　音频剪辑混合器

　　音频剪辑混合器是 Premiere Pro CC 中混合音频的新方式。除混合轨道外，现在还可以控制混合器界面中的单个剪辑，并创建更平滑的音频淡化效果。

　　【音频剪辑混合器】面板与【音轨混合器】面板之间相互关联，但是当【时间轴】面

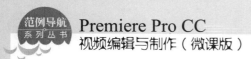
板是目前所关注的面板时，可以通过【音频剪辑混合器】面板监视并调整序列中剪辑的音量和声像；同样，当【源】监视器是所选中的面板时，可以通过【音频剪辑混合器】面板监视【源】监视器中的剪辑，如图 7-37 所示。

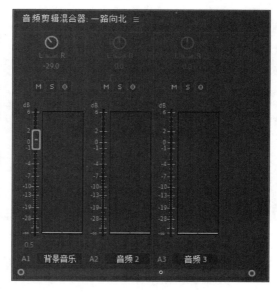

图 7-37

  Premiere Pro CC 中的【音频剪辑混合器】面板起着检查器的作用。其音量控制器会映射至剪辑的音量水平，而声像控制会映射至剪辑的声像。

  当【时间轴】面板处于选中状态时，播放指示器当前位置下方的每个剪辑都将映射到【音频剪辑混合器】的声道中。例如，【时间轴】面板的 A1 轨道上的剪辑，会映射到剪辑混合器的 A1 声道上，如图 7-38 所示。只有播放指示器下存在剪辑时，【音频剪辑混合器】才会显示剪辑音频。当轨道包含间隙时，则剪辑混合器中相应的声道为空，如图 7-39 所示。

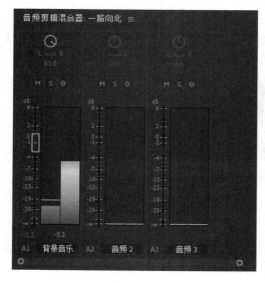

图 7-38   图 7-39

【音频剪辑混合器】面板与【音轨混合器】面板相比，除了能够进行音量的设置外，还能够进行声道音量以及关键帧的设置，下面将分别予以详细介绍。

1. 声道音量

在【音频剪辑混合器】面板中除了能够设置音频轨道中的总体音量外，还可以单独设置声道音量。但是在默认情况下是禁用的。

如果想要单独设置声道音量，首先要在【音频剪辑混合器】面板中右键单击音量表，在弹出的快捷菜单中选择【显示声道音量】菜单项，如图 7-40 所示。即可显示出声道衰减器，如图 7-41 所示。

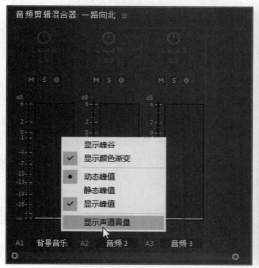

图 7-40

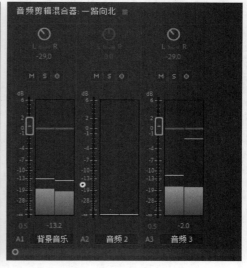

图 7-41

当鼠标指向【音频剪辑混合器】面板中的音量表时，衰减器会变成按钮形式，如图 7-42 所示。这时上下拖动衰减器，可以单独控制声道音量。

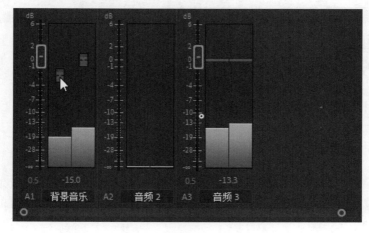

图 7-42

第 7 章 编辑与制作音频特效

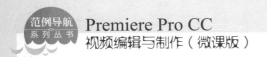
2. 音频关键帧

【音频剪辑混合器】面板中的【写关键帧】按钮 状态，可以决定对音量或声像器是否进行更改。在该面板不仅能够设置音频轨道中音频总体音量与声道音量，还能够设置不同时间段的音频音量。下面详细介绍设置不同时间段的音频音量的方法。

step 1 在时间轴上确定播放指示器在音频片段中的位置，在【音频剪辑混合器】面板中单击【写关键帧】按钮 ，如图 7-43 所示。

step 2 按空格键播放音频片段后，在不同的时间段中拖动【音频剪辑混合器】面板中的控制音量的衰减器，创建关键帧，设置音量高低，如图 7-44 所示。

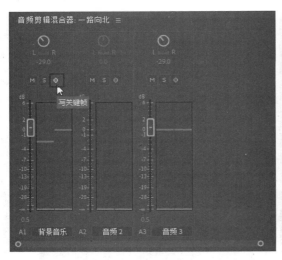

图 7-43

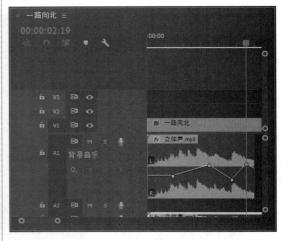

图 7-44

Section 7.4 制作音频效果

手机扫描下方二维码，观看本节视频课程

在制作影片的过程中，为音频素材添加音频过渡或音频效果，能够使音频素材间的连接更为自然、融洽，从而提高影片的整体质量。也可以快速地利用 Premiere Pro CC 内置的音频效果制作出想要的音频效果。

7.4.1 音频过渡概述

与视频切换效果相同，音频过渡效果也放在【效果】面板中。在【效果】面板中依次展开【音频过渡】→【交叉淡化】选项后，即可显示 Premiere Pro CC 内置的 3 种音频过渡效果，如图 7-45 所示。

图 7-45

【交叉淡化】文件夹内的不同音频过渡可以实现不同的音频处理效果，若要为音频素材应用过渡效果，只需先将音频素材添加至【时间轴】面板，将相应的音频过渡效果拖动至音频素材的开始或末尾位置，如图 7-46 所示。

图 7-46

默认情况下，所有音频过渡效果的持续时间均为 1 秒。不过，当在【时间轴】面板内选择某个音频过渡后，在【效果控件】面板中，可以在【持续时间】选项内设置音频的播放长度，如图 7-47 所示。

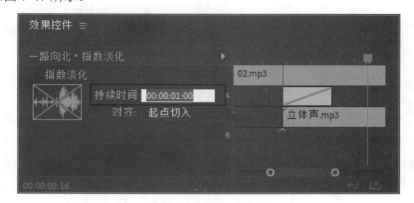

图 7-47

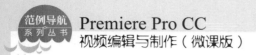

7.4.2　音频效果概述

在 Premiere Pro CC 中，声音可以如同视频图像那样被添加各种特效。音频特效不仅可以应用于音频素材，还可以应用于音频轨道。利用提供的这些音频特效，用户可以非常方便地为影片添加混响、延时、反射等声音特效。

虽然 Premiere Pro CC 将音频素材根据声道数量划分为不同的类型，但是在【效果】面板内的【音频效果】文件夹中，Premiere Pro CC 则没有进行分类，而是将所有音频效果罗列在一起，如图 7-48 所示。

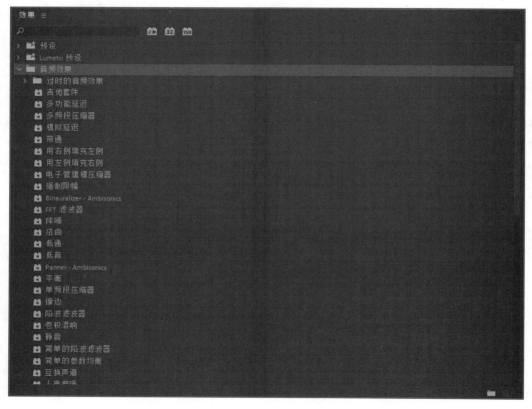

图 7-48

就添加方法来说，添加音频效果的方法与添加视频效果的方法相同，用户既可以通过【时间轴】面板来完成，也可以通过【效果控件】面板来完成。

7.4.3　制作山谷回声效果

电影电视中经常会有回声效果的出现，山谷回声的效果是利用延迟音频效果实现的。本例详细介绍山谷回声效果的制作方法。

素材文件 第 7 章\素材文件\山谷回声.prproj

效果文件 第 7 章\效果文件\山谷回声效果.prproj、鸟语花香.avi

step 1 打开素材文件"山谷回声.prproj"，可以看到已经新建一个【鸟语花香】序列，并在【时间轴】面板中导入了一段音频素材和图像素材，如图7-49所示。

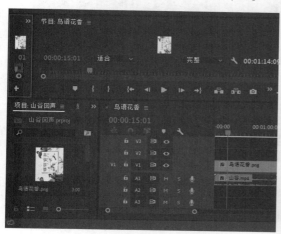

图 7-49

step 2 选中音频素材后，打开【效果】面板，在【音频效果】中双击【延迟】音频特效，如图7-50所示。

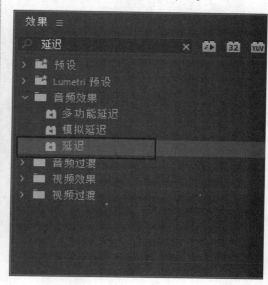

图 7-50

step 3 在为音频素材添加了【延迟】音频特效之后，打开【效果控件】面板，即可看到特效参数，如图7-51所示。

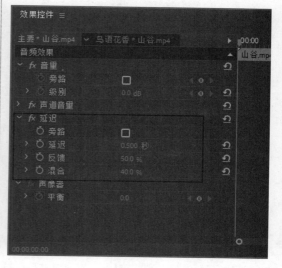

图 7-51

step 4 在【效果控件】面板中，设置【延迟】数值为 0.500 秒，【反馈】值为 50.0%，【混合】值为 40.0%，如图 7-52所示。

图 7-52

step 5 设置完成后，按键盘上的 Ctrl+M 组合键，弹出【导出设置】对话框，然后在对话框中设置导出文件参数，如图7-53所示。

第 7 章 编辑与制作音频特效

179

图 7-53

 单击【导出】按钮 导出 后，即可对当前项目进行输出。打开输出文件，预览
最终制作的效果，这样即可完成制作山谷回声效果的操作，如图 7-54 所示。

图 7-54

7.4.4 消除背景杂音效果

信息采集过程中，经常会采集到一些噪音，本例将使用 Premiere Pro CC 通过【降噪】
音频特效来降低音频素材中的噪音，下面详细介绍其操作方法。

素材文件	第 7 章\素材文件\演唱会.prproj
效果文件	第 7 章\效果文件\消除背景杂音效果.prproj、演唱会_1.3gp

step 1 打开素材文件"演唱会.prproj"，可以看到已经新建一个【演唱会】序列，并在【时间轴】面板中导入了一段音频素材和图像素材，如图 7-55 所示。

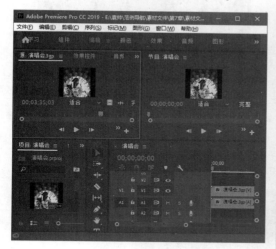

图 7-55

step 2 在【项目】面板中双击"演唱会.3gp"素材文件，在【源】监视器中打开，单击【设置】按钮，如图 7-56 所示。

图 7-56

step 3 在弹出的下拉菜单中选择【音频波形】菜单项，如图 7-57 所示。

图 7-57

step 4 在【源】监视器中将只显示音频波形效果，如图 7-58 所示。

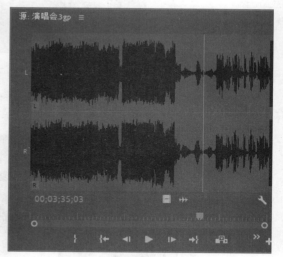

图 7-58

step 5 打开【效果】面板，选中素材后，在【音频效果】中双击【降噪】音频特效，如图 7-59 所示。

step 6 在为音频素材添加了【降噪】音频特效后，切换到【效果控件】面板，单击【自定义设置】右侧的【编辑】按钮 ，如图 7-60 所示。

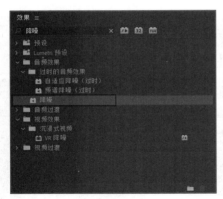

图 7-59 图 7-60

 弹出【剪辑效果编辑器-降噪】对话框，① 在【预设】下拉列表框中选择【弱降噪】选项，② 设置降噪参数，如图 7-61 所示。

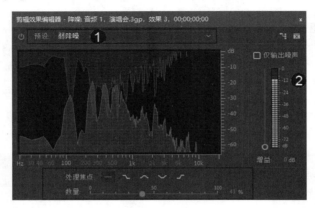

图 7-61

 设置完成后，按键盘上的 Ctrl+M 组合键，弹出【导出设置】对话框，然后在对话框中设置导出文件参数，如图 7-62 所示。

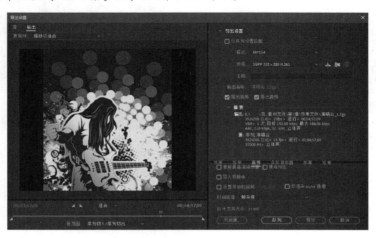

图 7-62

step 9 单击【导出】按钮 ___导出___ 后，即可对当前项目进行输出。打开输出文件，预览最终制作的效果，这样即可完成消除背景杂音效果的操作，如图 7-63 所示。

图 7-63

7.4.5 制作超重低音效果

影视剪辑工作中，经常会对音频进行效果处理，其中低音音场效果对于音频塑造作用重大。在 Premiere Pro CC 中，【低通】效果用于删除高于指定频率界限的频率，使音频产生浑厚的低音音场效果。本例详细介绍制作超重低音效果的操作方法。

素材文件❀ 第 7 章\素材文件\唯美湖边风景.prproj
效果文件❀ 第 7 章\效果文件\制作超重低音效果.prproj、唯美湖边风景.avi

step 1 打开素材文件"唯美湖边风景.prproj"，可以看到已经新建一个【唯美湖边风景】序列，并在【时间轴】面板中导入了一段音频素材和图像素材，如图 7-64 所示。

step 2 在【项目】面板中双击"唯美湖边风景.mp4"素材文件，在【源】监视器中打开，然后单击【设置】按钮🔧，如图 7-65 所示。

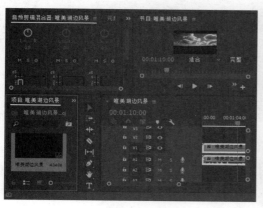

图 7-64

图 7-65

右侧竖排：第 7 章 编辑与制作音频特效

183

step 3　在弹出的下拉菜单中选择【音频波形】菜单项，如图 7-66 所示。

图 7-66

step 5　打开【效果】面板，选中素材后，在【音频效果】中双击【低通】音频特效，如图 7-68 所示。

图 7-68

step 4　在【源】监视器中将只显示音频波形效果，如图 7-67 所示。

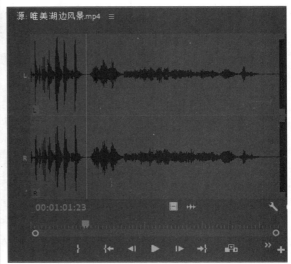

图 7-67

step 6　在为音频素材添加了【低通】音频特效后，切换到【效果控件】面板，单击【屏蔽度】选项左侧的【切换动画】按钮，添加第 1 个关键帧，如图 7-69 所示。

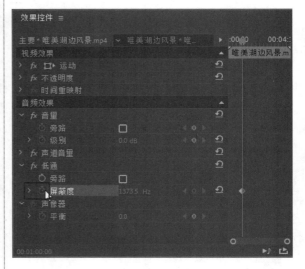

图 7-69

step 7　在【效果控件】面板中，拖曳时间线到 00:01:00:00 处，添加一个关键帧，设置【屏蔽度】为 500Hz，如图 7-70 所示。

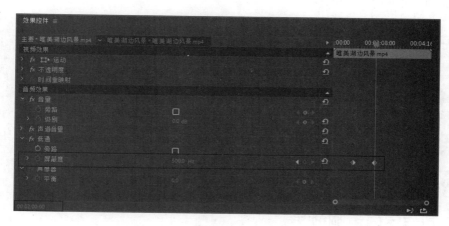

图 7-70

step 8 设置完成后，按键盘上的 Ctrl+M 组合键，弹出【导出设置】对话框，然后在对话框中设置导出文件参数，如图 7-71 所示。

图 7-71

step 9 单击【导出】按钮 后，即可对当前项目进行输出。打开输出文件，预览最终制作的效果，这样即可完成制作超重低音效果的操作，如图 7-72 所示。

图 7-72

第 7 章　编辑与制作音频特效

185

通过本章的学习，读者基本可以掌握编辑与制作音频特效的基本知识以及一些常见的操作方法。本节将通过一些范例应用，如制作室内混响效果、制作音乐淡入淡出效果，练习上机操作，以达到巩固学习、拓展提高的目的。

7.5.1 制作室内混响效果

在音频编辑操作中，经常需要制作室内混响的效果，以增强音乐的感染氛围。在 Premiere Pro CC 中，可以通过【室内混响】效果来制作所需的音频效果，下面详细介绍制作室内混响效果的操作方法。

> **素材文件** ❀ 第 7 章\素材文件\室内混响.prproj
> **效果文件** ❀ 第 7 章\效果文件\室内混响效果.prproj、室内混响.avi

step 1 打开素材文件"室内混响.prproj"，可以看到已经新建一个【创意短片】序列，并在【时间轴】面板中导入了一段音频素材和图像素材，如图 7-73 所示。

step 2 在【项目】面板中双击"创意短片.mp4"素材文件，在【源】监视器中查看素材，如图 7-74 所示。

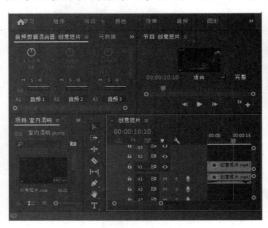

图 7-73

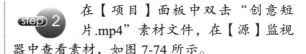

图 7-74

step 3 单击【设置】按钮🔧，在弹出的下拉菜单中选择【音频波形】菜单项，如图 7-75 所示。

step 4 执行完【音频波形】命令后，在【源】监视器中将只显示音频波形效果，如图 7-76 所示。

图 7-75

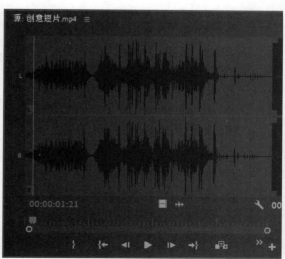

图 7-76

step 5 打开【效果】面板，选中素材后，在【音频效果】中双击【室内混响】音频特效，如图7-77所示。

step 6 在为音频素材添加了【室内混响】音频特效后，切换到【效果控件】面板，单击【自定义设置】选项右侧的【编辑】按钮 ██ 编辑... ██，如图7-78所示。

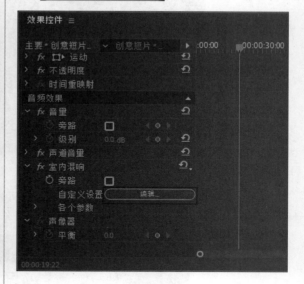

图 7-77

图 7-78

step 7 弹出【剪辑效果编辑器-室内混响】对话框，① 在【预设】下拉列表框中选择【大厅】选项，② 在【特性】区域下方设置详细的参数，如图7-79所示。

step 8 设置完成后，在菜单栏中，① 单击【文件】主菜单，② 在弹出的菜单中选择【导出】菜单项，③ 在弹出的子菜单中选择【媒体】菜单项，如图7-80所示。

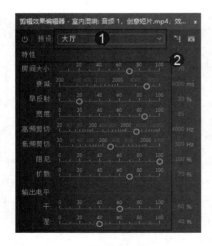

图 7-79

图 7-80

 系统即可弹出【导出设置】对话框，然后在对话框中设置详细的导出文件参数，如图 7-81 所示。

图 7-81

 单击【导出】按钮 导出 后，即可对当前项目进行输出。打开输出文件，预览最终制作的效果，这样即可完成制作室内混响的操作，如图 7-82 所示。

图 7-82

7.5.2 制作音乐淡入淡出效果

在播放音乐时，通常音乐的开始与结尾都会制作淡入淡出的效果，本例详细介绍音乐淡入淡出的制作方法。

素材文件❋　第 7 章\素材文件\淡入淡出.prproj

效果文件❋　第 7 章\效果文件\淡入淡出效果.prproj

step 1 打开素材文件"淡入淡出.prproj"，可以看到已经新建一个【02】序列，并在【时间轴】面板中导入了两段音频素材，如图 7-83 所示。

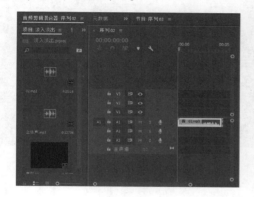

图 7-83

step 2 在【时间轴】面板的左侧，单击【显示关键帧】按钮，如图 7-84 所示。

图 7-84

step 3 在【时间轴】面板中，将时间滑块拖动至开始位置，单击【添加-移除关键帧】按钮，为素材添加一个关键帧，如图 7-85 所示。

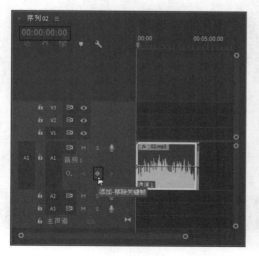

图 7-85

step 4 在【时间轴】面板中，将时间滑块拖动至右侧另一个位置，再次单击单击【添加-移除关键帧】按钮，为素材添加一个关键帧，如图 7-86 所示。

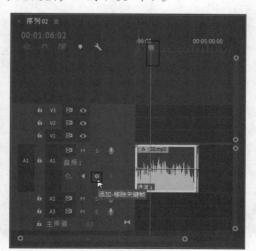

图 7-86

第 7 章　编辑与制作音频特效

189

step 5 在"02.mp3"音频素材所在的A1轨道的最左端，选择创建的第1个关键帧，向下拖动鼠标，将第1个关键帧调整到最低位置，如图7-87所示。

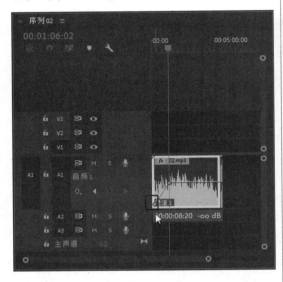

图 7-87

step 6 在【时间轴】面板中，将时间滑块拖动至右侧另一个位置。再次单击单击【添加-移除关键帧】按钮，为素材添加一个关键帧，如图7-88所示。

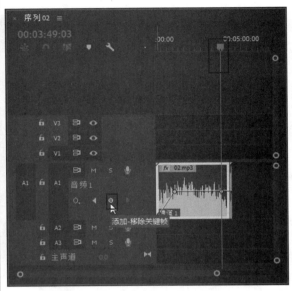

图 7-88

step 7 在【时间轴】面板中，将时间滑块拖动至结束位置，单击【添加-移除关键帧】按钮，为素材添加一个关键帧，如图7-89所示。

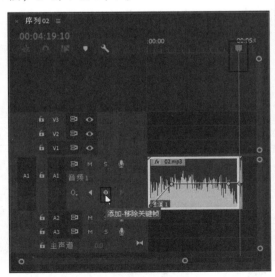

图 7-89

step 8 使用鼠标选择最后一个关键帧，向下拖动鼠标，将该关键帧调整到最低位置，如图7-90所示。

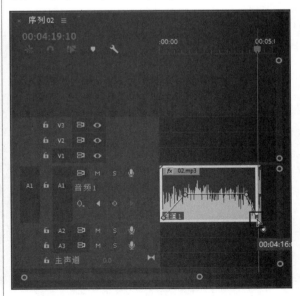

图 7-90

step 9 如果用户感觉音频素材音量过大或过小，可以选择素材文件并单击鼠标右键，在弹出的快捷菜单中选择【音频增益】菜单项，如图 7-91 所示。

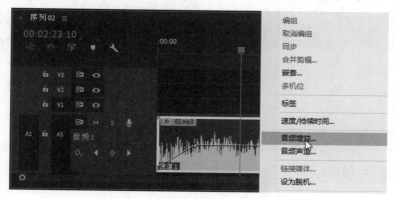

图 7-91

step 10 弹出【音频增益】对话框，① 选中【调整增益值】单选按钮并设置数值，② 单击【确定】按钮 确定 ，如图 7-92 所示。

图 7-92

step 11 返回到主界面中，在菜单栏中选择【文件】→【保存】菜单项，将当前的项目文件进行保存，这样即可完成制作音乐淡入淡出效果的操作，如图 7-93 所示。

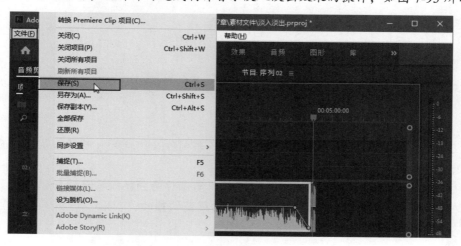

图 7-93

第 7 章　编辑与制作音频特效

191

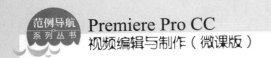

Section
7.6 本章小结与课后练习

通过本章的学习，读者除了可以学会添加和编辑音频外，还可以掌握在多个音频素材之间添加过渡效果，根据需要为音频素材添加音频效果，从而改变原始素材的声音效果，使视频画面和声音效果能加融洽。下面通过练习几道习题，以达到巩固与提高的目的。

7.6.1　思考与练习

一、填空题

1. 当选中【时间轴】面板中的音频素材后，在【效果控件】面板中将显示【音量】、【声道音量】和_____三个选项组。

2. 在 Premiere Pro CC 中，音频素材内音频信号的声调高低称为_____，而音频素材内各声道间的平衡状况被称为_____。

二、判断题

1. 默认情况下，Premiere Pro CC 项目文件会采用毫秒作为音频素材单位，用户可根据需要将其修改为音频采样率。　　　　　　　　　　　　　　　　（　　）

2. 默认情况下，【音轨混合器】面板内仅显示当前所激活序列的音频轨道。因此，如果希望在该面板内显示指定的音频轨道，就必须将序列嵌套至当前被激活的序列中。
　　　　　　　　　　　　　　　　　　　　　　　　　　　　　　　（　　）

三、思考题

1. 如何添加音频？
2. 如何调整增益？

7.6.2　上机操作

1. 通过本章的学习，读者基本可以掌握编辑与制作音频特效方面的知识，下面通过练习制作交响乐效果，以达到巩固与提高的目的。

2. 通过本章的学习，读者基本可以掌握编辑与制作音频特效方面的知识，下面通过练习制作左右声道的渐变转化效果，以达到巩固与提高的目的。

第 **8** 章

设计动画与视频效果

本章主要介绍关键帧动画、视频效果的基本操作、视频变形效果以及调整画面质量方面的知识与技巧，同时还讲解常用的视频效果的相关知识。通过本章的学习，读者可以掌握设计动画与视频效果方面的知识，为深入学习 Premiere Pro CC 知识奠定基础。

本 章 要 点

1. 关键帧动画
2. 视频效果的基本操作
3. 视频变形效果
4. 调整画面质量
5. 常用视频效果

关键帧动画

手机扫描下方二维码，观看本节视频课程

运动效果是指在原有视频画面的基础上，通过后期制作与合成技术对画面进行的移动、变形和缩放等效果。由于拥有强大的运动效果生成功能，用户只需在 Premiere 中进行少量设置，即可使静态的素材画面产生运动效果，为视频画面添加丰富的视觉变化效果。本节将介绍关键帧动画的知识。

8.1.1 创建关键帧

Premiere Pro CC 中的关键帧可以帮助用户控制视频或音频效果内的参数变化，并将效果的渐变过程附加在过渡帧中，从而形成个性化的节目内容。在 Premiere Pro CC 中的【时间轴】和【效果控件】面板中都可以为素材添加关键帧，下面分别进行详细介绍。

1. 在【时间轴】面板内添加关键帧

将素材文件拖曳至时间轴上，使用鼠标在相邻轨道交界处单击并拖动，将素材所在轨道变宽，使关键帧在轨道中可见，然后单击【添加-移除关键帧】按钮◙，即可为素材添加关键帧，如图 8-1 所示。

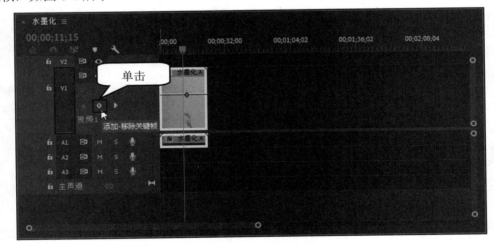

图 8-1

2. 在【效果控件】面板内添加关键帧

通过【效果控件】面板，不仅可以为影片剪辑添加或删除关键帧，还能够通过对关键帧各项参数的设置，实现素材的自定义运动效果。

在【时间轴】面板内选择素材后，打开【效果控件】面板，此时在某一视频效果栏内单击属性选项前的【切换动画】按钮，即可开启该属性的切换动画设置。同时，Premiere会在当前时间指示器所在位置为之前所选的视频效果属性添加关键帧，如图 8-2 所示。

此时，已开启【切换动画】选项的属性栏，【添加/移除关键帧】按钮被激活。如果要添加新的关键帧，只需移动当前时间指示器的位置，然后单击【添加/移除关键帧】按钮即可，如图 8-3 所示。

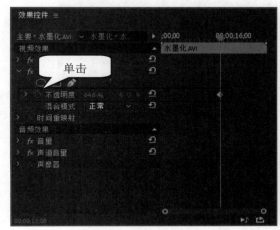
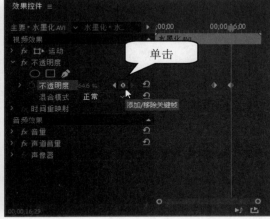

图 8-2   图 8-3

当视频效果的某一属性栏中包含多个关键帧时，单击【添加/移除关键帧】按钮两侧的【转到上一帧】按钮或【转到下一帧】按钮，即可在多个关键帧之间进行切换。

8.1.2 复制、移动和删除关键帧

使用 Premiere Pro CC 创建关键帧后，用户还可以根据需要对关键帧进行复制、移动和删除等操作，下面将分别予以详细介绍。

1. 复制与粘贴关键帧

在创建运动效果的过程中，如果多个素材中的关键帧具有相同的参数，则可以利用复制和粘贴关键帧的功能来提高操作效率。

使用鼠标右键单击准备复制的关键帧，在弹出的快捷菜单中选择【复制】菜单项，如图 8-4 所示。

移动当前时间指示器至合适位置后，在【效果控件】面板内用鼠标右键单击轨道区域，在弹出的快捷菜单中选择【粘贴】菜单项，即可在当前位置创建一个与之前对象完全相同的关键帧，如图 8-5 所示。

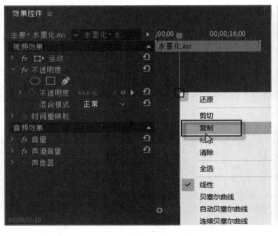

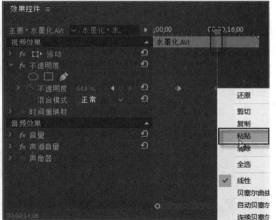

图 8-4   图 8-5

2. 移动关键帧

为素材添加关键帧后，只需在【效果控件】面板内拖动关键帧，即可完成移动关键帧的操作，如图 8-6 所示。

3. 删除关键帧

用鼠标右键单击准备删除的关键帧，在弹出的快捷菜单中选择【清除】菜单项，即可删除关键帧，如图 8-7 所示。

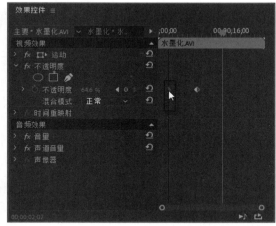

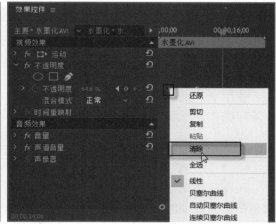

图 8-6   图 8-7

> 使用鼠标右键单击【效果控件】面板内的轨道区域，在弹出的快捷菜单中选择【清除所有关键帧】菜单项，Premiere Pro CC 将会移除当前素材中的所有关键帧，无论该关键帧是否被选中。

8.1.3 快速添加运动效果

通过更改视频素材在屏幕画面中的位置，可快速创建出各种不同的素材运动效果。

在【节目】面板中，双击监视器画面，即可选中屏幕最顶层的视频素材。此时，所选素材上将会出现一个中心控制点，而素材周围也会出现 8 个控制柄，如图 8-8 所示。直接在【节目】面板的监视器画面区域内拖动所选素材，即可调整该素材在屏幕画面中的位置，如图 8-9 所示。

图 8-8

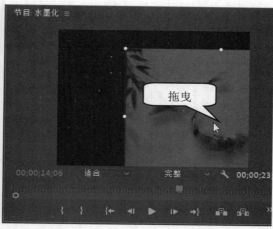

图 8-9

如果在移动素材画面之前创建了【位置】关键帧，并对当前时间指示器的位置进行了调整，那么 Premiere Pro CC 将在监视器画面上创建一条表示素材画面运动轨迹的路径，如图 8-10 所示。

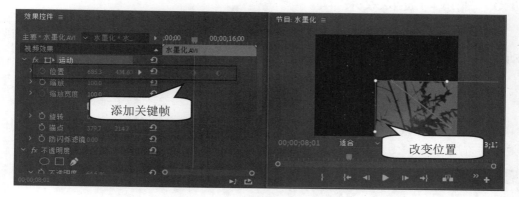

图 8-10

默认情况下，新的运动路径全部为直线。在拖动路径端点附近的锚点后，还可以将素材画面的运动轨迹更改为曲线状态。

在【节目】面板中，利用素材四周的控制柄可以快速调整素材图像在屏幕画面中的尺寸大小。

第 8 章 设计动画与视频效果

197

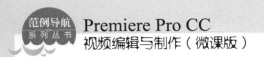

8.1.4　更改不透明度

制作影片时，降低素材的不透明度可以使素材画面呈现半透明效果，从而利于各素材之间的混合处理。

在 Premiere Pro CC 中，选择需要调整的素材后，在【效果控件】面板内单击【不透明度】折叠按钮，即可打开用于所选素材的【不透明度】滑条，如图 8-11 所示。

在开启【不透明度】属性的【切换动画】选项后，为素材添加多个【不透明度】关键帧，并为各个关键帧设置不同的【不透明度】参数值，即可完成一段简单的【不透明度】过渡帧动画效果，如图 8-12 所示。

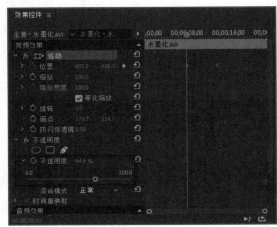 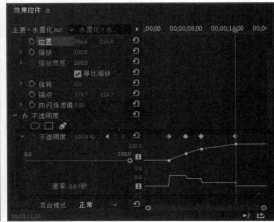

图 8-11　　　　　　　　　　　　　　　图 8-12

8.1.5　缩放与旋转效果

除了通过调整素材位置实现运动效果外，对素材进行缩放和旋转也是较为常见的两种运动效果。下面详细介绍制作缩放与旋转效果的方法。

1. 缩放效果

缩放运动效果可以通过调整素材在不同关键帧上的大小来实现，本例详细介绍制作缩放效果的方法。

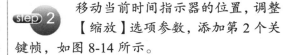

素材文件❀　第 8 章\素材文件\缩放.prproj

效果文件❀　第 8 章\效果文件\缩放效果.prproj

step 1　打开素材文件，在【效果控件】面板中将当前时间指示器移至开始位置，单击【缩放】栏中的【切换动画】按钮，创建第 1 个关键帧，如图 8-13 所示。

step 2　移动当前时间指示器的位置，调整【缩放】选项参数，添加第 2 个关键帧，如图 8-14 所示。

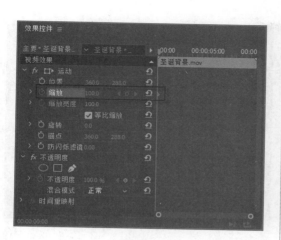

图 8-13

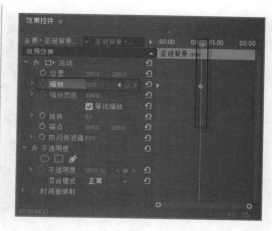

图 8-14

step 3 移动当前时间指示器的位置，调整【缩放】选项参数，添加第 3 个关键帧，如图 8-15 所示。

step 4 完成设置后可以在【节目】面板中预览缩放效果，这样即可完成缩放效果的操作，如图 8-16 所示。

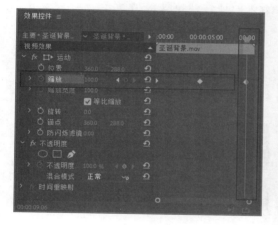

图 8-15

图 8-16

2. 旋转效果

旋转运动效果是指素材图像围绕指定轴线进行转动，并最终使其固定至某一状态的运动效果。在 Premiere Pro CC 中，用户可以通过调整素材旋转角度的方法来制作旋转效果。本例详细介绍旋转效果的制作方法。

素材文件❄ 第 8 章\素材文件\旋转.prproj

效果文件❄ 第 8 章\效果文件\旋转效果.prproj

step 1 打开素材文件，在【效果控件】面板中将当前时间指示器移至开始位置，单击【旋转】栏中的【切换动画】按钮，创建第 1 个关键帧，如图 8-17 所示。

step 2 移动当前时间指示器的位置，调整【旋转】选项参数，添加第 2 个关键帧，如图 8-18 所示。

第 8 章 设计动画与视频效果

199

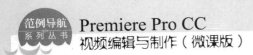

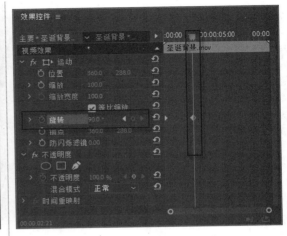

图 8-17

图 8-18

step 3 移动当前时间指示器的位置，调整【旋转】选项参数，添加第 3 个关键帧，如图 8-19 所示。

step 4 完成设置后可以在【节目】面板中预览缩放效果，这样即可完成旋转效果的操作，如图 8-20 所示。

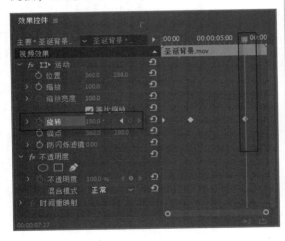

图 8-19

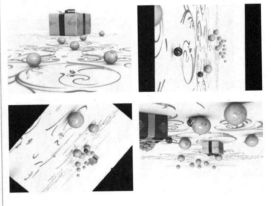

图 8-20

 若要在【时间轴】面板中直接创建关键帧，则必须在【效果控件】面板内开启相应视频效果属性的【切换动画】选项。在已开启【切换动画】选项的状态下，单击【切换动画】按钮，则会清除相应属性栏中的所有关键帧。

Section **8.2**	**视频效果的基本操作** 手机扫描下方二维码，观看本节视频课程

随着影视节目的制作迈入数字时代，即使是刚刚学习非线性编辑的初学者，也能够在 Premiere Pro CC 的帮助下快速完成多种视频效果的应用。Premiere 系统自带了许多视频特效，可以制作出丰富的视觉效果。本节将介绍视频效果的基本操作。

8.2.1 添加视频效果

Premiere Pro CC 强大的视频效果功能，可使用户在原有素材的基础上创建出各种各样的艺术效果。而且应用视频效果的方法也非常简单，用户可以为任意轨道中的视频素材添加一个或者多个效果。

Premiere Pro CC 为用户提供了非常多的视频效果，所有效果按照类别被放置在【效果】面板【视频效果】文件夹，如图 8-21 所示，方便用户查找指定视频效果。

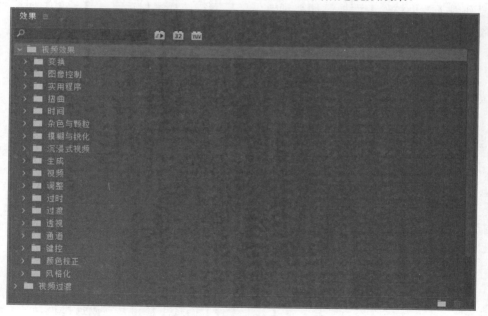

图 8-21

为素材添加视频效果的方法主要有两种：一种是利用【时间轴】面板添加，另一种则是利用【效果控件】面板添加。

1. 利用【时间轴】面板添加视频效果

在通过【时间轴】面板为视频素材添加视频效果时，只需在【视频效果】文件夹内选

第08章 设计动画与视频效果

201

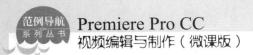

择所要添加的视频效果，然后将其拖曳至视频轨道中的相应素材上即可，如图 8-22 所示。

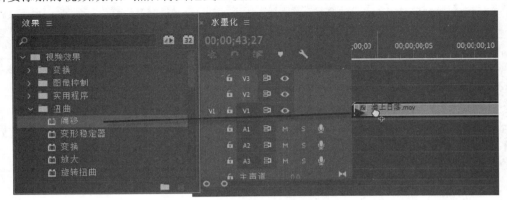

图 8-22

2. 利用【效果控件】面板添加视频效果

使用【效果控件】面板为素材添加视频效果，是最为直观的一种添加方式。即使用户为同一段素材添加了多种视频效果，也可以在【效果控件】面板内一目了然地查看效果。

要利用【效果控件】面板添加视频效果，只需在选择素材后，从【效果】面板中选择所要添加的视频效果，并将其拖至【效果控件】面板中即可，如图 8-23 所示。

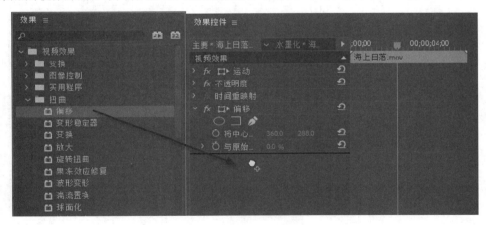

图 8-23

 添加了多个效果后，在【效果控件】面板中，用户可以通过拖动各个视频效果来实现调整其排列顺序的目的。

8.2.2 编辑视频效果

当用户为视频素材添加视频效果后，还可以对视频效果进行一些编辑操作，如删除、复制视频效果等，下面将分别予以详细介绍。

1. 删除视频效果

当视频素材不再需要应用视频效果时，可以利用【效果控件】面板将其删除。在【效果控件】面板中右键单击视频效果，在弹出的快捷菜单中选择【清除】菜单项，如图 8-24 所示。

图 8-24

2. 复制视频效果

当多个影片剪辑使用相同的视频效果时，复制、粘贴视频效果可以减少操作步骤，加快影片剪辑的速度。在【效果控件】面板中右键单击视频效果，在弹出的快捷菜单中选择【复制】菜单项；选择新的素材，右击【效果控件】面板空白区域，选择【粘贴】菜单项。即可完成操作，如图 8-25 和图 8-26 所示。

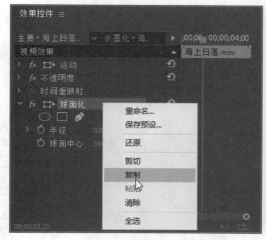

图 8-25

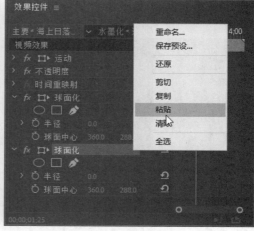

图 8-26

8.2.3　设置视频效果参数

当用户为影片剪辑应用视频效果后，还可对其属性参数进行设置，从而使效果的表现

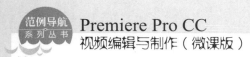

更为突出，这为用户打造精彩影片提供了更为广阔的创作空间。

在【效果控件】面板内单击视频效果前的【折叠/展开】按钮，即可显示该效果所具有的全部参数，如图 8-27 所示。如果要调整某个属性参数的数值，单击参数后的数值，使其进入编辑状态，输入具体数值即可，如图 8-28 所示。

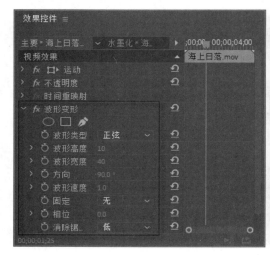

图 8-27

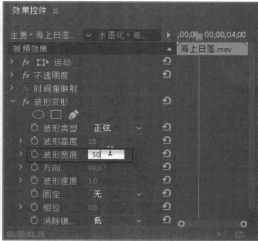

图 8-28

将鼠标指针放置在属性参数值的位置上后，当鼠标指针变成形状时，拖曳鼠标也可以修改参数值。

展开参数的详细设置面板，用户还可以通过拖动其中的指针或滑块来更改属性的参数值，如图 8-29 所示。在【效果控件】面板内完成属性的设置之后，视频效果应用于视频素材后的效果即可在【节目】面板中显示，如图 8-30 所示。

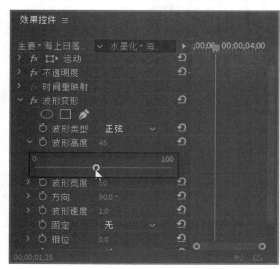

图 8-29

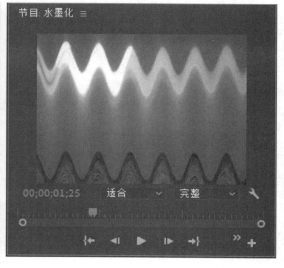

图 8-30

在【效果控件】面板中，单击视频效果前的【切换效果】按钮 fx 后，还可以在视频素材中隐藏该视频效果，如图 8-31 所示。

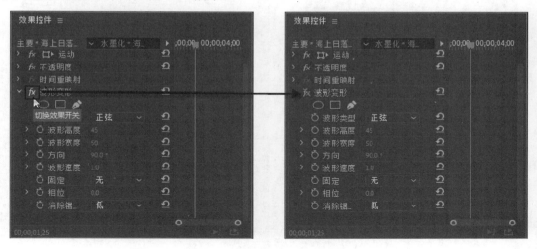

图 8-31

Section 8.3 视频变形效果

手机扫描下方二维码，观看本节视频课程

在视频拍摄时，视频画面有时是倾斜的，这时可以通过【效果】面板的【视频效果】效果组中的【变换】效果组将视频画面进行校正，或者采用【扭曲】效果组中的效果对视频画面进行变形，从而丰富视频画面效果。本节将详细介绍视频变形效果的相关知识及操作方法。

8.3.1 变换

【变换】类视频效果可以使视频素材的形状产生二维或者三维的变化。该类视频效果中，包含有【垂直翻转】、【水平翻转】、【羽化边缘】、【裁剪】等多种视频效果。本例以应用【羽化边缘】效果为例来详细介绍变换效果的操作方法。

素材文件❀ 第 8 章\素材文件\变换.prproj
效果文件❀ 第 8 章\效果文件\变换效果.prproj

step 1 打开素材文件，在【效果】面板【视频效果】选项下的【变换】效果组中，将【羽化边缘】效果选中并双击，将该效果添加到视频素材上，如图 8-32 所示。

step 2 打开【效果控件】面板，单击【羽化边缘】栏下的【数量】选项左侧的【切换动画】按钮，添加第 1 个关键帧，如图 8-33 所示。

图 8-32

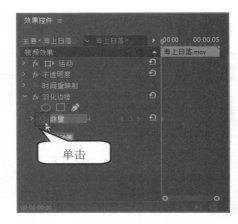

图 8-33

step 3 移动当前时间指示器至其他位置，更改数量参数，添加第 2 个关键帧，如图 8-34 所示。

step 4 通过以上步骤即可完成给素材添加羽化边缘效果的操作，效果如图 8-35 所示。

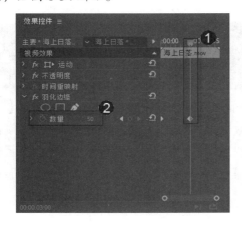

图 8-34

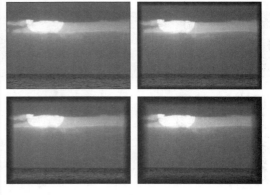

图 8-35

8.3.2 扭曲

应用【扭曲】类视频效果，能够使素材画面产生多种不同的变形效果。在该类型的视频效果中，有【偏移】、【变形稳定器】、【放大】、【旋转扭曲】、【波形变形】、【球面化】，等等。本例以【波形变形】效果为例来详细介绍应用扭曲效果的操作方法。

素材文件 第8章\素材文件\扭曲.prproj
效果文件 第8章\效果文件\扭曲效果.prproj

step 1 打开素材文件，在【效果】面板【视频效果】选项下的【扭曲】效果组中，将【波形变形】效果选中并双击，将该效果添加到视频素材上，如图 8-36 所示。

step 2 打开【效果控件】面板，分别开启【波形高度】和【波形宽度】的【切换动画】按钮，设置详细的关键帧，如图 8-37 所示。

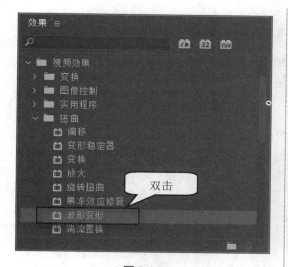

图 8-36

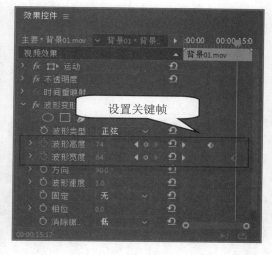

图 8-37

 完成设置后可以在【节目】面板中预览缩放效果,通过以上步骤即可完成给素材添加波形变形效果的操作,如图 8-38 所示。

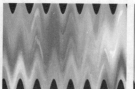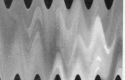

图 8-38

8.3.3 图像控制

【图像控制】组特效主要通过各种方法对图像中的特定颜色进行处理,从而制作出特殊的视觉效果,如图 8-39 所示。

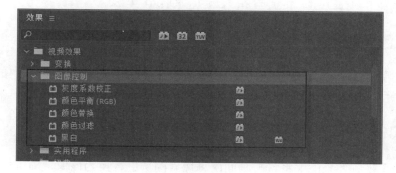

图 8-39

- 【灰色系数校正】特效:通过调整灰色系数参数的数值,可以在不改变图像高亮区域的情况下使图像变亮或变暗。
- 【颜色平衡(RGB)】特效:通过单独改变画面中像素的 RGB 值来调整图像的颜色。

第 8 章 设计动画与视频效果

207

■ 【颜色替换】特效：通过该视频特效能够将图像中指定的颜色替换为另一种指定颜色，其他颜色保持不变。

■ 【颜色过滤】特效：通过该视频特效能过滤掉图像中指定颜色之外的其他颜色，即图像中只保留指定的颜色，其他颜色以灰度模式显示。

■ 【黑白】特效：该视频特效能忽略图像的颜色信息，将彩色图像转换为黑白灰度模式的图像。

应用【颜色替换】视频特效前后画面的对比效果如图 8-40 所示。

图 8-40

Section 8.4 调整画面质量

手机扫描下方二维码，观看本节视频课程

使用 DV 拍摄的视频，其画面效果并不是非常理想的，视频画面中的模糊与杂点等质量问题，可以通过【杂色与颗粒】以及【模糊与锐化】等效果组中的效果来设置。本节将详细介绍调整画面质量的相关知识及操作方法。

8.4.1　杂色与颗粒

【杂色与颗粒】类视频效果主要用于对图像进行柔和处理，去除图像中的噪点，或在图像上添加杂色效果。根据视频效果原理的不同，又可分为 6 种不同的效果。

1. 中间值

【中间值】视频效果能够将素材画面内每像素的颜色替换为该像素周围像素的 RGB 平均值，因此能够实现消除噪波或产生水彩画的效果。【中间值】视频效果仅有【半径】这一项参数，其参数值越大，Premiere Pro CC 在计算颜色值时参考像素范围越大，视频效果的应用效果越明显。其相关参数设置及效果如图 8-41 所示。

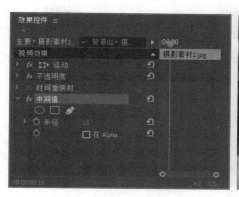

图 8-41

2. 杂色

【杂色】视频效果能够在素材画面上增加随机的像素杂点，其效果类似于采用较高 ISO 参数拍摄出的数码照片。其相关参数设置及效果如图 8-42 所示。

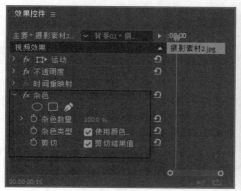

图 8-42

在【杂色】视频效果中，各个选项作用如下。

- ■ 【杂色数量】选项：控制画面内的噪点数量，该选项所取的参数值越大，噪点的数量越多。
- ■ 【杂色类型】选项：选择产生噪点的算法类型，启用或禁用该选项右侧的【使用颜色杂色】复选框会影响素材画面内的噪点分布情况。
- ■ 【剪切】选项：决定是否将原始的素材画面与产生噪点后的画面叠放在一起，禁用【剪切结果值】复选框后将仅显示产生噪点后的画面。

3. 杂色 Alpha

通过【杂色 Alpha】视频效果，可以在视频素材的 Alpha 通道内生成噪波，从而利用 Alpha 通道内的噪波来影响画面效果。其相关参数设置及效果如图 8-43 所示。

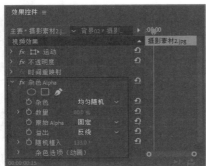

图 8-43

4. 杂色 HLS

【杂色 HLS】视频效果能够通过调整画面色相、亮度和饱和度的方式来控制噪波效果。其相关参数设置及效果如图 8-44 所示。

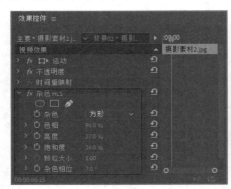

图 8-44

5. 杂色 HLS 自动

【杂色 HLS 自动】视频效果用于设置杂色动画速度，从而得到不同的杂色噪点以不同速度运动的动画效果。其相关参数设置及效果如图 8-45 所示。

图 8-45

6. 蒙尘与划痕

【蒙尘与划痕】视频效果用于产生一种富有灰尘的、模糊的噪波效果。其相关参数设置及效果如图 8-46 所示。

图 8-46

8.4.2 模糊与锐化

【模糊与锐化】类视频效果有些能够使素材画面变得更加朦胧，而有些则能够使画面变得更为清晰。【模糊与锐化】类视频效果中包含了多种不同的效果，下面将对其中几种比较常用的进行讲解。

1. 方向模糊

【方向模糊】视频效果能够使画面向指定方向进行模糊处理，使画面产生动态效果。其相关参数设置及效果如图 8-47 所示。

图 8-47

2. 锐化

【锐化】视频效果的作用是增加相邻像素的对比度，从而达到提高画面清晰度的目的。其相关参数设置及效果如图 8-48 所示。

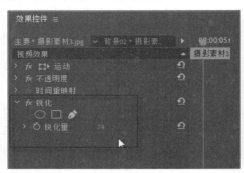

图 8-48

3. 高斯模糊

【高斯模糊】视频效果能够利用高斯算法生成模糊效果，使画面中部分区域表现效果更为细腻。其相关参数设置及效果如图 8-49 所示。

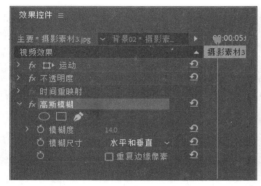

图 8-49

4. 相机模糊

【相机模糊】视频效果用于使图像产生类似相机拍摄时没有对准焦距的虚焦效果，其相关参数设置及效果如图 8-50 所示。

图 8-50

常用视频效果

手机扫描下方二维码，观看本节视频课程

Premiere Pro CC 中内置了许多视频效果，在【视频效果】效果组中，还包括其他一些效果组，比如过渡效果组、时间效果组、透视效果组、键控效果组、生成效果组以及视频效果组等。本节将详细介绍一些常用视频效果的相关知识。

8.5.1 过渡特效

【过渡】类视频效果主要用于两个影片剪辑之间的切换，其作用类似于 Premiere Pro CC 中的视频过渡。下面将介绍几种常用的过渡特效。

1. 块溶解

【块溶解】视频效果能够在屏幕画面内随机产生块状区域，从而在不同视频轨道中的视频素材重叠部分间实现画面切换。其相关参数设置及效果如图 8-51 所示。

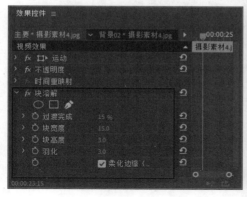

图 8-51

在【效果控件】面板下的【块溶解】栏中，启用【柔化边缘(最佳品质)】复选框，能够使块形状的边缘更加柔和。

2. 径向擦除

【径向擦除】视频效果能够通过一个指定的中心点，以旋转划出的方式切换出第二段素材的画面。其相关参数设置及效果如图 8-52 所示。

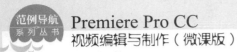
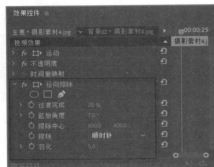

图 8-52

3. 渐变擦除

【渐变擦除】视频效果用于根据两个图层的亮度值建立一个渐变层，在指定层和原图层之间进行渐变切换。其相关参数设置及效果如图 8-53 所示。

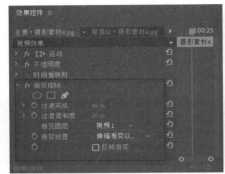

图 8-53

4. 百叶窗

【百叶窗】视频效果通过对图像进行百叶窗式的分割，形成图层间的过渡切换。其相关参数设置及效果如图 8-54 所示。

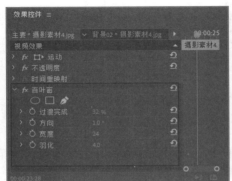

图 8-54

8.5.2 时间特效

在【时间】特效组中，用户可以设置画面的重影效果，以及视频播放的快慢效果。下面将详细介绍两种常用的时间特效。

1. 色调分离时间

【色调分离时间】视频效果是比较常用的效果处理手段，一般用于娱乐节目和现场破案等片子当中，可以制作出具有控件停顿感的运动画面。其相关参数设置及效果如图 8-55 所示。

图 8-55

2. 残影

【残影】视频效果能够为视频画面添加重影效果。其相关参数设置及效果如图 8-56 所示。

图 8-56

8.5.3 透视效果

【透视】视频特效组包含了【基本 3D】、【投影】、【斜面 Alpha】等视频特效，这些视频特效主要用于制作三维立体效果和空间效果。下面将详细介绍几种常用的透视特效。

1. 基本 3D

【基本 3D】视频效果用于模拟平面图像在三维空间的运动效果。其相关参数设置及效

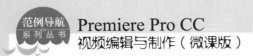
果如图 8-57 所示。

图 8-57

2. 投影

【投影】视频效果用于为素材添加阴影效果。其相关参数设置及效果如图 8-58 所示。

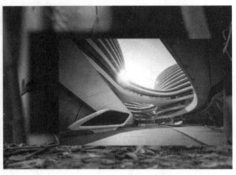

图 8-58

3. 斜面 Alpha

【斜面 Alpha】视频效果用于使图像中的 Alpha 通道产生斜面效果。如果图像中没有保护 Alpha 通道，则直接在图像的边缘产生斜面效果。其相关参数设置及效果如图 8-59 所示。

图 8-59

8.5.4 生成效果

【生成】效果组主要是对光和填充色的处理，可以使画面看起来具有光感和动感。下面将详细介绍几种常用的生成特效。

1. 圆形

【圆形】视频效果用于在图像上创建一个自定义的圆形或圆环，其相关参数设置及效果如图 8-60 所示。

图 8-60

2. 椭圆

【椭圆】视频效果用于在图像上创建一个椭圆形的光圈图案效果，其相关参数设置及效果如图 8-61 所示。

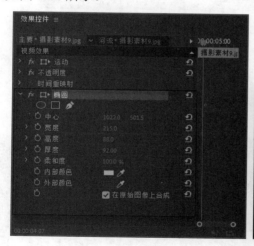 

图 8-61

3. 油漆桶

【油漆桶】视频效果用于将图像上指定区域的颜色替换成另外一种颜色，其相关参数设置及效果如图 8-62 所示。

图 8-62

4. 镜头光晕

【镜头光晕】视频效果用于在图像上模拟出相机镜头拍摄的强光折射效果，其相关参数设置及效果如图 8-63 所示。

图 8-63

5. 闪电

【闪电】视频效果用于在图像上产生类似闪电或电火花的光电效果，其相关参数设置及效果如图 8-64 所示。

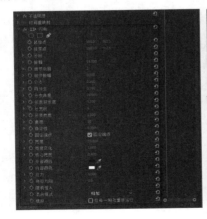

图 8-64

8.5.5　视频效果

【视频】类效果可以调整素材的颜色、亮度、质感等，实际应用中主要用于修复原始素材的偏色及曝光不足等方面的缺陷，也可以通过调整素材的颜色或者亮度来制作特殊的色彩效果。下面将详细介绍两种常用的视频特效。

1. 剪辑名称

在素材上添加【剪辑名称】视频效果后，在【节目】监视器中播放时，将在画面中显示该素材的剪辑名称。其相关参数设置及效果如图 8-65 所示。

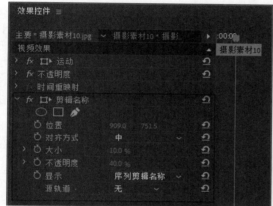

图 8-65

2. 时间码

在素材上添加【时间码】视频效果后，在【节目】监视器中播放时，将在画面中显示该素材的时间码，其相关参数设置及效果如图 8-66 所示。

图 8-66

第 8 章　设计动画与视频效果

219

范例应用与上机操作

手机扫描下方二维码，观看本节视频课程

通过本章的学习，读者基本可以掌握设计动画与视频效果的基本知识以及一些常见的操作方法。本节将通过一些范例应用，如制作怀旧老照片效果、制作镜头光晕动画，练习上机操作，以达到巩固学习、拓展提高的目的。

8.6.1 制作怀旧老照片效果

在影视节目制作中，怀旧老照片是很常见的一种效果。本例将应用【灰度系数校正】和【黑白】视频特效，来详细介绍制作怀旧老照片效果的操作方法。

素材文件❀ 第 8 章\素材文件\怀旧照片.prproj
效果文件❀ 第 8 章\效果文件\怀旧照片效果.prproj

step 1 打开素材文件"怀旧照片.prproj"，可以看到已经新建一个【怀旧】序列，并在【时间轴】面板中导入了一段图像素材，如图 8-67 所示。

step 2 打开素材文件后，在【节目】监视器中可以浏览到原素材效果，如图 8-68 所示。

图 8-68

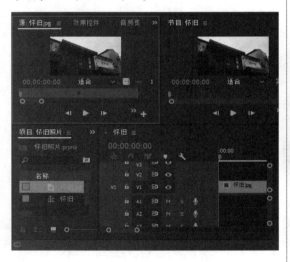

图 8-67

step 3 在【效果】面板中依次展开【视频效果】→【图像控制】卷展栏，双击【灰度系数校正】视频效果，将其添加到素材上，如图 8-69 所示。

step 4 将【灰度系数校正】效果添加到素材上后，打开【效果控件】面板，设置【灰度系数】参数为 20，如图 8-70 所示。

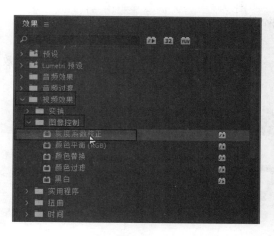

图 8-69

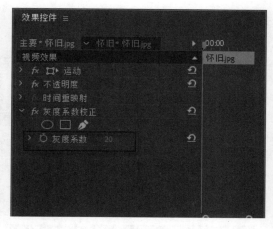

图 8-70

 step 5　完成上述操作之后，在【节目】监视器中可以看到画面的效果如图 8-71 所示。

step 6　切换到【效果】面板中，依次展开【视频效果】→【图像控制】卷展栏，双击【黑白】视频效果，将其添加到素材上，如图 8-72 所示。

图 8-71

图 8-72

step 7　完成上述操作之后，在【节目】监视器中可以看到最终的画面效果，这样即可完成怀旧老照片效果的制作，如图 8-73 所示。

图 8-73

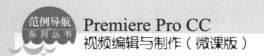
8.6.2 制作镜头光晕动画

在影视节目制作中，光晕效果的运用也十分普遍，本例将运用【镜头光晕】视频特效来制作动画，操作方法如下。

素材文件❀　第8章\素材文件\镜头光晕.prproj
效果文件❀　第8章\效果文件\镜头光晕效果.prproj

step 1　打开素材文件"镜头光晕.prproj"，可以看到已经新建一个【镜头光晕】序列，并在【时间轴】面板中导入了一段图像素材，如图8-74所示。

step 2　打开素材文件后，在【节目】监视器中可以浏览到原素材效果，如图8-75所示。

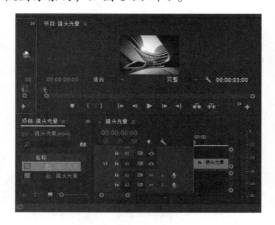

图 8-74

图 8-75

step 3　在【效果】面板中依次展开【视频效果】→【生成】卷展栏，双击【镜头光晕】视频效果，将其添加到素材上，如图8-76所示。

step 4　将【镜头光晕】效果添加到素材上后，打开【效果控件】面板，将当前时间指示器移动到起始位置，单击【光晕中心】和【光晕高度】前的【切换动画】按钮，设置关键帧，如图8-77所示。

图 8-76

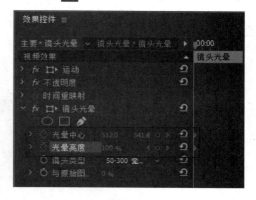

图 8-77

step 5 将当前时间指示器拖到 00:00:01:00 处，给【光晕中心】和【光晕高度】添加关键帧，设置参数如图 8-78 所示。

step 6 使用相同的方法，在 00:00:02:20 处给【光晕中心】和【光晕高度】添加关键帧，设置参数如图 8-79 所示。

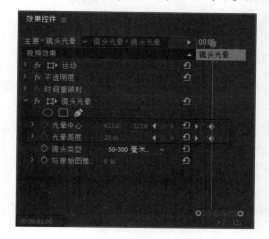

图 8-78

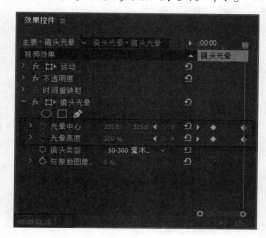

图 8-79

 完成上述操作之后，在【节目】监视器中可以看到最终的画面效果，这样即可完成制作镜头光晕动画的操作，如图 8-80 所示。

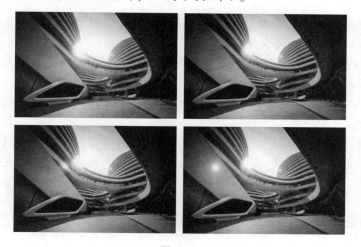

图 8-80

Section 8.7 本章小结与课后练习

本节内容无视频课程

通过本章的学习，读者除了可以学会关键帧动画和视频效果的基本操作外，还可以掌握 Premiere Pro CC 中提供的多种类型的视频特效的应用，为视频动画添光增彩，下面通过练习几道习题，以达到巩固与提高的目的。

第8章 设计动画与视频效果

223

8.7.1　思考与练习

一、填空题

1. 通过更改视频素材在屏幕画面中的_____，即可快速创建出各种不同的素材运动效果。

2. 制作影片时，降低素材的_____可以使素材画面呈现半透明效果，从而利于各素材之间的混合处理。

3. _____类视频效果可以使视频素材的形状产生二维或者三维的变化。

4. 应用_____类视频效果，能够使素材画面产生多种不同的变形效果。

5. 【图像控制】组特效主要通过各种方法对图像中的_____进行处理，从而制作出特殊的视觉效果。

6. _____类视频效果主要用于两个影片剪辑之间的切换，其作用类似于 Premiere Pro CC 中的视频过渡。

7. 在_____特效组中，用户可以设置画面的重影效果，以及视频播放的快慢效果。

二、判断题

1. 在创建运动效果的过程中，如果多个素材中的关键帧具有相同的参数，则可以利用复制和粘贴关键帧的功能来提高操作效率。　　　　　　　　　　　　（　　）

2. 【模糊与锐化】类视频效果主要用于对图像进行柔和处理，去除图像中的噪点，或在图像上添加杂色效果。　　　　　　　　　　　　　　　　　　　　（　　）

3. 【杂色与颗粒】类视频效果有些能够使素材画面变得更加朦胧，而有些则能够使画面变得更为清晰。　　　　　　　　　　　　　　　　　　　　　　（　　）

4. 【视频】类效果可以调整素材的颜色、亮度、质感等，实际主要用于修复原始素材的偏色及曝光不足等方面的缺陷，也可以通过调整素材的颜色或者亮度来制作特殊的色彩效果。　　　　　　　　　　　　　　　　　　　　　　　　　　（　　）

三、思考题

1. 如何制作缩放效果？
2. 如何应用扭曲效果？

8.7.2　上机操作

1. 通过本章的学习，读者基本可以掌握设计动画与视频效果方面的知识，下面通过练习制作线性擦除过渡动画效果，以达到巩固与提高的目的。

2. 通过本章的学习，读者基本可以掌握设计动画与视频效果方面的知识，下面通过练习制作重复画面效果，以达到巩固与提高的目的。

第 **9** 章

调整影片的色彩与色调

　　本章主要介绍调节视频色彩、校正颜色方面的知识与技巧，同时还讲解如何应用视频调整类效果。通过本章的学习，读者可以掌握调整影片的色彩与色调基础操作方面的知识，为深入学习 Premiere Pro CC 知识奠定基础。

本 章 要 点

1. 调节视频色彩

2. 校正颜色

3. 视频调整类效果

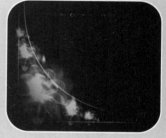

Section 9.1 调节视频色彩

手机扫描下方二维码，观看本节视频课程

　　图像控制类视频效果的主要功能是更改或替换素材画面内的某些颜色，从而达到突出画面内容的目的。在该效果组中，不仅包含调节画面亮度和灰度的效果，还包括改变固定颜色以及整体颜色的颜色调整效果。本节将详细介绍调节视频色彩的相关知识。

9.1.1　调整灰度和亮度

　　在【效果】面板【视频效果】下的【图像控制】效果组中，【灰度系数校正】效果的作用是通过调整画面的灰度级别，达到改善图像显示效果、优化图像质量的目的，如图 9-1 所示。

　　与其他视频效果相比，【灰度系数校正】效果的调整参数较少，如图 9-2 所示。调整方法也较为简单。当降低【灰度系数】选项的取值时，将提高图像内灰度像素的亮度；当提高【灰度系数】选项的取值时，则降低图像内灰度像素的亮度。

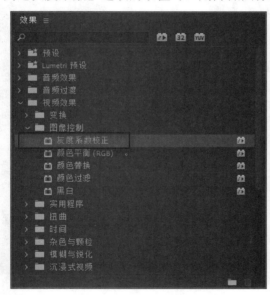

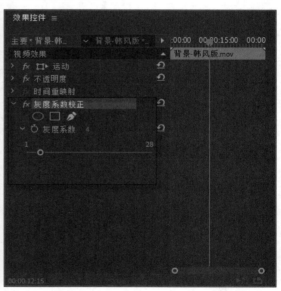

图 9-1　　　　　　　　　　　　　　　　　图 9-2

　　如图 9-3 所示，降低【灰度系数】选项的取值后，处理后的画面有种提高环境光源亮度的效果；如图 9-4 所示，当【灰度系数】选项的取值提高时，则有一种环境内的湿度加大、色彩更加鲜艳的效果。

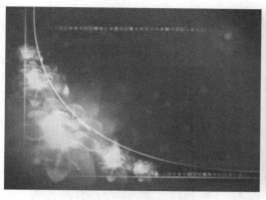

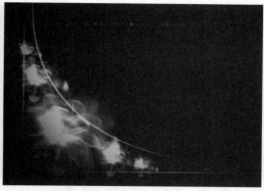

图 9-3 图 9-4

9.1.2 视频饱和度

日常生活中的视频通常为彩色的，如果想要制作出灰度效果的视频效果，可以通过【图像控制】效果组中的【颜色过滤】与【黑白】效果，如图 9-5 所示。前者能够将视频画面逐渐转换为灰度，并且保留某种颜色；后者则是将画面直接变成灰度。

【颜色过滤】视频效果的功能，是将指定颜色及其相近色之外的彩色区域全部变为灰度图像。默认情况下，在为素材应用【颜色过滤】视频效果后，整个素材画面会变为灰色，如图 9-6 所示。

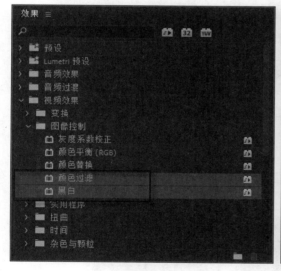

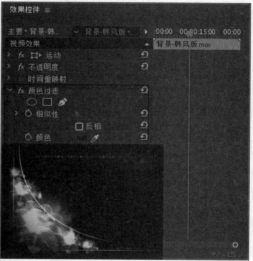

图 9-5 图 9-6

此时，在【效果控件】面板的【颜色过滤】选项中，单击【颜色】后的吸管工具 ，然后在监视器中单击要保留的颜色，即可去除其他部分的色彩信息，如图 9-7 所示。

由于【相似性】选项参数较低的缘故，单独调节【颜色】选项还无法满足过滤画面色彩的需求。此时，只要适当提高【相似性】选项的参数，即可逐渐改变保留色彩区域的范围，如图 9-8 所示。

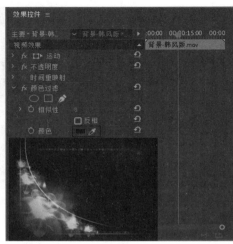 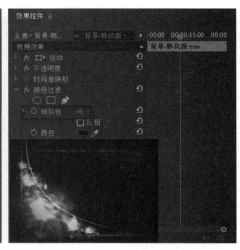

图 9-7　　　　　　　　　　　　　图 9-8

【黑白】效果的作用就是将彩色画面转换为灰度效果。该效果没有任何参数，只要将该效果添加至轨道中，即可将彩色画面转换为黑白色调，如图 9-9 所示。

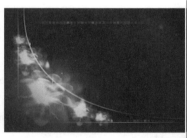 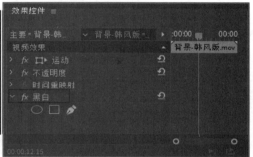

图 9-9

9.1.3　颜色平衡

【颜色平衡(RGB)】视频效果能够通过调整素材内的 R、G、B 颜色通道，达到更改色相、调整画面色彩和校正颜色的目的，如图 9-10 所示。

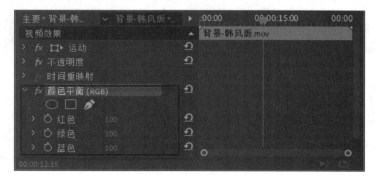

图 9-10

在【效果控件】面板的【颜色平衡】效果中，【红色】、【绿色】和【蓝色】选项后的数值分别代表红色成分、绿色成分和蓝色成分在整个画面内的色彩比重与亮度。简单地说，当 3 个选项的参数值相同时，表示红、绿、蓝 3 种成分色彩的比重无变化，则素材画面色调在应用效果前后无差别，但画面整体亮度却会随数值的增大或减小而提高或降低，如图 9-11 所示。

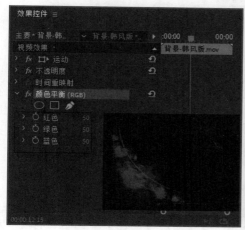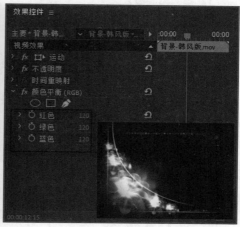

图 9-11

当画面内某一色彩成分多于其他两种色彩成分时，画面的整体色调便会偏向于该色彩；当降低某一色彩成分时，画面的整体色调便会偏向于其他两种色彩成分的组合。

9.1.4 颜色替换

【颜色替换】效果能够将画面中的某种颜色替换为其他颜色，而画面中的其他颜色不发生变化。要实现该效果，将该效果添加至素材所在轨道上，并在【效果控件】面板中分别设置【目标颜色】与【替换颜色】选项，即可改变画面中的某种颜色，如图 9-12 所示。

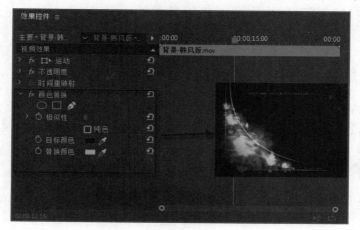

图 9-12

由于【相似性】选项参数较低的缘故，单独设置【替换颜色】选项还无法满足过滤画

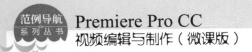

面色彩的需求。此时，用户适当地提高【相似性】选项的参数值，即可逐渐改变保留色彩区域的范围，如图9-13所示。

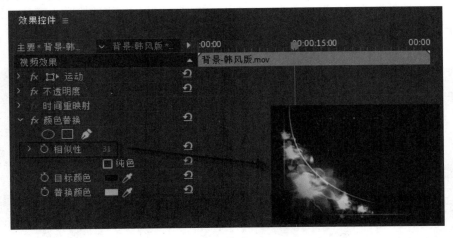

图 9-13

在【颜色替换】效果中，用户还可以通过启用【纯色】复选框，将要替换颜色的区域填充为纯色效果。

Section 9.2 调整颜色

手机扫描下方二维码，观看本节视频课程

拍摄得到的视频，其画面会由于拍摄当天的周围情况、光照等自然因素，出现亮度不够、饱和度低或者偏色等问题。颜色校正类效果可以很好地解决此类问题。本节将详细介绍校正颜色的相关知识及操作方法。

9.2.1 校正颜色

快速颜色校正、亮度校正以及三向颜色校正效果是专门针对校正画面偏色的效果，分别对亮度、色相等问题进行校正，下面将详细介绍这3种颜色校正效果。

1. 快速颜色校正器

打开【效果】面板，在【搜索】文本框中输入"快速颜色校正器"，出现搜索结果后，将【快速颜色校正器】效果拖曳至素材所在轨道，如图9-14所示。

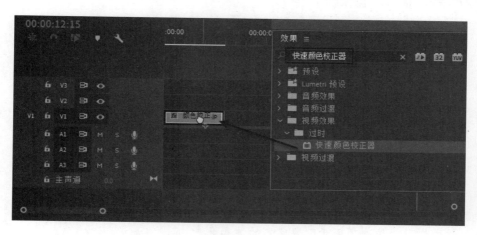

图 9-14

在【效果控件】面板中即可显示该效果的参数，如图 9-15 所示。

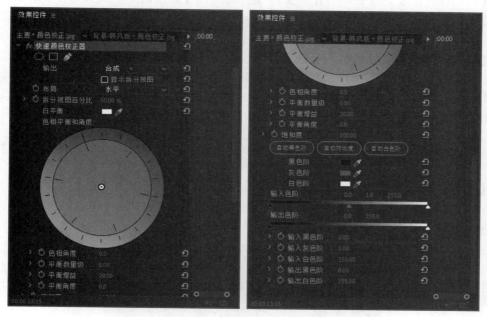

图 9-15

在该面板中，通过设置该效果的参数，可以得到不同的效果。下面详细介绍一些主要的参数。

- 输出：该下拉列表框用于设置输出选项，其中包括合成、亮度两种类型。如果启用了【显示拆分视图】复选框，则可以设置为分屏预览效果。
- 布局：用于设置分屏预览布局，包含水平和垂直两种预览模式。
- 拆分视图百分比：该选项用于设置分配比例。
- 白平衡：该选项用于设置白色平衡，参数越大，画面中的白色就越多。
- 色相平衡和角度：该调色盘用于调整色调平衡和角度，可以直接使用它来改变画面的色调，对比效果如图 9-16 所示。

图 9-16

- 色相角度：该选项用于调整调色盘中的色相角度。
- 平衡数量级：该选项用于控制引入视频的颜色强度。
- 平衡增益：该选项用于设置色彩的饱和度。
- 平衡角度：该选项用于设置白平衡角度。

【自动黑色阶】、【自动对比度】与【自动白色阶】按钮分别改变素材中的黑、白、灰程度，也就是素材的暗调、中间调和亮调。用户同样可以设置下面的【黑色阶】、【灰色阶】和【白色阶】选项来自定义颜色。

【输入色阶】与【输出色阶】选项分别设置图像中的输入和输出范围，可以拖动滑块改变输入和输出的范围，也可以通过该选项渐变条下方的选项参数值来设置输入和输出范围。其中，滑块与选项参数值相对应，当其中一方设置后，另一方同时更改参数，例如【输入色阶】选项中的黑色滑块对应【输入黑色阶】选项参数。

2. 亮度校正器

【亮度校正器】效果可以调节视频画面的明暗关系。使用上面介绍过的方法将该效果拖曳至轨道中的素材上，在【效果控件】面板中的效果选项与【快速颜色校正器】效果部分相同。其中【亮度】和【对比度】选项是该效果特有的，如图 9-17 所示。

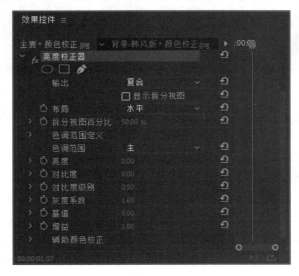

图 9-17

在【效果控件】面板中，向左拖动【亮度】滑块，可以降低画面亮度；向右拖动滑块，可以提高画面亮度。而向左拖动【对比度】滑块，能够降低画面对比度；向右拖动滑块，能够加强画面对比度，如图 9-18 所示。

图 9-18

3. 三向颜色校正器

【三向颜色校正器】效果是通过 3 个调色盘来调节不同色相的平衡和角度，如图 9-19 和图 9-20 所示分别为效果参数和调节 3 个调色盘得到的效果图。

图 9-19   图 9-20

9.2.2 亮度调整

【亮度与对比度】以及【亮度曲线】效果可以调整视频画面的明暗关系，前者能够大致地进行亮度与对比度调整；后者则能够针对 256 个色阶进行亮度或者对比度调整。

1. 亮度与对比度

【亮度与对比度】效果可以对图像的色调范围进行简单的调整，将该效果添加至素材后，在【效果控件】面板中，该效果只有【亮度】和【对比度】两个选项，分别左右拖动

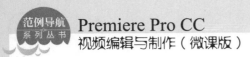

滑块，能够改变画面中的明暗关系，如图 9-21 所示。

图 9-21

2. 亮度曲线

　　【亮度曲线】效果虽然也用来设置视频画面的明暗关系，但是该效果能够更加细致地进行调节。其调节方法为，在【亮度波形】方格中，向上单击并拖动曲线，能够将画面提高亮度；向下单击并拖动曲线，能够将画面降低亮度；如果同时调节，能够加强画面对比度，如图 9-22 所示。

图 9-22

9.2.3　饱和度调整

　　视频颜色校正效果组中还包括一些控制画面色彩饱和度的效果，下面将详细介绍调整饱和度效果的相关知识。

1. 色调

【色调】效果同样能够将彩色视频画面转换为灰度效果，但是同时还能够将彩色视频画面转换为双色调效果，在默认情况下，将该效果添加至素材后，彩色画面将直接转换为灰度图，如图 9-23 所示。

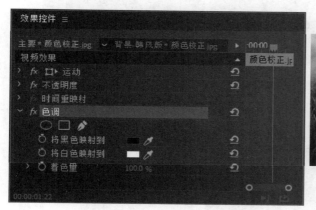

图 9-23

如果单击【将黑色映射到】或【将白色映射到】色块，选择黑、白、灰以外的颜色，那么就会得到双色调效果，如图 9-24 所示。

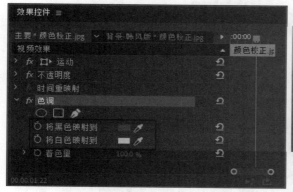

图 9-24

当降低【着色量】参数值后，视频画面就会呈现低饱和度效果。

2. 颜色平衡(HLS)

【颜色平衡(HLS)】效果不仅能够降低饱和度，还能够改变视频画面的色调和亮度。将该效果添加至素材后，直接在【色相】选项右侧输入数值，从而改变画面色调，如图 9-25 所示。

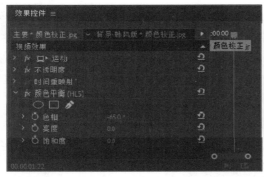

图 9-25

向左拖动【亮度】选项滑块降低画面亮度；向右拖动该滑块提高画面亮度，但是会呈现一层灰色或白色，如图 9-26 所示。

图 9-26

【饱和度】选项用来设置画面饱和度效果。向左拖动该选项滑块能够降低画面饱和度；向右拖动该选项滑块能够增强画面饱和度，如图 9-27 所示。

图 9-27

9.2.4 复杂颜色调整

使用 Premiere Pro CC，不仅能够针对校正色调、亮度调整以及饱和度调整进行效果设置，还可以对视频画面进行更加综合的颜色调整设置，其中包括整体色调的变换和固定颜色的变换。

1. RGB 曲线

　　【RGB 曲线】效果能够调整素材画面的明暗关系和色彩变化，并且能够平滑调整素材画面内的 256 级灰度，使画面调整效果更加细腻。将该效果添加至素材后，【效果控件】面板中将显示该效果的选项，如图 9-28 所示。

　　该效果与【亮度曲线】效果的调整方法相同，只是后者只能够针对明暗关系进行调整，前者则既能够调整明暗关系，还能够调整画面的色彩关系，调整后的效果如图 9-29 所示。

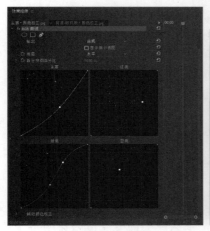

图 9-28　　　　　　　　　　　　　　　　　图 9-29

2. 颜色平衡

　　【颜色平衡】效果能够分别为画面中的高光、中间调以及暗部区域进行红、蓝、绿色调的调整，其设置方法也很简单，只需要将该效果添加到素材后，在【效果控件】面板中拖动相应的滑块，或者直接输入数值，即可改变相应区域的色调效果，如图 9-30 所示。

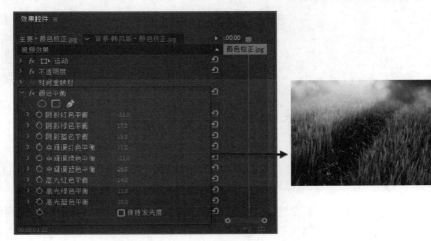

图 9-30

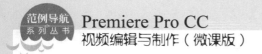

3. 通道混合器

【通道混合器】效果根据通道颜色调整视频画面的效果，该效果中分别为红色、绿色、蓝色准备了该颜色到其他多种颜色的设置，从而实现不同的颜色混合，如图 9-31 所示。

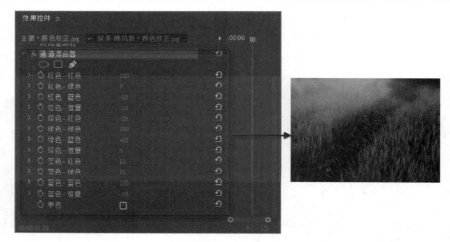

图 9-31

在该效果中，用户还可以通过选择【单色】复选框，将彩色视频画面转换为灰度效果。如果在选择【单色】复选框后，继续设置颜色选项，那么就会改变灰度效果中各个色相的明暗关系，从而改变整幅画面的明暗关系，如图 9-32 所示。

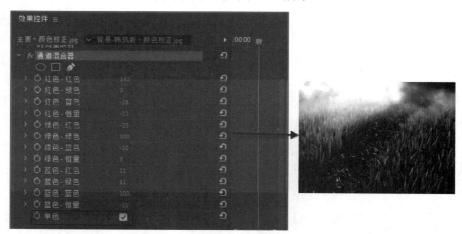

图 9-32

4. 更改颜色

如果想要对视频画面中的某个色相或色调进行变换，那么可以通过【更改颜色】效果来实现。【更改颜色】效果虽然可以改变某种颜色，但也能够将其转换为任何色相，并且还可以设置该颜色的亮度、饱和度以及匹配容差与匹配柔和度，如图 9-33 所示。

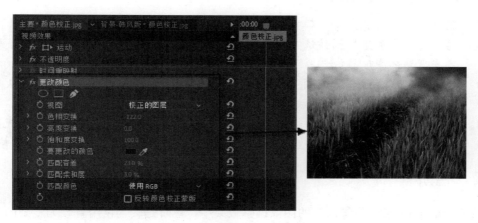

图 9-33

Section

9.3 视频调整类效果

手机扫描下方二维码，观看本节视频课程

　　视频调整类效果主要通过调整图像的色阶、阴影或高光，以及亮度、对比度等方式，达到优化影像质量或实现某种特殊画面效果的目的。本节将详细介绍视频调整类效果的相关知识及操作方法。

9.3.1 阴影/高光

　　【阴影/高光】效果能够基于阴影或高光区域，使其局部相邻像素的亮度提高或降低，从而达到校正由强光形成的剪影画面的目的。

　　在【效果控件】面板中，展开【阴影/高光】选项后，主要通过【阴影数量】和【高光数量】等选项来调整该视频效果的应用效果，如图 9-34 所示。

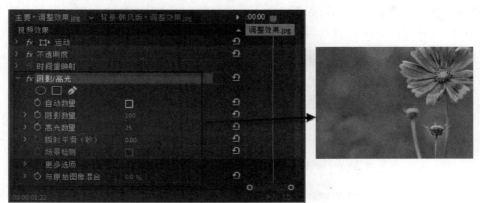

图 9-34

■　　【阴影数量】选项：该选项用于控制画面暗部区域的亮度提高数量，取值越大，

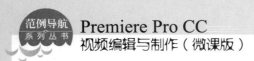
暗部会变得越亮。

- 【高光数量】选项：该选项用于控制画面亮部区域的亮度降低数量，取值越大，高光区域的亮度越低。
- 【与原始图像混合】选项：该选项用于为处理后的画面设置不透明度，从而将其与原画面叠加后生成最终效果。
- 更多选项：该选项为一个选项组，其中包括阴影/高光色调宽度、阴影/高光半径、中间调对比度等各种选项，通过这些选项的设置，可以改变阴影区域的调整范围。

9.3.2 色阶

在 Premiere Pro CC 数量众多的图像调整效果中，色阶是较为常用且较为复杂的视频效果之一。色阶视频效果的原理是通过调整素材画面内的阴影、中间调和高光的强度级别，从而校正图像的色调范围和颜色平衡。

为素材添加【色阶】视频效果后，在【效果控件】面板内列出一系列该效果的选项，用来设置视频画面的明暗关系以及色彩转换，如图 9-35 所示。

图 9-35

如果在设置参数时觉得较为烦琐，用户还可以单击【色阶】选项中的【设置】按钮，即可弹出【色阶设置】对话框，如图 9-36 所示。通过对话框中的直方图，可以分析当前图像颜色的色调分布，以便精确地调整画面颜色。

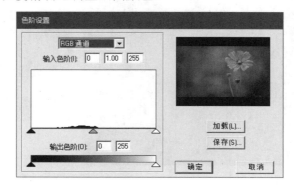

图 9-36

9.3.3 光照效果

利用【光照效果】视频效果，可以通过控制光源数量、光源类型及颜色，实现为画面内的场景添加真实光照效果的目的，如图 9-37 所示。

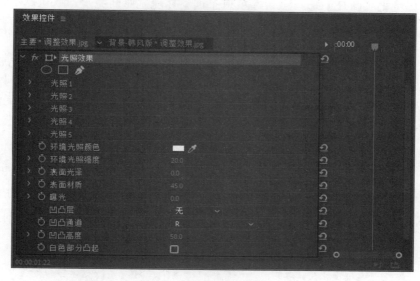

图 9-37

1. 默认灯光设置

应用【光照效果】视频效果后，Premiere Pro CC 提供了 5 盏光源给用户使用。按照默认设置，Premiere Pro CC 将只开启一盏灯光，在【效果控件】面板中单击【光照效果】选项名称后，即可在【节目】监视器内通过锚点调整该灯光的位置与照明范围，如图 9-38 所示。

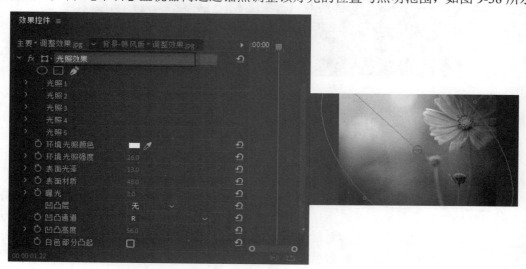

图 9-38

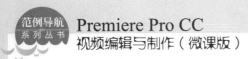

在【效果控件】面板中，【光照效果】选项组内主要参数的作用及含义如下。

- 【环境光照颜色】选项：该选项用来设置光源色彩，在单击该选项右侧色块后，即可在弹出的对话框中设置光照颜色；或者单击色块右侧的吸管工具，从素材画面内选择光照颜色。
- 【环境光照强度】选项：该选项用于调整环境光照的亮度，取值越小，光源强度越小；反之则越大。
- 【表面光泽】选项：调整物体高光部分的亮度与光泽度。
- 【表面材质】选项：通过调整光照范围内的中性色部分，达到控制光照效果细节表现力的目的。
- 【曝光】选项：控制画面的曝光强度。在灯光为白色的情况下，其作用类似于调整环境照明的强度，但【曝光】选项对光照范围内的画面影响也较大。

2. 精确调节灯光效果

如果要更为精确地控制灯光，可在【光照效果】选项内单击相应灯光前的【展开】按钮，通过各个灯光控制选项进行调节，如图 9-39 所示。

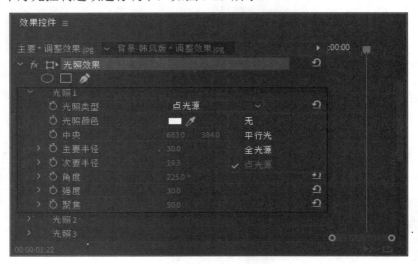

图 9-39

在 Premiere Pro CC 提供的光照控制选项中，除图内已经标出的控制参数外，其他各参数的含义如下。

- 【聚焦】：用于控制焦散范围的大小及焦点处的强度，取值越小，焦散范围越小，焦点亮度也越小；反之，焦散范围越大，焦点处的亮度也越高。
- 【光照类型】：Premiere Pro CC 为用户提供了全光源、点光源和平行光 3 种不同类型的光源。其中点光源的特点是仅照射指定的范围；平行光的特点是以光源为中心，向周围均匀地散播光线，强度则随着距离的增加而不断衰减；全光源的特点是光源能够均匀地照射至素材画面的每个角落。

9.3.4 其他调整效果

除了上面介绍的颜色调整效果外，Premiere Pro CC 还有一些亮度调整、色彩调整以及黑白效果调整的效果。

1. 卷积内核

【调整】效果组内的【卷积内核】效果是 Premiere 内部较为复杂的视频效果之一，其原理是通过改变画面内各像素的亮度值来实现某些特殊效果，如图 9-40 所示。

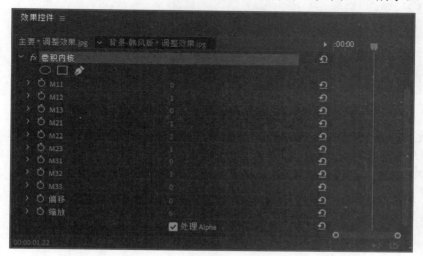

图 9-40

在【效果控件】面板内的【卷积内核】选项中，M11～M33 这 9 项参数全部用于控制像素亮度，单独调整这些选项只能实现调节画面亮度的效果。然而，在组合使用这些选项后，便可以获得浮雕、重影，甚至让略微模糊的图像变得清晰起来的效果，如图 9-41 所示。

图 9-41

在 M11～M33 这 9 项参数中，每 3 项参数分为一组，如 M11～M13 为一组、M21～M23 为一组、M31～M33 为一组。调整时，通常情况下每组内的第 1 项参数与第 3 项参数分别包含一个正值和一个负值，且两数之和为 0，第 2 项参数则用于控制画面的整体亮度。这样一来，便可在实现立体效果的同时保证画面亮度不会出现太大变化。

2. 提取

【提取】效果的功能是去除素材画面内的彩色信息，从而将彩色的素材画面处理为灰度画面，如图 9-42 所示。

图 9-42

在【效果控件】面板中，不仅可以通过【提取】选项下的参数来控制画面效果，还可以单击【提取】效果选项中的【设置】按钮 ，在弹出的【提取设置】对话框内直观地调节画面效果，如图 9-43 所示。

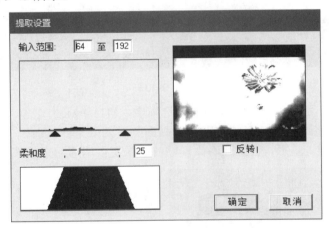

图 9-43

在【效果控件】面板中，【提取】选项组内的各项参数与【提取设置】对话框内的参数相对应，其参数功能如下。

- 【输入黑色阶】选项：该选项的作用是控制画面内黑色像素的数量，取值越小，黑色像素越少。
- 【输入白色阶】选项：该选项的作用是控制画面内白色像素的数量，取值越小，白色像素越少。
- 【柔和度】选项：该选项的作用是控制画面内灰色像素的阶数与数量，取值越小，上述两项目内容的数量也就越少，黑、白像素间的过渡就越为直接；反之，则灰色像素的阶数与数量越多，黑、白像素间的过渡就越为柔和、缓慢。

- **【反转】复选框**：启用该复选框后，Premiere 会置换图像内的黑白像素，即黑像素变为白像素，白像素变为黑像素。

3. ProcAmp 效果

ProcAmp 效果的作用是调整素材的亮度、对比度，以及色相、饱和度等基本的影像属性，从而实现优化素材质量的目的。

为素材添加 ProcAmp 视频效果后，在【效果控件】面板中展开 ProcAmp 选项，其各项参数如图 9-44 所示。

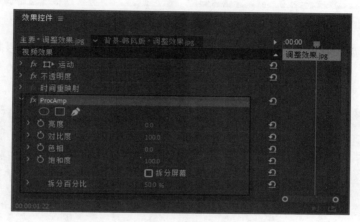

图 9-44

如果要调整 ProcAmp 视频效果对影片的应用效果，可以在【效果控件】面板内的 ProcAmp 选项组中，通过设置以下参数来进行操作。

- **【亮度】选项**：用于调整素材画面的整体亮度，取值越小画面越暗，反之则越亮。该选项的取值范围通常为-20～20。
- **【对比度】选项**：调节画面亮部与暗部间的反差，取值越小反差越小，表现为色彩变得暗淡，且黑白色开始发灰；取值越大则反差越大，表现为黑色更黑，而白色更白。如图 9-45 所示为不同对比度的效果对比。

图 9-45

- **【色相】选项**：该选项的作用是调整画面的整体色调。利用该选项，除了可以校正画面整体偏色外，还可创造一些诡异的画面效果。如图 9-46 所示为调整画面色

第9章　调整影片的色彩与色调

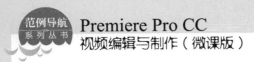

调的效果对比。

图 9-46

■ 　【饱和度】选项：用于调整画面色彩的鲜艳程度，取值越大色彩越鲜艳，反之则越暗淡，当取值为 0 时画面便会成为灰度图像。如图 9-47 所示为调整画面色彩饱和度的效果对比图。

图 9-47

Section 9.4　范例应用与上机操作

手机扫描下方二维码，观看本节视频课程

　　　　通过本章的学习，读者基本可以掌握调整影片的色彩与色调的基本知识以及一些常见的操作方法，本节将通过一些范例应用，如制作黑白电影放映效果、应用风格化效果制作动态电视墙，练习上机操作，以达到巩固学习、拓展提高的目的。

9.4.1　制作黑白电影放映效果

本例将详细介绍制作黑白电影放映效果的方法，过程是将彩色电影素材处理为黑白效果，再添加一些效果调整画面的细节部分，完成黑白电影效果的制作。

素材文件☼　第9章\素材文件\制作黑白电影.prproj
效果文件☼　第9章\效果文件\制作黑白电影效果.prproj

step 1　打开素材文件"制作黑白电影.prproj"，可以看到已经新建一个序列，并在【时间轴】面板中导入了一段视频素材，如图9-48所示。

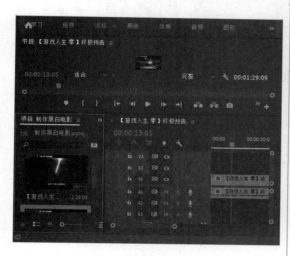

图 9-48

step 2　将素材文件导入【项目】面板，① 单击【新建项】按钮，② 在菜单中选择【通用倒计时片头】菜单项，如图9-49所示。

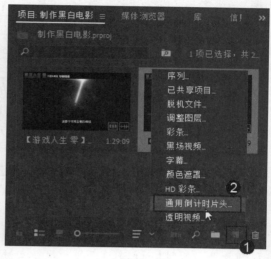

图 9-49

step 3　弹出【新建通用倒计时片头】对话框，单击【确定】按钮 确定 ，如图9-50所示。

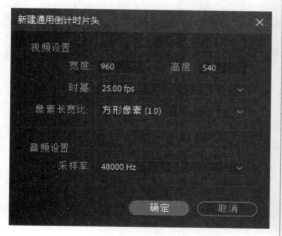

图 9-50

step 4　弹出【通用倒计时设置】对话框，① 选择【音频】组中的【在每秒都响提示音】复选框，② 单击【确定】按钮 确定 ，如图9-51所示。

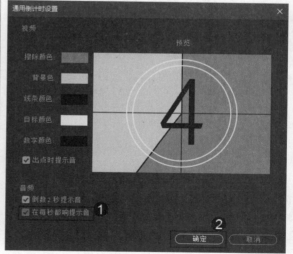

图 9-51

step 5　将"通用倒计时片头"和"【游戏人生 零】终极预告.mp4"文件都添加到时间轴的V1轨道中，并且调整好它们的前后位置，如图9-52所示。

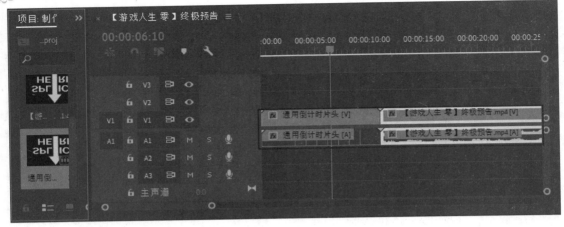

图 9-52

step 6 选中视频素材后，在【效果】面板下的【视频效果】中展开【调整】文件夹，双击【提取】效果，将该视频效果添加到【时间轴】面板的视频素材上，如图 9-53 所示。

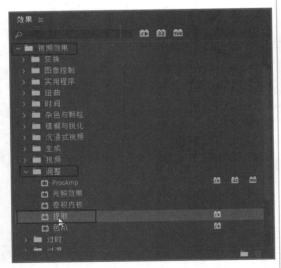

图 9-53

step 8 在【效果控件】面板中，①设置【提取】效果的【输入黑色阶】、【输入白色阶】和【柔和度】选项的参数，②选择【反转】复选框，如图 9-55 所示。

step 7 此时，可以在【节目】监视器中看到黑白画面效果，如图 9-54 所示。

图 9-54

step 9 此时，可以在【节目】监视器中看到调整后的黑白画面效果，如图 9-56 所示。

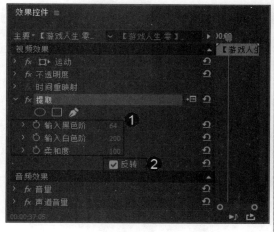

图 9-55

图 9-56

step 10 完成上述操作之后，在【节目】监视器中可以看到最终的画面效果，这样即可完成制作黑白电影放映效果的操作，如图 9-57 所示。

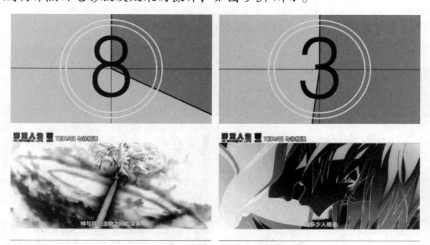

图 9-57

9.4.2 应用风格化效果制作动态电视墙

风格化组视频效果主要用于对图像进行艺术风格的特殊处理，该特效组包含了 13 个效果，本例将应用风格化组中的【复制】效果，并对其进行设置关键帧，来制作动态电视墙。

素材文件※ 第9章\素材文件\动态电视墙.prproj
效果文件※ 第9章\效果文件\动态电视墙效果.prproj

step 1 打开素材文件"动态电视墙.prproj"，可以看到已经新建一个序列，并在【时间轴】面板中导入了一段视频素材，如图 9-58 所示。

step 2 此时，在【节目】监视器中可以看到视频素材文件的画面效果，如图 9-59 所示。

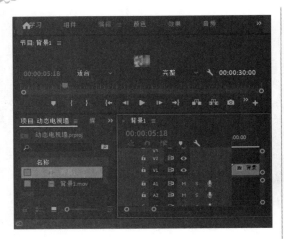

图 9-58

图 9-59

step 3 选中视频素材后，在【效果】面板下的【视频效果】中展开【风格化】文件夹，双击【复制】效果，将该视频效果添加到【时间轴】面板的视频素材上，如图 9-60 所示。

step 4 在【效果控件】面板下的【复制】效果中，单击【计数】选项前的【切换动画】按钮，如图 9-61 所示。

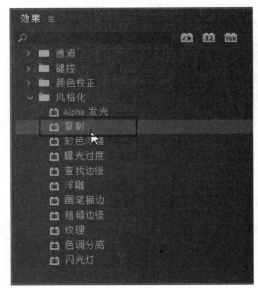

图 9-60

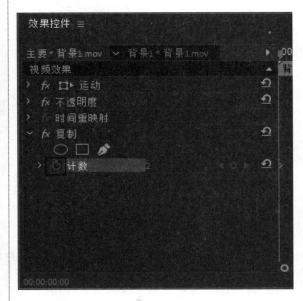

图 9-61

step 5 在【效果控件】面板中，将当前时间指示器拖到 00:00:10:00 位置处，设置【计数】参数为 4，为视频素材添加关键帧，如图 9-62 所示。

step 6 在【效果控件】面板中，将当前时间指示器拖到 00:00:25:00 位置处，设置【计数】参数为 2，为视频素材添加关键帧，如图 9-63 所示。

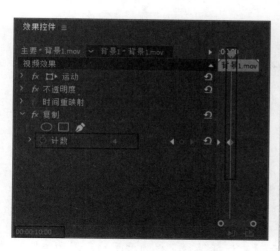

图 9-62

图 9-63

step 7 在菜单栏中选择【文件】→【保存】菜单项，对当前编辑项目进行保存，如图 9-64 所示。

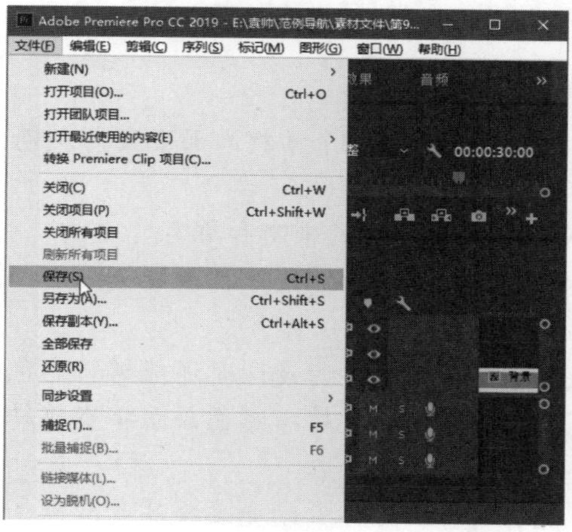

step 8 完成上述操作之后，在【节目】监视器中可以看到最终的画面效果，这样即可完成制作风格化效果的动态电视墙，如图 9-65 所示。

图 9-64

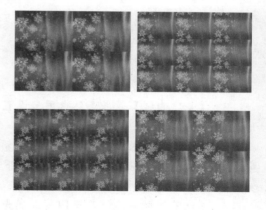

图 9-65

Section 9.5　本章小结与课后练习

本节内容无视频课程

在拍摄视频时，由于无法控制拍摄地点的光照条件，从而会使拍摄出来的视频素材画面整体效果不理想。通过本章的学习，读者会掌握 Premiere Pro CC 在校正、调整和优化素材色彩方面的技术与方法。下面通过练习几道习题，以达到巩固与提高的目的。

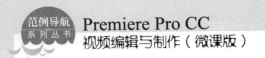

9.5.1 思考与练习

一、填空题

1. 日常生活中的视频通常为彩色的，如果想要制作出灰度效果的视频效果，可以通过【图像控制】效果组中的_____与_____效果。

2. _____视频效果能够通过调整素材内的 R、G、B 颜色通道，达到更改色相、调整画面色彩和校正颜色的目的。

3. _____效果是能够将画面中的某种颜色替换为其他颜色，而画面中的其他颜色不发生变化。

4. _____效果可以调节视频画面的明暗关系。

5. _____效果不仅能够降低饱和度，还能够改变视频画面的色调和亮度。

6. _____效果能够调整素材画面的明暗关系和色彩变化，并且能够平滑调整素材画面内的 256 级灰度，使画面调整效果更加细腻。

7. _____效果能够分别为画面中的高光、中间调以及暗部区域进行红、蓝、绿色调的调整。

二、判断题

1. 默认情况下，在为素材应用【颜色过滤】视频效果后，整个素材画面会变为灰色。

（　　）

2. 【三向颜色校正器】效果通过 2 个调色盘来调节不同色相的平衡和角度。　（　　）

3. 【亮度曲线】效果虽然也用来设置视频画面的明暗关系，但是该效果能够更加细致地进行调节。

（　　）

4. 【色调】效果同样能够将彩色视频画面转换为灰度效果，但是同时还能够将彩色视频画面转换为双色调效果。在默认情况下，将该效果添加至素材后，彩色画面将直接转换为灰度图。

（　　）

5. 【色阶】效果能够基于阴影或高光区域，使其局部相邻像素的亮度提高或降低，从而达到校正强光形成的剪影画面的目的。

（　　）

三、思考题

1. 如何应用【颜色替换】效果？

2. 如何应用【亮度曲线】效果？

9.5.2 上机操作

1. 通过本章的学习，读者基本可以掌握调整影片的色彩与色调方面的知识，下面通过练习应用自动对比度视频效果，以达到巩固与提高的目的。

2. 通过本章的学习，读者基本可以掌握调整影片的色彩与色调方面的知识，下面通过练习制作怀旧视频效果，以达到巩固与提高的目的。

第 **10** 章

叠加与抠像

本章主要介绍叠加与抠像概述、叠加方式与抠像方面的知识与技巧，同时还讲解如何使用颜色遮罩抠像。通过本章的学习，读者可以掌握叠加与抠像基础操作方面的知识，为深入学习 Premiere Pro CC 知识奠定基础。

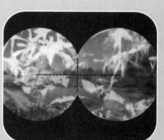

 本 章 要 点

1. 叠加与抠像概述

2. 叠加方式与抠像

3. 使用颜色遮罩抠像

Section
10.1 叠加与抠像概述

手机扫描二维码，观看本节视频课程

　　抠像作为一门实用且有效的特效手段，被广泛地运用于影视处理的很多领域，它可以使多种影片素材通过剪辑产生完美的画面合成效果。而叠加则是将多个素材混合在一起，从而产生各种特别的效果。两者有着必然的联系。本节将介绍叠加与抠像的相关基础知识。

10.1.1　叠加概述

　　在编辑视频时，有时候需要使两个或多个画面同时出现，此时就可以使用叠加的方式实现。

　　Premiere Pro CC 中【视频效果】的【键控】文件夹里提供了多种特效，可以帮助用户实现素材叠加的效果，素材叠加效果的应用如图 10-1 所示。

图 10-1

10.1.2　抠像概述

　　抠像是将画面中的某一颜色进行抠除转换为透明色，是影视制作领域较为常见的技术手段，如果看见演员在绿色或蓝色的背景前表演，但是在影片中看不到这些背景，这就是运用了抠像的技术手段。

　　在影视制作过程中，背景的颜色不仅仅局限于绿色和蓝色，任何需要与演员服饰、妆容等区分开来的纯色都可以使用该技术，以此实现虚拟演播室的效果，如图 10-2 所示。

图 10-2

抠像的最终目的是将人物与背景进行融合。使用其他背景素材替换原色背景，也可以再添加一些相应的前景元素，使其与原始图像相互融合，形成二层或多层画面的叠加合成，以实现丰富的层次感及神奇的合成视觉艺术效果，如图 10-3 所示。

图 10-3

10.1.3　调节不透明度

　　在 Premiere Pro CC 中，操作最为简单、使用最为方便的视频合成方式，就是通过降低顶层视频轨道中的素材透明度，从而显现出底层视频轨道上的素材内容。操作时，只需选择顶层视频轨道中的素材，在【效果控件】面板中直接降低【不透明度】选项的参数值，所选视频素材的画面将会呈现一种半透明状态，从而隐约透出底层视频轨道中的内容，如图 10-4 所示。

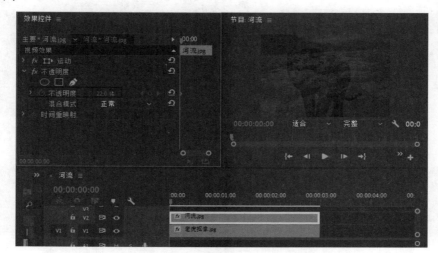

图 10-4

　　上述操作多应用于两段视频素材的重叠部分。也就是说，通过添加【不透明度】关键帧，影视编辑人员可以通过降低素材透明度的方式来实现过渡效果，如图 10-5 所示为【不透明度】过渡动画效果。

图 10-5

第一口章　叠加与抠像

10.1.4　导入含 Alpha 通道的 PSD 图像

所谓 Alpha 通道，是指图像额外的灰度图层，其功能用于定义图形或者字幕的透明区域。利用 Alpha 通道，可以将某一视频轨道中的图像素材、徽标或文字与另一视频轨道内的背景组合在一起。

若要使用 Alpha 通道实现图像合并，就要首先在图像编辑程序中创建具有 Alpha 通道的素材。比如，在 Photoshop 内打开所要使用的图像素材，然后将图像主题抠取出来，并在【通道】面板内创建新通道后，使用白色填充主体区域，如图 10-6 所示。

接下来将包含 Alpha 通道的图像素材添加至影视编辑项目内，并将其添加至视频轨道中，就可以看出图像素材除主体外的其他内容都被隐藏了，产生这一效果的原因是之前在图像素材内创建的 Alpha 通道，如图 10-7 所示。

图 10-6　　　　　　　　　　　　　　　图 10-7

Section
10.2　叠加方式与抠像

手机扫描二维码，观看本节视频课程

抠像是通过运用虚拟的方式将背景进行特殊透明叠加的一种技术。抠像是影视合成中常用的背景透明方法，它通过去除指定区域的颜色，使其透明来完成和其他素材的合成效果。叠加方式与抠像技术是紧密相连的，叠加类特效主要用于处理抠像效果、对素材进行动态跟踪和叠加各种不同的素材，是影视编辑与制作中常用的视频特效。

10.2.1　键控抠像操作基础

选择抠像素材，在【效果】面板中，打开【视频效果】内的【键控】文件夹，可以看

到各种抠像特效，如图 10-8 所示。

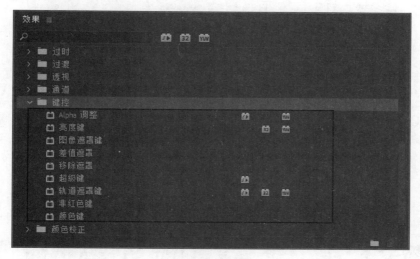

图 10-8

使用抠像选项的操作，也称为"键抠像"。在后面的小节中，将为用户介绍不同键控选项的应用方法和技巧。

10.2.2　显示与应用键控特效

显示键控特效的操作很简单，打开一个 Premiere 项目，在菜单栏中选择【窗口】→【效果】菜单项，如图 10-9 所示。在【效果】面板中单击【视频效果】文件夹前面的小三角按钮◪，然后再找到【键控】文件夹，单击该文件夹前面的小三角按钮◪。

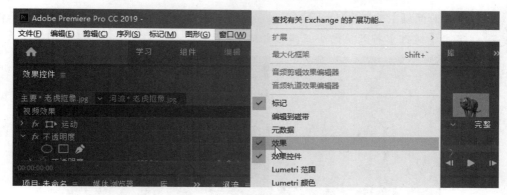

图 10-9

在 Premiere Pro CC 中，可以将【键控】特效赋予到轨道素材上，还可以在【时间轴】面板或者【效果控件】面板对特效添加关键帧。下面详细介绍应用【键控】特效的操作方法。

 将素材导入到视频轨道上。在应用【键控】特效前，首先要确保有一个剪辑在 V1 轨道上，另一个剪辑在 V2 轨道上，如图 10-10 所示。

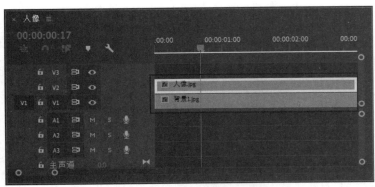

图 10-10

 从【键控】文件夹里选择一种键控特效，将其拖曳到所要赋予该特效的剪辑上，如图 10-11 所示。

图 10-11

 在【时间轴】面板中选择被赋予【键控】特效的剪辑，接着在【效果控件】面板中单击【键控】特效前的小三角按钮▶，显示该特效的效果属性，如图 10-12 所示。

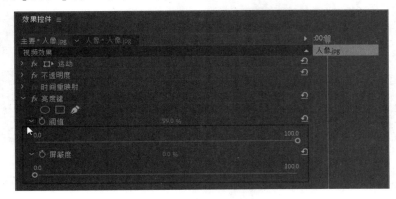

图 10-12

 单击效果属性前面的【切换动画】按钮 ，为该属性设置一个关键帧，根据需要设置属性参数。接着把当前时间指示器移到新的时间位置并调整属性参数，此时【时间轴】面板上会自动添加一个关键帧，这样即可完成应用【键控】特效的操作，如图 10-13 所示。

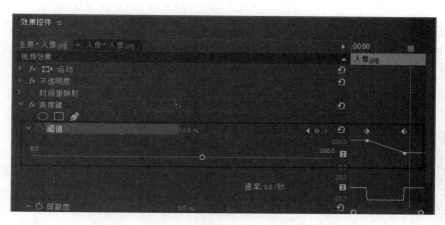

图 10-13

10.2.3　Alpha 调整抠像

　　【视频效果】下【键控】特效组中的【Alpha 调整】效果的功能，是将上层图像中的 Alpha 通道来设置遮罩叠加效果，其相关参数设置及效果如图 10-14 所示。

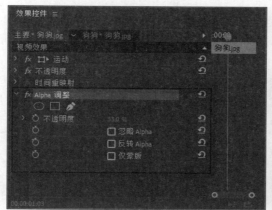

图 10-14

- 【不透明度】选项：该选项能够控制 Alpha 通道的透明程度，因此在更改其参数值后会直接影响相应图像素材在屏幕画面上的表现效果。
- 【忽略 Alpha】复选框：勾选该复选框，序列将会忽略图像素材 Alpha 通道所定义的透明区域，并使用黑色像素填充这些透明区域。
- 【反转 Alpha】复选框：勾选该复选框，会反转 Alpha 通道所定义透明区域的范围。
- 【仅蒙版】复选框：勾选该复选框，则图像素材在屏幕画面中的非透明区域将显示为通道画面，但透明区域不会受此影响。

10.2.4　亮度键抠像

　　【亮度键】视频效果用于将生成图像中的灰度像素设置为透明，并且保持色度不变。在【效果控件】面板内通过更改【亮度键】选项组中的【阈值】和【屏蔽度】选项参数就可以调整应用于素材剪辑后的效果，其相关参数设置及效果如图 10-15 所示。

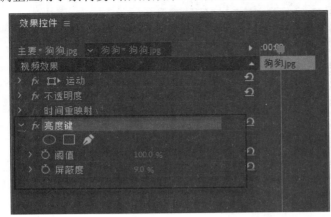

图 10-15

10.2.5 差值遮罩

【差值遮罩】视频效果的作用是对比两个相似的图像剪辑，并去除两个图像剪辑在屏幕画面上的相似部分，而只留下有差异的图像内容。因此，该视频特效在应用时对素材剪辑的内容要求较为严格，但在某些情况下，能够很轻易地将运动对象从静态背景中抠取出来。其相关参数设置及效果如图 10-16 所示。

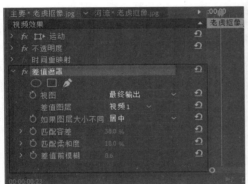

图 10-16

在【差值遮罩】视频效果的选项组中，各个选项的作用如下。

- 视图：该下拉列表框用于确定最终输出于【节目】面板中的画面的内容，共有【最终输出】、【仅限源】和【仅限遮罩】3 个选项。【最终输出】选项用于输出两个素材进行差值匹配后的结果画面；【仅限源】选项用于输出应用该效果的素材画面；【仅限遮罩】选项用于输出差值匹配后产生的遮罩画面。

- 差值图层：该下拉列表框用于确定与源素材进行差值匹配操作的素材位置，即确定差值匹配素材所在的轨道。

- 如果图层大小不同：当源素材与差值匹配素材的尺寸不同时，可通过该选项来确定差值匹配操作将以何种方式展开。

- 匹配容差: 该选项的取值越大, 相类似的匹配也就越宽松; 其取值越小, 相类似的匹配也就越严格。
- 匹配柔和度: 该选项会影响差值匹配结果的透明度, 其取值越大, 差值匹配结果的透明度也就越大; 反之, 则匹配结果的透明度也就越小。
- 差值前模糊: 根据该选项取值的不同, Premiere 会在差值匹配操作前对匹配素材进行一定程度的模糊处理。因此,【差值前模糊】选项的取值将直接影响差值匹配的精确程度。

10.2.6　图像遮罩键

在 Premiere Pro CC 中, 遮罩是一种只包含黑、白、灰这 3 种不同色调的图像原色的特效, 其功能是能够根据自身灰阶的不同, 有选择地隐藏目标素材画面中的部分内容。下面详细介绍为素材添加【图像遮罩键】效果的方法。

素材文件 ❀	第 10 章\素材文件\图像遮罩.prproj
效果文件 ❀	第 10 章\效果文件\图像遮罩效果.prproj

step 1 打开素材文件"图像遮罩.prproj", 可以看到已经新建一个序列, 并在【时间轴】面板中导入了两个图像素材, 如图 10-17 所示。

step 2 在【效果】面板内展开【视频特效】文件夹, ① 展开【键控】文件夹, ② 双击【图像遮罩键】效果, 即将该效果添加到 V2 轨道中的素材上, 如图 10-18 所示。

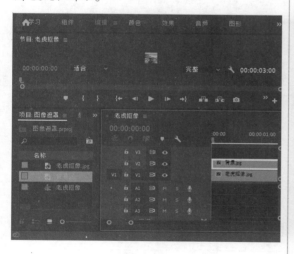

图 10-17

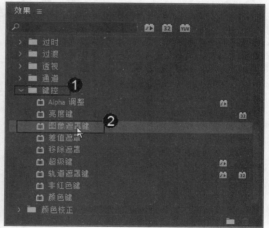

图 10-18

step 3 在【效果控件】面板内, 单击【图像遮罩键】选项组中的【设置】按钮 , 如图 10-19 所示。

step 4 弹出【选择遮罩图像】对话框, ① 选择相应的遮罩图像, ② 单击【打开】按钮 打开(O), 如图 10-20 所示。

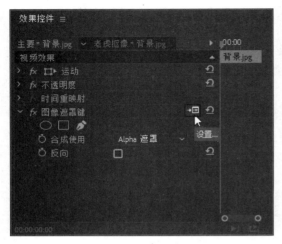

图 10-19

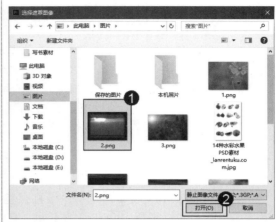

图 10-20

step 5 在【效果控件】面板【图像遮罩键】选项组下的【合成使用】下拉列表框中选择【亮度遮罩】选项，如图 10-21 所示。

step 6 设置完成后，即可在【节目】面板内预览添加的图像遮罩键效果，如图 10-22 所示，这样即可完成为素材添加【图像遮罩键】效果的操作。

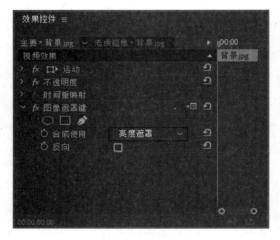

图 10-21

图 10-22

 如果启用【图像遮罩键】选项组中的【反向】复选框，则会颠倒所应用遮罩图像中的黑、白像素。

10.2.7 轨道遮罩键抠像

从效果及实现原理来看，【轨道遮罩键】视频效果与【图像遮罩键】效果完全相同，都是将其他素材作为遮罩后隐藏或显示目标素材的部分内容。从实现方式来看，前者是将图像添加至【时间轴】面板上后，作为遮罩素材使用；而【图像遮罩键】效果则是直接将材附加在目标素材上。【轨道遮罩键】效果的参数如图 10-23 所示。

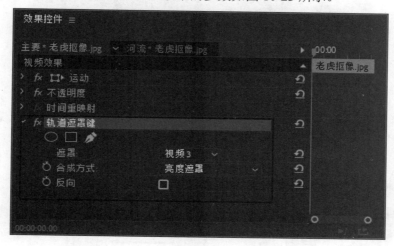

图 10-23

在【轨道遮罩键】视频效果的选项组中，各个选项的作用如下。

- 【遮罩】下拉列表框：该下拉列表框用于设置遮罩素材的位置。
- 【合成方式】下拉列表框：该下拉列表框用于确定遮罩素材将以怎样的方式来影响目标素材。当【合成方式】为【Alpha 遮罩】时，Premiere 将利用遮罩素材内的 Alpha 通道来隐藏目标素材；当【合成方式】为【亮度遮罩】时，Premiere 则会使用遮罩素材本身的视频画面来控制目标素材内容的显示与隐藏。
- 【反向】复选框：用于反转遮罩内的黑、白像素，从而显示原本透明的区域，并隐藏原本能够显示的内容。

使用颜色遮罩抠像

手机扫描二维码，观看本节视频课程

使用 Premiere Pro CC，最常用的遮罩方式是根据颜色来隐藏或显示局部画面。在拍摄视频时，特别是用于后期合成的视频，通常情况下其背景是蓝色或者绿色布景，以方便后期的合成。本节将详细介绍使用颜色遮罩抠像的相关知识。

10.3.1　非红色键抠像

【非红色键】视频效果能够同时去除视频画面内的蓝色和绿色背景，它包括两个混合滑块，可以混合两个轨道素材。【非红色键】视频效果的选项组如图 10-24 所示。

【非红色键】视频效果应用前后对比如图 10-25 所示。

图 10-24

图 10-25

在【非红色键】选项组中，各个选项的作用如下。

- 　【阈值】选项：向左拖动会去除更多的绿色和蓝色区域。
- 　【屏蔽度】选项：用于微调键控的屏蔽程度。
- 　【去边】下拉列表框：可以从右侧下拉列表中选择【无】、【绿色】和【蓝色】3 种去边效果。
- 　【平滑】下拉列表框：用于设置锯齿消除程度，通过混合像素颜色来平滑边缘。从右侧的下拉列表中可以选择【无】、【低】和【高】3 种消除锯齿程度。
- 　【仅蒙版】复选框：选择该复选框，可以显示素材的 Alpha 通道。

10.3.2　颜色键抠像

　　【颜色键】视频效果的作用是抠取屏幕画面内的指定色彩，因此多用于屏幕画面内包含大量色调相同或相近色彩的情况，其选项组如图 10-26 所示。

图 10-26

【颜色键】视频效果应用前后对比如图 10-27 所示。

图 10-27

在【颜色键】选项组中，各个选项的作用如下。

- 【主要颜色】选项：用于指定目标素材内所要抠除的色彩。
- 【颜色容差】选项：该选项用于扩展所抠除色彩的范围，根据其选项参数的不同，部分与【主要颜色】选项相似的色彩也将被抠除。
- 【边缘细化】选项：该选项能够在图像色彩抠取结果的基础上，扩大或减小【主要颜色】所设定颜色的抠取范围。
- 【羽化边缘】选项：对抠取后的图像进行边缘羽化操作，其参数取值越大，羽化效果越明显。

10.3.3 超级键抠像

超级键是抠图中最常用的工具，功能也非常强大，对于纯色绿幕或者蓝幕背景的视频，超级键可以快速抠好；而对于受光线影响的绿幕或者蓝幕，结合【遮罩生成】、【遮罩清除】选项，以及不透明蒙版也能轻松抠除不需要的部分。【超级键】效果选项组如图 10-28 所示。

图 10-28

【超级键】视频效果应用前后对比如图 10-29 所示。

图 10-29

范例应用与上机操作

手机扫描二维码，观看本节视频课程

通过本章的学习，读者基本可以掌握叠加与抠像的基本知识以及一些常见的操作方法，本节将通过一些范例应用，如制作望远镜画面效果、制作水墨芭蕾人像合成效果，练习上机操作，以达到巩固学习、拓展提高的目的。

10.4.1 制作望远镜画面效果

在影视作品中，往往会应用望远镜或其他类似设备进行观察，从而模拟第一人称视角的拍摄手法。事实上，这些效果大都通过后期制作中的特殊处理来完成。本例将详细介绍制作望远镜画面效果的操作方法。

素材文件❀ 第10章\素材文件\望远镜画面.prproj
效果文件❀ 第10章\效果文件\望远镜画面效果.prproj

step 1 打开素材文件"望远镜画面.prproj"，可以看到已经新建一个序列，并在【时间轴】面板中导入了一段视频素材和图像素材，如图10-30所示。

step 2 选中【时间轴】面板中的"风景.avi"，双击【效果】→【视频效果】→【键控】→【轨道遮罩键】效果，将其添加到该视频中，如图10-31所示。

图 10-30

图 10-31

step 3 在【效果控件】面板中，①在【轨道遮罩键】选项组【遮罩】下拉列表中选择【视频2】选项，②在【合成方式】下拉列表中选择【亮度遮罩】选项，如图10-32所示。

step 4 通过上述操作会形成望远镜画面效果，在【节目】监视器中预览效果，如图10-33所示。

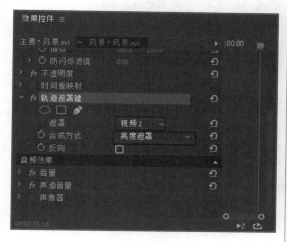

图 10-32

图 10-33

step 5 在【时间轴】面板上选中"望远镜遮罩.psd"，将当前时间指示器移至00:00:02:05处，单击【运动】选项组【位置】选项前的【切换动画】按钮，创建关键帧，如图10-34所示。

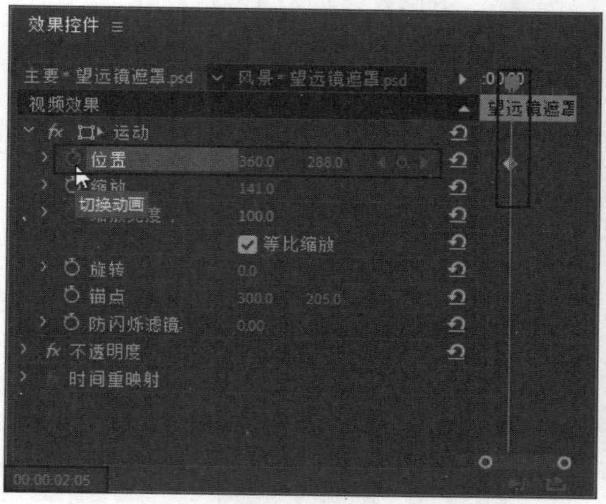

step 6 将当前时间指示器移至影片开始处，单击【添加/移除关键帧】按钮，创建第2个关键帧，并设置【位置】选项的参数，如图10-35所示。

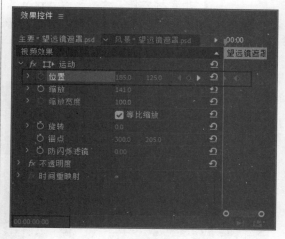

图 10-35

图 10-34

step 7 完成上述操作之后，在【节目】监视器中可以预览最终的画面效果，这样即可完成制作望远镜画面效果的操作，如图10-36所示。

267

图 10-36

10.4.2 制作水墨芭蕾人像合成效果

本章学习了叠加与抠像操作的相关知识，本例将应用【颜色键】键控效果、【线性擦除】过渡效果等制作水墨芭蕾人像合成效果，来巩固和提高本章学习的内容。

素材文件 第 10 章\素材文件\水墨芭蕾.prproj
效果文件 第 10 章\效果文件\水墨芭蕾人像合成效果.prproj

step 1 打开素材文件"水墨芭蕾.prproj"，可以看到已经新建一个【水墨芭蕾人像合成】序列，并在【时间轴】面板中导入了 3 个图像素材文件，如图 10-37 所示。

step 2 此时，在【节目】监视器中预览的图像效果如图 10-38 所示。

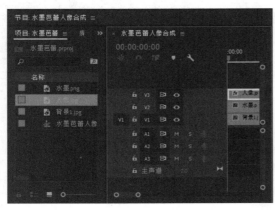

图 10-37

图 10-38

step 3 打开【效果】面板,① 打开【视频效果】文件夹,② 打开【键控】文件夹,③ 双击【颜色键】效果,为"人像.jpg"图像素材添加该键控效果,如图 10-39 所示。

图 10-39

step 5 在【节目】监视器中,吸取"人像.jpg"图层的背景颜色,如图 10-41 所示。

图 10-41

step 7 在【效果控件】面板中,设置【颜色容差】为 10,【边缘细化】为2,【羽化边缘】为1,如图 10-43 所示。

step 4 打开【效果控件】面板,在【颜色键】选项组中,单击【主要颜色】右侧的吸管工具 ✐,如图 10-40 所示。

图 10-40

step 6 此时在【节目】监视器中预览的图像效果如图 10-42 所示。

图 10-42

step 8 此时,在【节目】监视器中预览的图像效果如图 10-44 所示。

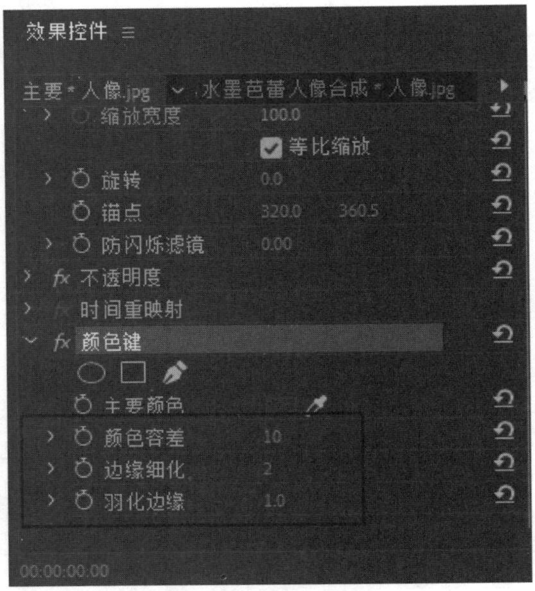

效果控件 ≡

主要 * 人像.jpg ∨ 水墨芭蕾人像合成 * 人像.jpg ▶

> 缩放宽度 100.0
> ☑ 等比缩放
> ⏱ 旋转 0.0
⏱ 锚点 320.0 360.5
> ⏱ 防闪烁滤镜 0.00
> fx 不透明度
> fx 时间重映射
∨ fx 颜色键
○ □ ✏
⏱ 主要颜色 🖋
> ⏱ 颜色容差 10
> ⏱ 边缘细化 2
> ⏱ 羽化边缘 1.0

00:00:00:00

图 10-43

图 10-44

step 9 切换到【效果控件】面板中，设置【人像.jpg】图层的【位置】参数为(300,290)，【缩放】参数为 65，如图 10-45 所示。

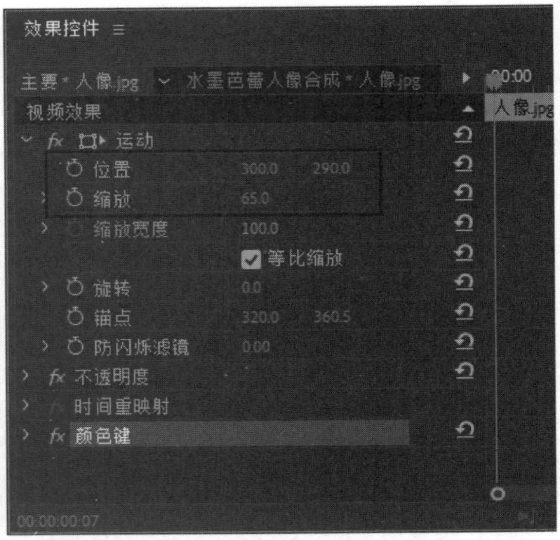

效果控件 ≡

主要 * 人像.jpg ∨ 水墨芭蕾人像合成 * 人像.jpg ▶ 00:00

视频效果 人像.jpg

∨ fx ▶ 运动
⏱ 位置 300.0 290.0
⏱ 缩放 65.0
> 缩放宽度 100.0
☑ 等比缩放
> ⏱ 旋转 0.0
⏱ 锚点 320.0 360.5
> ⏱ 防闪烁滤镜 0.00
> fx 不透明度
> 时间重映射
> fx 颜色键

00:00:00:07

图 10-45

step 10 新建一个轨道 V4，将"水墨.jpg"素材文件拖曳到该轨道中，并重命名为"水墨 1"，如图 10-46 所示。

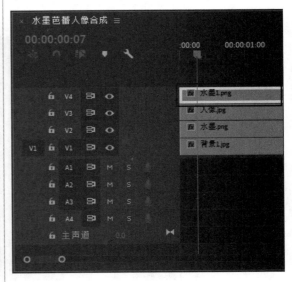

图 10-46

step 11 切换到【效果】面板，在【视频效果】文件夹中找到【过渡】→【线性擦除】效果，将该效果添加到"水墨 1"轨道素材中，如图 10-47 所示。

step 12 切换到【效果控件】面板，设置【线性擦除】选项组内的【擦除角度】为 170°，【羽化】为 10，如图 10-48 所示。

图 10-47

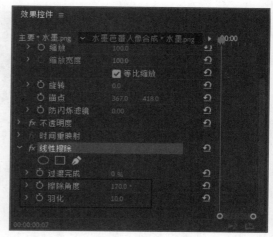

图 10-48

 将当前时间指示器移至起始帧处,单击【线性擦除】选项组内【过渡完成】选项前的【切换动画】按钮 ，创建关键帧,如图 10-49 所示。

step14 将当前时间指示器移至影片 00:0002:20 位置处,设置【过渡完成】为 100%,创建第 2 个关键帧,如图 10-50 所示。

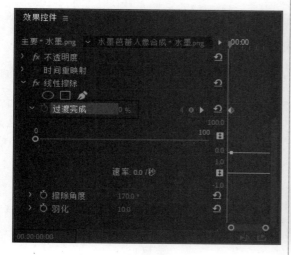

图 10-49

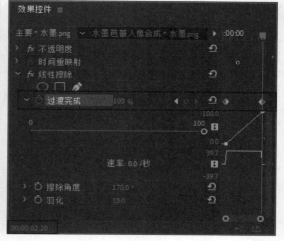

图 10-50

step15 完成上述操作之后,在【节目】监视器中可以预览最终的画面效果,这样即可完成制作水墨芭蕾人像合成效果的操作,如图 10-51 所示。

图 10-51

第二〇章 叠加与抠像

271

Section
10.5 本章小结与课后练习

本节内容无视频课程

通过本章的学习，读者基本可以掌握叠加与抠像的基本知识以及一些常见的操作方法，下面通过练习几道习题，以达到巩固与提高的目的。

10.5.1　思考与练习

一、填空题

1. 在编辑视频时，有时候需要使两个或多个画面同时出现，就可以使用_____的方式实现。

2. 在 Premiere Pro CC 中，操作最为简单、使用最为方便的视频合成方式，就是通过降低顶层视频轨道中的素材_____，从而显现出底层视频轨道上的素材内容。

3. _____视频效果用于将生成图像中的灰度像素设置为透明，并且保持色度不变。

二、判断题

1. 抠像是将画面中的某一颜色进行抠除转换为透明色，是影视制作领域较为常见的技术手段。如果看见演员在绿色或蓝色的背景前表演，但是在影片中看不到这些背景，这就是运用了抠像的技术手段。　　　　　　　　　　　　　　　　　　　（　　）

2. 【差值遮罩】视频效果的作用是抠取屏幕画面内的指定色彩。　　　（　　）

三、思考题

1. 如何应用键控特效？
2. 如何为素材添加【图像遮罩键】效果？

10.5.2　上机操作

1. 通过本章的学习，读者基本可以掌握叠加与抠像方面的知识，下面通过练习根据颜色进行合成的操作，以达到巩固与提高的目的。

2. 通过本章的学习，读者基本可以掌握叠加与抠像方面的知识，下面通过练习合成视频的操作，以达到巩固与提高的目的。

第 **11** 章

渲染与输出视频

本章主要介绍输出设置、输出媒体文件方面的知识与技巧，同时还讲解如何导出交换文件。通过本章的学习，读者可以掌握渲染与输出视频基础操作方面的知识，为深入学习 Premiere Pro CC 知识奠定基础。

本 章 要 点

1. 输出设置
2. 输出媒体文件
3. 导出交换文件

输出设置

手机扫描二维码，观看本节视频课程

在完成整个影视项目的编辑操作后，就可以将项目内所用到的各种素材整合在一起，输出为一个独立的、可直接播放的视频文件。在进行此操作之前，还需要对影片输出时的各项参数进行设置，本节将详细介绍输出设置的相关知识及方法。

11.1.1 影片输出的基本流程

影片输出的基本流程非常简单，下面详细介绍影片输出的基本流程。

step 1 选中准备输出的序列，① 在主界面中单击【文件】主菜单，② 在弹出的菜单中选择【导出】菜单项，③ 在弹出的子菜单中选择【媒体】菜单项，如图 11-1 所示。

step 2 弹出【导出设置】对话框，在该对话框中用户可以对视频的最终尺寸、文件格式和编辑方式等参数进行设置，如图 11-2 所示。

图 11-1

图 11-2

【导出设置】对话框的左半部分为视频预览区域，右半部分为参数设置区域。在左半部分的视频预览区域中，用户可以分别在【源】和【输出】选项卡内查看到项目的最终编辑画面和最终输出为视频文件后的画面。在视频预览区域的底部，调整滑条上的滑块，可控制当前画面在整个影片中的位置，而调整滑条下方的两个三角滑块则能够控制导出时的入点和出点，从而起到控制导出影片持续时间的作用，如图 11-3 所示。

图 11-3

在【导出设置】对话框的【源】选项卡下，单击【裁剪输出视频】按钮 🔳，可以在预览区域内通过拖动锚点，或在【裁剪输出视频】按钮右侧直接调整相应参数，更改画面的输出范围。

11.1.2 影片输出类型

影视编辑工作中需要各种各样格式的文件，Premiere Pro CC 支持输出成多种不同类型的文件，下面详细介绍可输出的所有类型。

1. 可输出的视频格式

Premiere Pro CC 可以输出的主要视频格式包括以下几种。

1) AVI 格式文件

AVI 英文全称为 Audio Video Interleaved，即音频视频交错格式，是将语音和影像同步组合在一起的文件格式。AVI 视频格式对视频文件采用了一种有损压缩方式。尽管它的画面质量不是太好，但应用范围却非常广泛，可以实现多平台兼容。AVI 文件主要应用在多媒体光盘上，用来保存电视、电影等各种影像信息。

2) QuickTime 格式文件

QuickTime 影片格式即 MOV 格式文件，它是 Apple 公司开发的一种音频、视频文件格式，用于存储常用数字媒体类型。MOV 文件声画质量高，播出效果好，但跨平台性较差，很多播放器都不支持 MOV 格式影片的播放。

3) MPEG4 格式文件

MPEG 是运动图像压缩算法的国际标准，现已被几乎所有计算机平台支持。其中 MPEG4 是一种新的压缩算法，使用该算法可将一部 120 分钟的电影压缩为 300MB 左右的视频流，便于输出和网络播出。

4) FLV 格式文件

FLV 格式是 FLASH VIDEO 格式的简称，随着 Flash MX 的退出，Macromedia 公司开发了属于自己的流媒体视频格式——FLV 格式。FLV 流媒体格式是一种新的视频格式，由于它形成的文件极小、加载速度极快，这就使得网络观看视频文件成为可能。目前国内外主流的视频网站都使用这种格式在线观看视频。

5) H.264 格式文件

H.264 被称作 AVC(Advanced Video Codec，先进视频编码)，是 MPEG4 标准的第 10 部分，用来取代之前 MPEG4 第 2 部分所指定的视频编码，因为 AVC 有着比 MPEG4 第 2 部分强很多的压缩效率。最常见的 MPEG4 编码器有 divx 和 xvid，最常见的 AVC 编码器是 x264。

第二章 渲染与输出视频

275

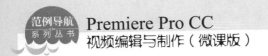

2. 可输出的音频格式

Premiere Pro CC 可以输出的主要音频格式包括以下几种。

1) MP3 格式文件

MP3 是一种音频压缩技术，其全称是动态影像专家压缩标准音频层面 3(Moving Picture Experts Group Audio Layer Ⅲ)，它被设计用来大幅度地降低音频数据量。利用 MPEG Audio Layer 3 的技术，将音乐以 1∶10 甚至 1∶12 的压缩率，压缩成容量较小的文件，而对于大多数用户来说重放的音质与最初的不压缩音频相比没有明显的下降。其优点是压缩后占用空间小，适用于移动设备的存储和使用。

2) WAV 格式文件

WAV 波形，是微软和 IBM 共同开发的 PC 标准声音格式，文件后缀名为.wav，是一种通用的音频数据文件。通常使用 WAV 格式来保存一些没有压缩的音频，也就是经过 PC 编码后的音频，因此也称为波形文件，因为依照声音的波形进行存储，因此要占用较大的存储空间。

3) AAC 音频格式文件

AAC 英文全称为 Advanced Audio Coding，中文称为高级音频编码；出现于 1997 年，是基于 MPEG-2 的音频编码技术；由诺基亚和苹果公司共同开发，目的是取代 MP3 格式。2000 年，MPEG-4 标准出现后，AAC 重新集成了其特性，加入了 SBR 技术和 PS 技术。

4) Windows Media 格式文件

WMA 的全称是 Windows Media Audio，是微软力推的一种音频格式。WMA 格式是以减少数据流量但保持一致的方法来达到更高的压缩率目的，其压缩率一般可以达到 1∶18，生成的文件大小只有相应 MP3 文件的一半。

3. 可输出的图像格式

Premiere Pro CC 可以输出的主要图像格式包括以下几种。

1) GIF 格式文件

GIF 英文全称为 Graphics Interchange Format，即图像互换格式。GIF 图像文件是以数据块为单位来存储图像的相关信息。该格式的文件数据是一种基于 LZW 算法的连续色调无损压缩格式，是网页中使用最广泛、最普遍的一种图像格式。

2) PNG 格式文件

PNG 英文全称为 Portable Network Graphic Format，中文翻译为可移植网络图形格式，是一种位图文件存储格式。PNG 的设计目的是试图替代 GIF 和 TIFF 文件格式，同时增加一些 GIF 文件格式所不具备的特性。该格式一般应用于 Java 程序、网页中，原因是它压缩比高，生成文件体积小。

3) BMP 格式文件

BMP 是 Windows 操作系统中的标准图像文件格式，可以分成两类：设备相关位图和设备无关位图，使用非常广泛。它采用位映射存储格式，除了图像深度可选以外，不采用其他任何压缩，因此 BMP 文件所占用的空间很大。由于 BMP 文件格式是 Windows 环境中交

换与图有关数据的一种标准，因此在 Windows 环境中运行的图形图像软件都支持 BMP 图像格式。

4）Targa 格式文件

TGA(Targa)格式是计算机上应用最广泛的图像格式。它在兼顾了 BMP 的图像质量的同时，又兼顾了 JPEG 的体积优势。该格式因其具备体积小和效果清晰的特点，在 CG 领域常作为影视动画的序列输出格式。

11.1.3　选择视频文件输出格式与输出方案

在完成对导出影片持续时间和画面范围的设定之后，在【导出设置】对话框的右半部分，调整【格式】选项可用于确定导出影片的文件类型，如图 11-4 所示。

根据导出影片格式的不同，用户还可以在【预设】下拉列表中，选择一种 Premiere Pro CC 之前设置好参数的预设导出方案，完成后即可在【导出设置】选项组的【摘要】区域中查看部分导出设置内容，如图 11-5 所示。

图 11-4

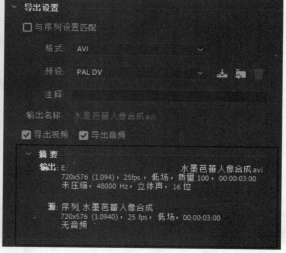

图 11-5

11.1.4　视频设置选项

在【导出设置】对话框下的参数设置区域中，【视频】选项卡可以对导出文件的视频属性进行设置，包括视频编解码器、影像质量、影像画面尺寸、视频帧速率、场序、像素长宽比，等等。选中不同的导出文件格式，设置选项也不同，用户可以根据实际需要进行设置，或保持默认的选项设置进行输出，如图 11-6 所示。

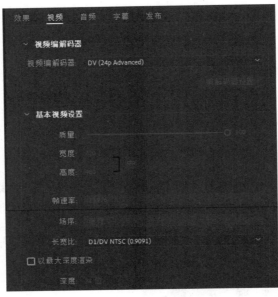

图 11-6

11.1.5 音频设置选项

在【导出设置】对话框下的参数设置区域，【音频】选项卡中的设置选项可以对导出文件的音频属性进行设置，包括音频编解码器类型、采样率、声道格式等，如图 11-7 所示。

图 11-7

Section
11.2 输出媒体文件

手机扫描二维码，观看本节视频课程

目前，媒体文件的格式众多，输出不同类型媒体文件时的设置方法也不相同。因此，当用户在【导出设置】对话框内选择不同的输出格式后，Premiere Pro CC 会根据所选格式的不同，调整不同的输出选项，以便用户更为快捷地调整媒体文件的输出设置。本节将详细介绍输出媒体文件的相关知识。

11.2.1　输出 AVI 视频格式文

如果要将视频编辑项目输出为 AVI 格式的视频文件，则应将【格式】下拉列表设置为 AVI 选项，如图 11-8 所示。此时相应的视频输出设置如图 11-9 所示。

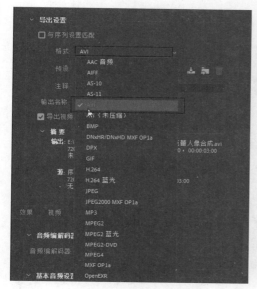

图 11-8

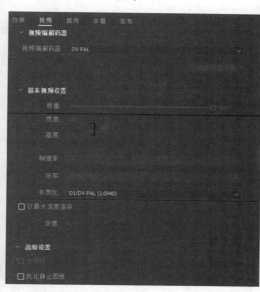

图 11-9

在上面所展示的 AVI 文件输出选项中，并不是所有的参数都需要调整。通常情况下，所需调整的部分选项功能和含义如下。

1．视频编解码器

在输出视频文件时，压缩程序或者编解码器决定了计算机该如何准确地重构或者剔除数据，从而尽可能地缩小数字视频文件的体积。

2．场序

该选项决定了所创建视频文件在播放时的扫描方式，即采用隔行扫描式的"高场优先""低场优先"，还是采用逐行扫描式的"逐行"。

11.2.2　输出 WMV 文件

在 Premiere Pro CC 中，如果要输出 WMV 格式的视频文件，首先应将【格式】设置为 Windows Media，如图 11-10 所示。此时其视频输出设置选项如图 11-11 所示。

1．1 次编码时的参数设置

1 次编码是指在渲染 WMV 时，编解码器只对视频画面进行 1 次编码分析，优点是速度

快，缺点是往往无法获得最为优化的编码设置。当选择 1 次编码时，【比特率编码】会提供【固定】和【可变品质】两种设置选项供用户选择。其中，【固定】模式是指整部影片从头至尾采用相同的比特率设置，优点是编码方式简单，文件渲染速度较快。【可变品质】模式则是在渲染视频文件时，允许 Premiere 根据视频画面的内容来随时调整编码比特率。这样一来，就可在画面简单时采用低比特率进行渲染，从而降低视频文件的体积；在画面复杂时采用高比特率进行渲染，从而提高视频文件的画面质量。

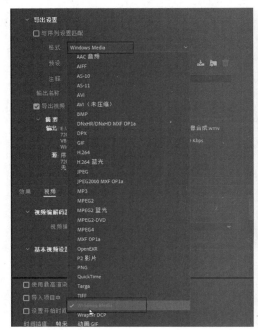

图 11-10

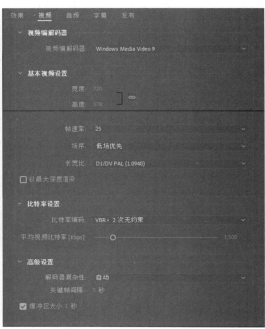

图 11-11

2. 2 次编码时的参数设置

与 1 次编码相比，2 次编码的优势在于能够通过第 1 次编码时所采集到的视频信息，在第 2 次编码时调整和优化编码设置，从而以最佳的编码设置来渲染视频文件。在使用 2 次编码渲染视频文件时，比特率模式将包含【CBR，1 次】、【VBR，1 次】、【CBR，2 次】、【VBR，2 次约束】与【VBR，2 次无约束】5 种不同模式，如图 11-12 所示。

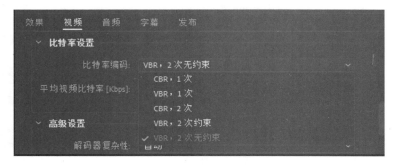

图 11-12

11.2.3 输出 MPEG 文件

作为业内最为重要的一种视频编码技术，MPEG 为多个领域不同需求的使用者提供了多种样式的编码方式。下面将以目前最为流行的"MPEG2 蓝光"为例，详细介绍 MPEG 文件的输出设置。

在【导出设置】选项组中，将【格式】设置为【MPEG2 蓝光】，如图 11-13 所示，其视频设置选项如图 11-14 所示。

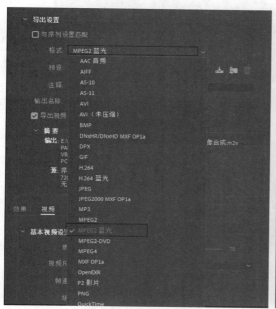

图 11-13

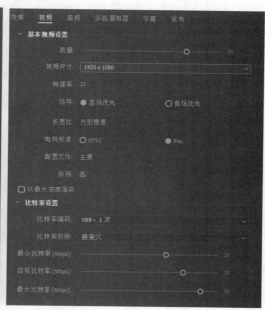

图 11-14

在图 11-14 中部分常用选项的功能及含义如下。

1. 视频尺寸(像素)

设定画面尺寸，预置有 720×576、1280×720、1440×1080 和 1920×1080 四种尺寸供用户选择，如图 11-15 所示。

图 11-15

2. 比特率编码

确定比特率的编码方式，共包括 CBR、【VBR，1 次】和【VBR，2 次】三种模式，如

第二章 渲染与输出视频

图 11-16 所示。其中，CBR 指固定比特率编码，VBR 指可变比特率编码方式。此外，根据所采用编码方式的不同，编码时所采用比特率的设置方式也有所差别。

图 11-16

3. 比特率

仅当【比特率编码】选项为 CBR 时出现，用于确定比特率编码所采用的比特率，如图 11-17 所示。

图 11-17

4. 最小比特率

仅当【比特率编码】选项为【VBR，1 次】或【VBR，2 次】时出现，用于在可变比特率范围内限制比特率的最低值。

5. 目标比特率

仅当【比特率编码】选项为【VBR，1 次】或【VBR，2 次】时出现，用于在可变比特率范围内限制比特率的参考基准值。在多数情况下，Premiere Pro CC 会对该选项所设定的比特率进行编码。

6. 最大比特率

该选项与【最小比特率】选项相对应，作用是设定比特率所采用的最大值。

11.2.4　输出单帧图像

在实际编辑过程中，有时需要将影片中的某一帧画面作为单张静态的图像导出。Premiere Pro CC 支持导出单帧图像，本例详细介绍输出单帧图像的方法。

素材文件	第 11 章\素材文件\演职人员字幕表.prproj
效果文件	第 11 章\效果文件\序列 01.tif

step 1 打开素材文件"演职人员字幕表.prproj",在【时间轴】面板中将当前时间指示器移至 00:00:05:00 处,如图 11-18 所示。

step 2 ① 单击【文件】主菜单,② 在弹出的菜单中选择【导出】菜单项,③ 在弹出的子菜单中选择【媒体】菜单项,如图 11-19 所示。

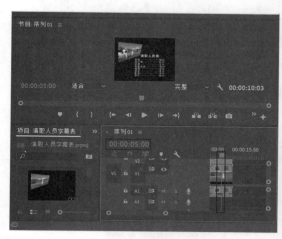

图 11-18

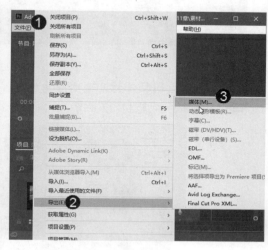

图 11-19

step 3 弹出【导出设置】对话框,在【导出设置】区域下的【格式】下拉列表中选择 TIFF 选项,如图 11-20 所示。

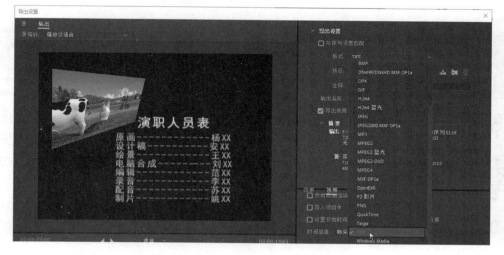

图 11-20

step 4 选择【视频】选项卡,在基本设置区域设置参数,单击【导出】按钮,如图 11-21 所示。

第二章 渲染与输出视频

283

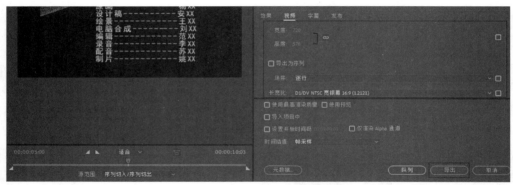

图 11-21

 使用看图软件打开刚刚导出的单帧图像预览效果，这样即可完成输出单帧图像的操作，如图 11-22 所示。

图 11-22

Section 11.3 输出交换文件

手机扫描二维码，观看本节视频课程

Premiere Pro CC 在为用户提供强大的视频编辑功能的同时，还具备了输出多种交换文件的功能，以便用户能够方便地将 Premiere 编辑操作的结果导入到其他非线性编辑软件内，从而在多款软件协同编辑后获得高质量的影音播放效果。

11.3.1 输出 EDL 文件

EDL(Edit Decision List)是一种广泛应用于视频编辑领域的编辑交换文件，其作用是记录用户对素材的各种编辑操作。本例详细介绍使用 Premiere 输出 EDL 文件的方法。

素材文件 第 11 章\素材文件\演职人员字幕表.prproj

效果文件 第 11 章\效果文件\序列 01.edl

step 1 打开素材文件，① 单击【文件】主菜单，② 在弹出的菜单中选择【导出】菜单项，③ 在弹出的子菜单中选择 EDL 菜单项，如图 11-23 所示。

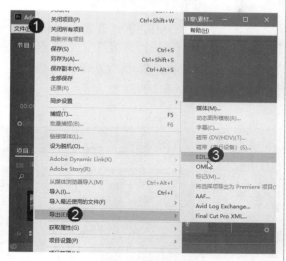

图 11-23

step 2 弹出【EDL 导出设置】对话框，① 调整 EDL 所要记录的信息范围，② 单击【确定】按钮 ，如图 11-24 所示。

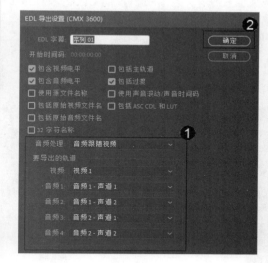

图 11-24

step 3 弹出【将序列另存为 EDL】对话框，① 选择准备保存文件的位置，② 在【文件名】文本框中输入名称，③ 单击【保存】按钮 保存(S)，如图 11-25 所示。

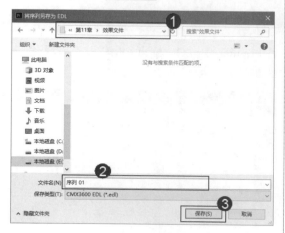

图 11-25

step 4 打开文件所保存的路径，可以看到一个 EDL 文件，这样即可完成使用 Premiere Pro CC 输出 EDL 文件的操作，如图 11-26 所示。

图 11-26

11.3.2 输出 OMF 文件

OMF 的英文全称为 Open Media Framework，翻译成中文是公开媒体框架，指的是一种要求数字化音频视频工作站把关于同一音段的所有重要资料制成同类格式便于其他系统阅

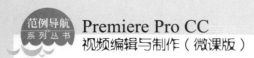

读的文本交换协议。OMF 的特点是可以在一套完全不同的系统中打开并编辑音频或者视频段落。本例详细介绍输出 OMF 文件的操作方法。

素材文件✸	第 11 章\素材文件\演职人员字幕表.prproj
效果文件✸	第 11 章\效果文件\序列 01.omf

step 1 打开素材文件，① 单击【文件】主菜单，② 在弹出的菜单中选择【导出】菜单项，③ 在弹出的子菜单中选择 OMF 菜单项，如图 11-27 所示。

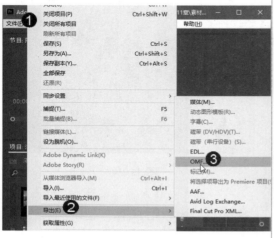

图 11-27

step 3 弹出【将序列另存为 OMF】对话框，① 选择准备保存文件的位置，② 在【文件名】文本框中输入名称，③ 单击【保存】按钮 保存(S)，如图 11-29 所示。

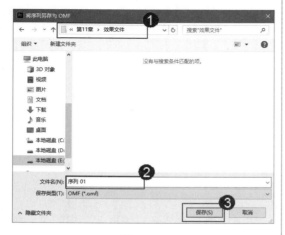

图 11-29

step 2 弹出【OMF 导出设置】对话框，① 在【OMF 字幕】文本框中输入名称，② 设置 OMF 参数，③ 单击【确定】按钮 确定，如图 11-28 所示。

图 11-28

step 4 打开文件所保存的路径，可以看到一个 OMF 文件，这样即可完成使用 Premiere Pro CC 输出 OMF 文件的操作，如图 11-30 所示。

图 11-30

通过本章的学习，读者基本可以掌握渲染与输出视频的基本知识以及一些常见的操作方法，本节将通过一些范例应用，如输出定格效果、输出字幕，练习上机操作，以达到巩固学习、拓展提高的目的。

11.4.1 输出定格效果

在影视作品中，经常会看到正在播放的画面突然静止，停留一段时间后继续播放，这就是定格画面效果。本例将通过本章学习到的输出单帧图像，制作画面定格效果。

素材文件	第 11 章\素材文件\定格视频素材.prproj
效果文件	第 11 章\效果文件\定格视频效果.prproj

step 1 打开素材文件"定格视频素材.prproj"，可以看到已经新建一个序列，并导入一段视频素材，将当前时间指示器移动到 00:00:05:06 处，如图 11-31 所示。

step 2 ① 单击【文件】主菜单，② 在弹出的菜单中选择【导出】菜单项，③ 在弹出的子菜单中选择【媒体】菜单项，如图 11-32 所示。

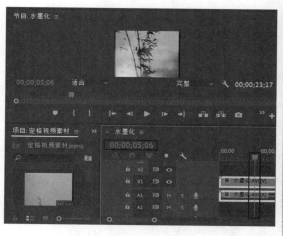

图 11-31

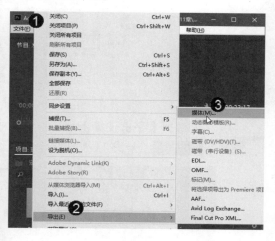

图 11-32

 step 3 设置出入点后，设置【导出设置】选项组中的【格式】为 Taga，并单击【输出名称】右侧的链接项，如图 11-33 所示。

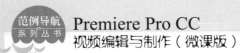

图 11-33

 step 4 弹出【另存为】对话框，① 设置文件名，② 单击【保存】按钮 保存(S) ，如图 11-34 所示。

图 11-34

 step 5 返回到【导出设置】对话框中，可以看到输出名称已被更改，单击【导出】按钮 导出 ，如图 11-35 所示。

图 11-35

step 6　将 00:00:05:06 时间点上的静止图像导入到【项目】面板中，选择工具箱中的【剃刀工具】，在该位置将素材分割，如图 11-36 所示。

图 11-36

step 7　使用【选择工具】，将分割后的第 2 段视频向后拖动，将静止图像插入这两段视频之间，并且将素材之间的首尾相接，如图 11-37 所示。

图 11-37

step 8　选中【效果】面板中的【视频效果】→【调整】→【光照效果】效果，将其添加到【时间轴】面板的静止图像中，如图 11-38 所示。

图 11-38

step 9　在【效果控件】面板中，依次设置【光照效果】中的【环境光照颜色】、【环境光照强度】、【表面光泽】、【表面材质】和【曝光】参数，如图 11-39 所示。

第二章　渲染与输出视频

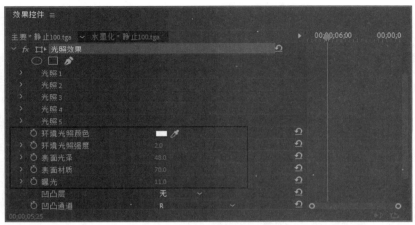

图 11-39

step10 完成以上设置后，在菜单栏中选择【文件】→【保存】菜单项，对当前编辑项目
进行保存，如图 11-40 所示。

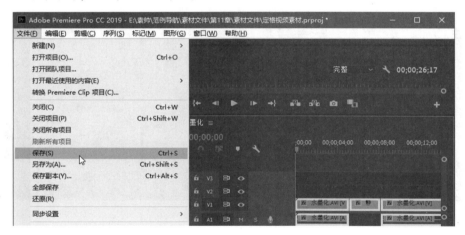

图 11-40

step11 完成上述操作之后，在【节目】监视器中可以看到最终的画面效果，这样即可完
成制作画面定格效果，如图 11-41 所示。

图 11-41

11.4.2 输出字幕

Premiere Pro CC 可以导出多种格式的字幕文件，从而方便用户在其他软件中应用字幕。

本例将以导出".srt"字幕文件为例详细介绍输出字幕的操作方法。

素材文件	第11章\素材文件\演职人员字幕表.prproj
效果文件	第11章\效果文件\字幕.srt

step 1　打开素材文件"演职人员字幕表.prproj"，在【项目】面板中选择【字幕】序列，如图11-42所示。

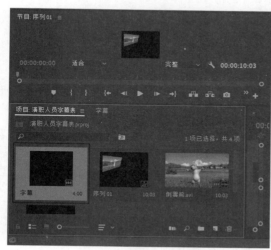

图 11-42

step 2　① 单击【文件】主菜单，② 在弹出的菜单中选择【导出】菜单项，③ 在弹出的子菜单中选择【字幕】菜单项，如图 11-43 所示。

图 11-43

step 3　弹出【"字幕"的 Sidecar 字幕设置】对话框，① 在【文件格式】下拉列表中选择【SubRip 字幕格式(.srt)】选项，② 单击【确定】按钮 确定 ，如图 11-44 所示。

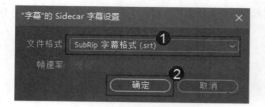

图 11-44

step 4　弹出【另存为】对话框，① 选择保存字幕的位置，② 在【文件名】文本框中输入字幕名称，③ 单击【保存】按钮 保存(S) ，即可完成输出字幕的操作，如图 11-45 所示。

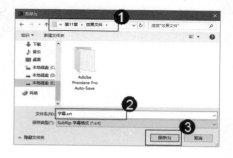

图 11-45

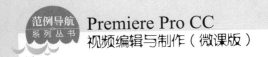

　　Premiere Pro CC 提供了多种输出方式，可以输出不同的文件类型。本章为读者详细介绍了输出选项的设置，以及将影片输出为不同格式的方法与技巧，从而方便用户长时间地保存视频文件。下面通过练习几道习题，以达到巩固与提高的目的。

11.5.1　思考与练习

一、填空题

　　_____选项卡可以对导出文件的视频属性进行设置。

二、判断题

OMF 的特点是可以在一套完全不同的系统中打开并编辑音频或者视频段落。　（　　）

三、思考题

如何输出单帧图像？

11.5.2　上机操作

　　1. 通过本章的学习，读者基本可以掌握渲染与输出视频方面的知识，下面通过练习输出一组带有序列编号的序列图片，以达到巩固与提高的目的。

　　2. 通过本章的学习，读者基本可以掌握渲染与输出视频方面的知识，下面通过练习自定义影片输出方案，以达到巩固与提高的目的。

第**12**章

影片制作典型案例

本章主要介绍电子相册视频和环保宣传短片两个典型的影片制作综合案例。通过本章的案例制作，读者基本可以掌握与 Premiere Pro CC 相关的总体知识，为综合运用 Premiere Pro CC 软件奠定坚实的基础，使读者学习后，达到学以致用的效果。

本 章 要 点

1. 制作电子相册视频
2. 制作环保宣传短片

Section 12.1 制作电子相册视频

手机扫描二维码，观看本节视频课程

电子相册是指可以在电脑上观赏的区别于 CD/VCD 的静止图片的特殊文档，其内容不局限于摄影照片，也可以包括各种艺术创作图片。电子相册具有传统相册无法比拟的优越性：图、文、声、像并茂的表现手法，随意修改编辑的功能，快速的检索方式，永不褪色的恒久保存特性，以及廉价复制分发的优越手段。本综合案例将详细介绍制作电子相册视频的方法。

12.1.1 制作风景照片视频

本小节主要将风景照片以运动过渡的形式进行展示，其中电子相册片头是由字幕与视频组合而成。下面详细介绍风景照片制作的方法。

素材文件❀ 第 12 章\素材文件\制作电子相册
效果文件❀ 第 12 章\效果文件\制作风景照片视频.pproj

step 1 启动 Premiere Pro CC，① 单击【文件】主菜单，② 在弹出的菜单中选择【新建】菜单项，③ 在弹出的子菜单中选择【项目】菜单项，如图 12-1 所示。

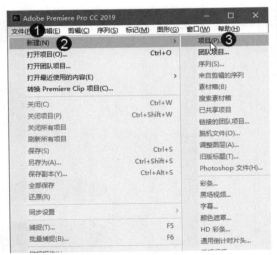

图 12-1

step 2 弹出【新建项目】对话框，① 设置名称为"电子相册视频"，② 单击【确定】按钮，如图 12-2 所示。

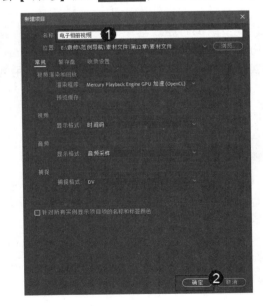

图 12-2

step 3 返回到主界面中，① 单击【文件】主菜单，② 在弹出的菜单中选择【新建】菜单项，③ 在弹出的子菜单中选择【序列】菜单项，如图 12-3 所示。

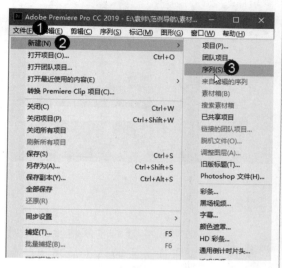

图 12-3

step 4 弹出【新建序列】对话框，① 在【可用预设】列表中选择【标准 48kHz】选项，② 在【序列名称】文本框中输入序列名称，③ 单击【确定】按钮 确定 ，如图 12-4 所示。

图 12-4

step 5 将所有准备使用的【制作电子相册】文件夹中的图像素材文件导入到【项目】面板中，如图 12-5 所示。

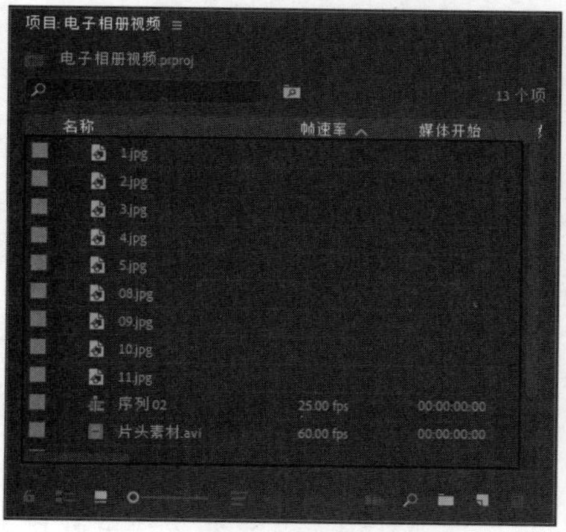

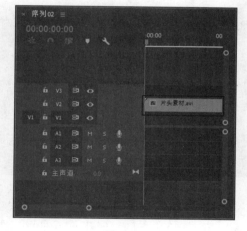

图 12-5

step 6 将 "片头素材.avi" 拖曳到【时间轴】面板中的 V2 轨道上，如图 12-6 所示。

图 12-6

step 7 在菜单栏中，① 单击【文件】主菜单，② 在弹出的菜单中选择【新建】菜单项，③ 在弹出的子菜单中选择【旧版标题】菜单项，如图 12-7 所示。

step 8 弹出【新建字幕】对话框，① 在【视频设置】区域中设置相关视频尺寸，② 在【名称】文本框中输入字幕名称，③ 单击【确定】按钮 确定 ，如图 12-8 所示。

第12章 影片制作典型案例

295

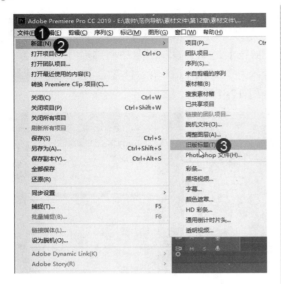

图 12-7

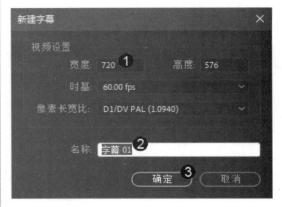

图 12-8

step 9 弹出【字幕】面板，创建字幕文本 "优美风景"，并设置字体、字体颜色、大小、位置等参数，如图 12-9 所示。

step 10 将刚刚创建好的字幕拖曳到【时间轴】面板中的 V3 轨道上，如图 12-10 所示。

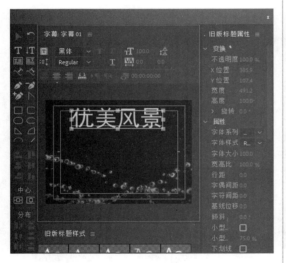

图 12-9

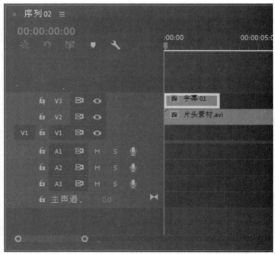

图 12-10

step 11 将照片素材 "1.jpg" ~ "5.jpg" 依次拖曳到【时间轴】面板中的 V3 轨道上，并放在【字幕】素材的后面，如图 12-11 所示。

step 12 在【时间轴】面板中选中照片素材中的其中一个素材，然后在【节目】面板中双击该素材，当四周出现控制点后，拖曳鼠标调整该图像素材的大小，使其宽度与屏幕宽度相等。使用相同方法修改其他照片素材，如图 12-12 所示。

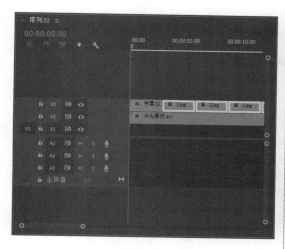

图 12-11

图 12-12

step 13 在【时间轴】面板中，选中"片头素材.avi"，并单击鼠标右键，在弹出的快捷菜单中选择【速度/持续时间】菜单项，如图 12-13 所示。

step 14 弹出【剪辑速度/持续时间】对话框，① 设置持续时间为 00:00:17:54，② 单击【确定】按钮 确定 ，使该轨道中的素材与 V3 轨道中的素材持续时间相同，如图 12-14 所示。

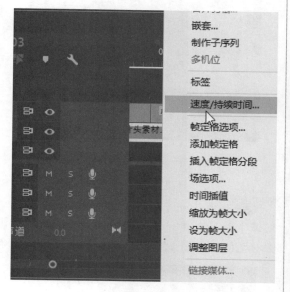

图 12-13

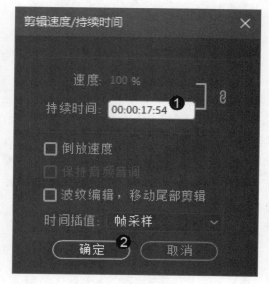

图 12-14

step 15 在【时间轴】面板中选中"1.jpg"素材，将当前时间指示器拖至 00:00:03:16 处，在【效果控件】面板中设置【缩放】为 20，并单击【缩放】选项左侧的【切换动画】按钮 ，如图 12-15 所示。

step 16 在【效果控件】面板中，将当前时间指示器拖至 00:00:06:16 处，设置【缩放】为 278，为其拖曳添加动画关键帧，如图 12-16 所示。

图 12-15

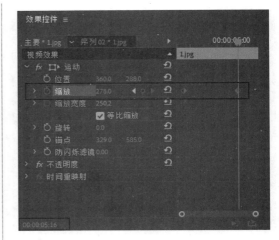

图 12-16

step17 在【效果】面板中，展开【视频效果】→【变换】文件夹，将【羽化边缘】效果拖曳到"2.jpg"素材之中，如图 12-17 所示。

step18 在【效果控件】面板中，设置【羽化边缘】效果下的【数量】为 100，如图 12-18 所示。

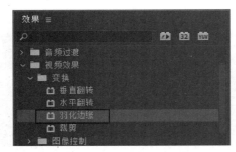

图 12-17

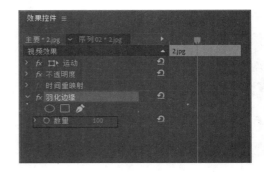

图 12-18

step19 此时，在【节目】监视器中可以查看到当时间点到"2.jpg"素材文件时的效果，如图 12-19 所示。

step20 在【效果】面板中，展开【视频过渡】→【划像】文件夹，将【菱形划像】效果拖曳到"3.jpg"和"4.jpg"图像素材之间，如图 12-20 所示。

图 12-19

图 12-20

step21 在【时间轴】面板中，可以看到已经将【菱形划像】效果添加到"3.jpg"和"4.jpg"图像素材之间，如图 12-21 所示。

图 12-21

step22 此时，在【节目】监视器中可以查看到"3.jpg"和"4.jpg"图像素材之间的过渡效果，如图 12-22 所示。

图 12-22

step23 在【效果】面板中，展开【视频过渡】→【缩放】文件夹，将【交叉缩放】效果拖曳到"4.jpg"和"5.jpg"图像素材之间，如图 12-23 所示。

图 12-23

step24 在【时间轴】面板中，可以看到已经将【交叉缩放】效果添加到"4.jpg"和"5.jpg"图像素材之间，如图 12-24 所示。

图 12-24

step25 完成上述操作之后，在【节目】监视器中可以预览最终的画面效果，这样即可完成风景照片视频制作，如图 12-25 所示。

图 12-25

12.1.2 制作宠物照片视频

本小节制作的是宠物照片的动画效果，其中风景与宠物之间的过渡是视频与字幕组合而成的，下面详细介绍其操作方法。

素材文件 第 12 章\素材文件\制作风景照片视频.prproj

效果文件 第 12 章\效果文件\制作宠物照片视频.prproj

step 1 打开素材文件"制作风景照片视频.prproj"，将"片头素材 00.avi"拖曳到【时间轴】面板中的 V2 轨道上，与"片头素材.avi"相邻，如图 12-26 所示。

step 2 在菜单栏中，① 单击【文件】主菜单，② 在弹出的菜单中选择【新建】菜单项，③ 在弹出的子菜单中选择【旧版标题】菜单项，如图 12-27 所示。

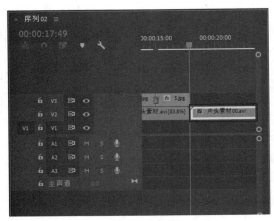

图 12-26

图 12-27

step 3 弹出【新建字幕】对话框，① 在【视频设置】区域中设置相关视频尺寸，② 在【名称】文本框中输入字幕名称，③ 单击【确定】按钮 **确定**，如图 12-28 所示。

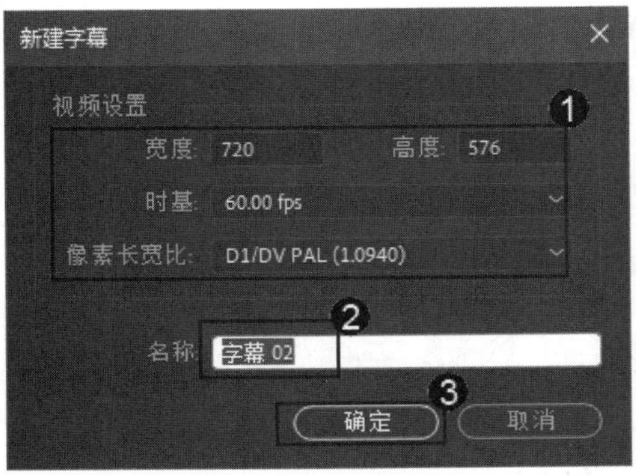

step 4 弹出【字幕】面板，创建字幕文本"可爱萌宠"，并设置字体、字体颜色、大小、位置等参数，如图 12-29 所示。

新建字幕

视频设置

宽度：720　　　高度：576

时基：60.00 fps

像素长宽比：D1/DV PAL (1.0940)

名称：字幕 02

确定　　　取消

图 12-28

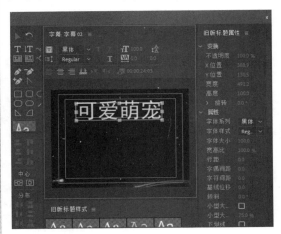

图 12-29

step 5 将刚刚创建好的"字幕 02"素材拖曳到【时间轴】面板中的 V3 轨道上，并移动到在上一小节制作的 V3 轨道素材之后，如图 12-30 所示。

step 6 此时，在【节目】监视器中可以预览风景与宠物之间的过渡效果，如图 12-31 所示。

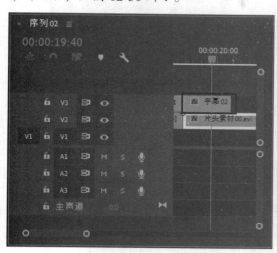

图 12-30

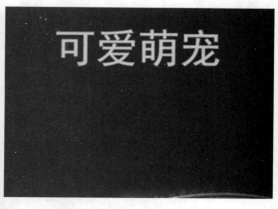

图 12-31

step 7 将【项目】面板中的"08.jpg"～"11.jpg"照片素材依次拖曳到【时间轴】面板中的 V3 轨道上，并移动到"字幕 02"素材之后，如图 12-32 所示。

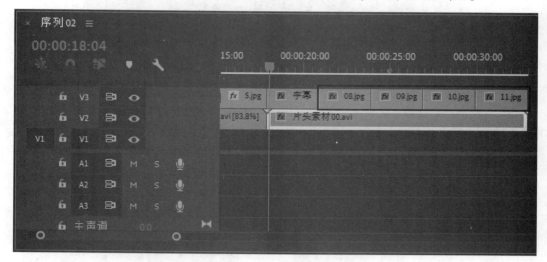

图 12-32

step 8 在【时间轴】面板中，选中"11.jpg"照片素材，然后在【节目】面板中双击该素材，当四周出现控制点后，拖曳鼠标调整该图像素材的大小，使其宽度与屏幕宽度相等，如图 12-33 所示。

step 9 在【效果】面板中，展开【视频过渡】→【页面剥落】文件夹，将【页面剥落】效果拖曳到"字幕 02"和"08.jpg"素材之中，如图 12-34 所示。

图 12-33   图 12-34

 在【时间轴】面板中，可以看到已经将【页面剥落】过渡效果添加到"字幕 02"
和"08.jpg"图像素材之间，如图 12-35 所示。

图 12-35

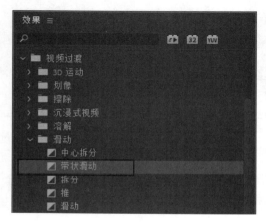   在【效果】面板中，展开【视频过渡】→【滑动】文件夹，将【带状滑动】效果拖曳到"字幕 08"和"09.jpg"素材之中，如图 12-36 所示。

在【效果】面板中，展开【视频过渡】→【3D 运动】文件夹，将【立方体旋转】效果拖曳到"字幕 09"和"10.jpg"素材之中，如图 12-37 所示。

图 12-36   图 12-37

step13 在【效果】面板中，展开【视频过渡】→【溶解】文件夹，将【交叉溶解】效果
拖曳到"字幕 10"和"11.jpg"素材之中，如图 12-38 所示。

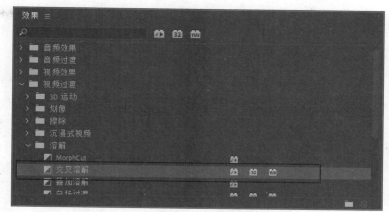

图 12-38

step14 此时，在【时间轴】面板中，可以看到已经在所有宠物照片素材之间添加了过渡
效果，如图 12-39 所示。

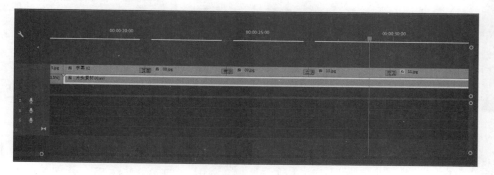

图 12-39

step15 完成上述操作之后，在【节目】监视器中可以预览最终的画面效果，这样即可完
成宠物照片视频制作，如图 12-40 所示。

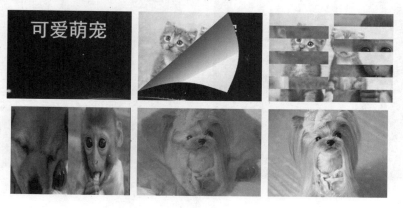

图 12-40

第 12 章 影片制作典型案例

303

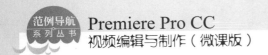

12.1.3 添加背景音乐

完成对所有素材的编辑操作后，可以给电子相册添加背景音乐，从而完善电子相册视频，使其具有完整的影音效果，下面详细介绍给电子相册添加背景音乐的操作方法。

素材文件❋ 第 12 章\素材文件\制作宠物照片视频.prproj
效果文件❋ 第 12 章\效果文件\制作电子相册视频.prproj、电子相册视频.avi

step 1 打开素材文件"制作宠物照片视频.prproj"，① 单击【文件】主菜单，② 在弹出的菜单中选择【导入】菜单项，如图 12-41 所示。

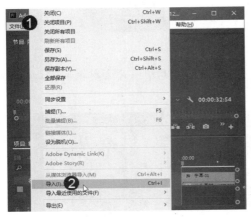

图 12-41

step 2 弹出【导入】对话框，① 选中音乐文件，② 单击【打开】按钮，如图 12-42 所示。

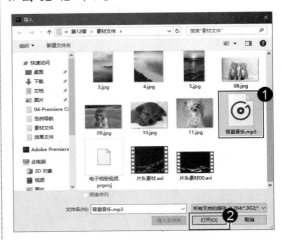

图 12-42

step 3 背景音乐已经导入到【项目】面板中，将其选中，如图 12-43 所示。

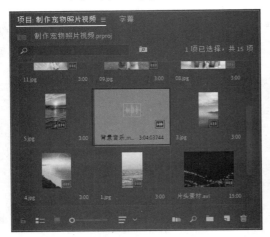

图 12-43

step 4 将背景音乐拖曳到【时间轴】面板的 A1 轨道中，并调整时间长度为与影片长度相同，如图 12-44 所示。

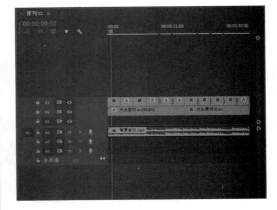

图 12-44

step 5 完成上述操作后，选中制作好的"序列 02"文件，在菜单栏中选择【文件】→【导出】→【媒体】菜单项，如图 12-45 所示。

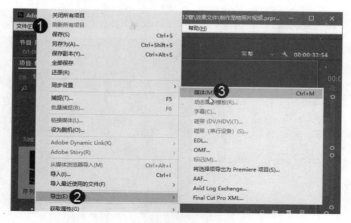

图 12-45

step 6 弹出【导出设置】对话框，① 设置格式与预设选项，② 设置输出名称与输出路径，③ 单击【导出】按钮 导出 ，如图 12-46 所示。

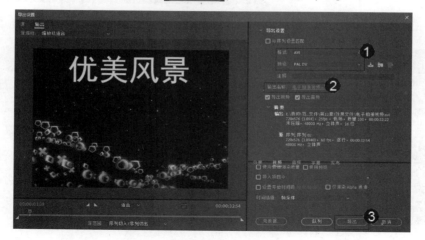

图 12-46

step 7 弹出【编码 序列 02】对话框，提示正在导出以及需要的时间，在线等待一段时间后即可完成导出电子相册视频，如图 12-47 所示。

图 12-47

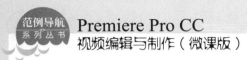

step 8 用户还可以在菜单栏中选择【文件】→【保存】菜单项，将该项目文件保存，方便以后编辑，这样制作电子相册视频的操作即可全部完成，如图 12-48 所示。

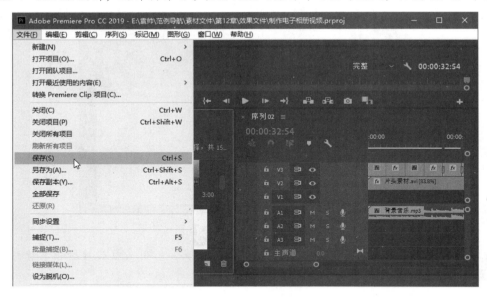

图 12-48

 　　环境是人类生存和发展的基本前提，它为我们的生存和发展提供必需的资源和条件。本案例主要讲解制作环保宣传短片的方法，从环境污染现状入手，呼吁广大人民保护环境。本例主要运用到的知识点有多轨道素材的插入、利用关键帧制作转换动画效果、动态字幕的创建以及视频效果的添加等。

12.2.1 新建项目与素材文件

　　本小节将对项目的新建、素材的导入方式、音频轨道参数的设置、静止持续时间参数的设置、字幕的创建以及图形字幕设置等操作进行详细介绍。

> **素材文件** 第 12 章\素材文件\微视频
> **效果文件** 第 12 章\效果文件\微视频.prproj

step 1 启动 Premiere Pro CC，新建一个名为"微视频"的项目文件，如图 12-49 所示。

step 2 在【新建序列】对话框中选择【设置】选项卡，设置项目序列参数，如图 12-50 所示。

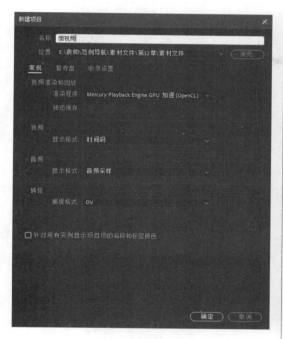

图 12-49

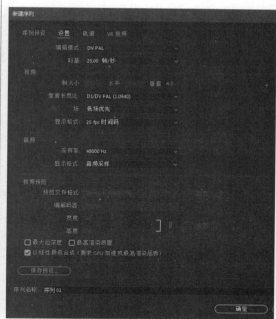

图 12-50

 3 选择【轨道】选项卡，从中设置轨道参数，如图 12-51 所示。

 4 在菜单栏中选择【编辑】→【首选项】→【时间轴】菜单项，如图 12-52 所示。

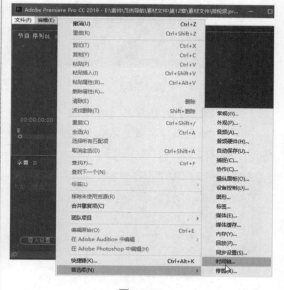

图 12-51

图 12-52

 5 弹出【首选项】对话框，切换至【时间轴】选项卡，设置【静止图像默认持续时间】参数为 125，如图 12-53 所示。

6 在菜单栏中选择【文件】→【导入】菜单项，如图 12-54 所示。

图 12-53

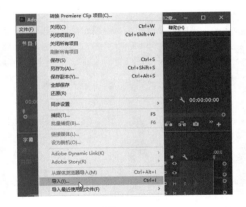

图 12-54

step 7 弹出【导入】对话框，从中选择
【微视频】文件夹中的素材文件，
将其全部导入到【项目】面板中，如图 12-55
所示。

step 8 在菜单栏中选择【文件】→【新建】
→【旧版标题】菜单项，如图 12-56
所示。

图 12-55

图 12-56

step 9 弹出【新建字幕】对话框，设置【视
频设置】参数，名称为"字幕 01"，
单击【确定】按钮，如图 12-57 所示。

step 10 打开【字幕 01】的字幕工作区，使
用输入工具输入"环境日益恶化重
视环境保护"文本，如图 12-58 所示。

图 12-57

图 12-58

step 11　打开【字幕属性】面板并设置相关的参数，如图 12-59 所示。

图 12-59

step 13　在菜单栏中选择【文件】→【新建】→【旧版标题】菜单项，打开【新建字幕】对话框，新建【字幕 02】，如图 12-61 所示。

图 12-61

step 15　在【字幕属性】面板中设置参数，如图 12-63 所示。

图 12-63

step 12　完成以上操作之后，在工作区中显示字幕效果，如图 12-60 所示。

图 12-60

step 14　在字幕工作区中，选择【椭圆工具】，在字幕工作区中绘制一个椭圆，如图 12-62 所示。

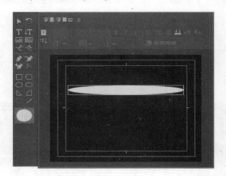

图 12-62

step 16　完成上述操作后，即可预览效果，如图 12-64 所示。

图 12-64

17 按键盘上的 Ctrl+C 组合键复制
【字幕 02】，按键盘上的 Ctrl+V
组合键进行粘贴，在字幕工作区中调整位置，
效果如图 12-65 所示。

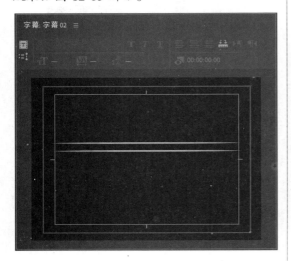

图 12-65

19 在弹出的字幕工作区中用【椭圆
工具】绘制正圆，如图 12-67
所示。

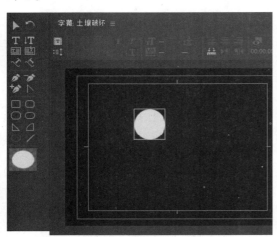

图 12-67

step21 在字幕工作区中再选择输入工具，
输入"土壤破坏"，并设置其属性
参数，如图 12-69 所示。

step18 用同样的方法新建字幕【土壤破
坏】，如图 12-66 所示。

图 12-66

step20 在【字幕属性】面板中设置参数，
如图 12-68 所示。

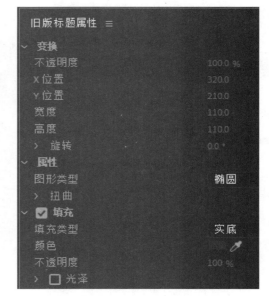

图 12-68

step22 完成上述操作之后，在工作区中显
示的字幕效果如图 12-70 所示。

图 12-69

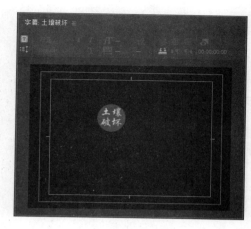

图 12-70

 单击【基于当前字幕新建字幕】按钮 ，如图 12-71 所示。

 弹出【新建字幕】对话框，新建字幕【乱砍乱伐】，如图 12-72 所示。

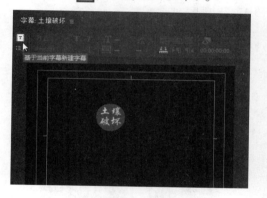

图 12-71

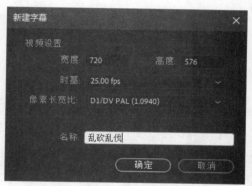

图 12-72

step25 在字幕工作区中，选中正圆形，设置字幕属性参数，如图 12-73 所示。

step26 选中输入工具，将文字"土壤破坏"修改为"乱砍乱伐"，在【字幕属性】面板中设置相关参数，如图 12-74 所示。

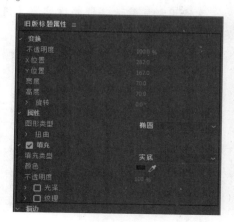

图 12-73

图 12-74

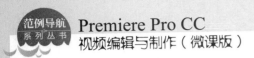
step27 执行以上操作之后，在工作区中显示字幕效果，如图 12-75 所示。

图 12-75

step29 在字幕工作区中，选中正圆形，然后设置字幕属性参数，如图 12-77 所示。

图 12-77

step31 执行以上操作之后，在工作区中显示字幕效果，如图 12-79 所示。

图 12-79

step28 使用相同的方法，新建字幕【污水排放】，如图 12-76 所示。

图 12-76

step30 将文字"乱砍乱伐"更改为"污水排放"，并设置字幕属性参数，如图 12-78 所示。

图 12-78

step32 使用相同的方法，新建字幕【汽车尾气】，如图 12-80 所示。

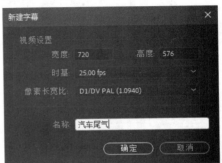

图 12-80

step 33 在字幕工作区中，选中正圆形，然后设置字幕属性参数，如图 12-81 所示。

图 12-81

 step 35 执行以上操作之后，在工作区中显示字幕效果，如图 12-83 所示。

图 12-83

 step 37 在字幕工作区中，选中正圆形，然后设置字幕属性参数，如图 12-85 所示。

图 12-85

 step 34 将文字"污水排放"更改为"汽车尾气"，并设置字幕属性参数，如图 12-82 所示。

图 12-82

 step 36 使用相同的方法，新建字幕【空气污染】，如图 12-84 所示。

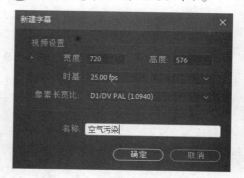

图 12-84

 step 38 将文字"汽车尾气"更改为"空气污染"，并设置字幕属性参数，如图 12-86 所示。

图 12-86

第12章 影片制作典型案例

313

step39 执行以上操作之后，在工作区中显示字幕效果，如图 12-87 所示。

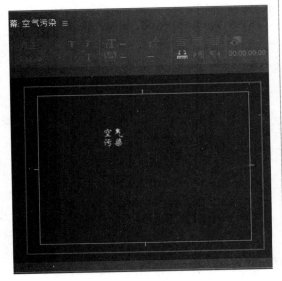

图 12-87

step41 在字幕工作区中，输入文字"环境日益恶化 重视环境保护"文本，如图 12-89 所示。

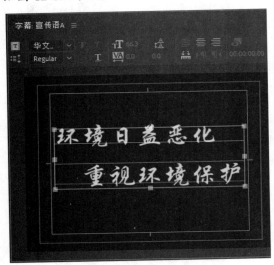

图 12-89

step43 使用相同的方法新建字幕【宣传语 B】，如图 12-91 所示。

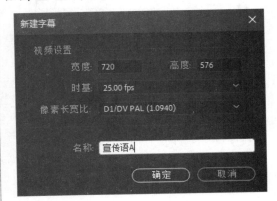step40 在菜单栏中选择【文件】→【新建】→【旧版标题】菜单项，打开【新建字幕】对话框，新建字幕【宣传语 A】，如图 12-88 所示。

图 12-88

step42 打开【字幕属性】面板，设置【宣传语 A】字幕的详细参数，如图 12-90 所示。

图 12-90

step44 打开【字幕属性】面板，设置【宣传语 B】字幕的详细参数，如图 12-92 所示。

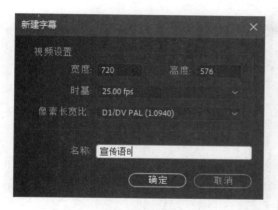

图 12-91

图 12-92

 完成上述操作之后，在工作区中显示制作的字幕效果，如图 12-93 所示，这样即可完成该小节的操作。

图 12-93

12.2.2 设计动画

本小节将对视频效果的运用、视频转场效果的设置、关键帧的运用以及视频播放速度设置等操作进行详细介绍，需要注意的是本例【项目】面板中的素材文件都将以持续时间 5 秒导入到【时间轴】面板中。

素材文件 ❀ 第 12 章\素材文件\微视频.prproj
效果文件 ❀ 第 12 章\效果文件\微视频动画.prproj

step 1 打开上一小节制作的"微视频.prproj"项目文件，在【项目】面板中选择"字幕 02"素材文件，如图 12-94 所示。

step 2 将"字幕 02"素材文件拖曳到【时间轴】面板的 V1 轨道中，并设置其持续时间为 5 秒，如图 12-95 所示。

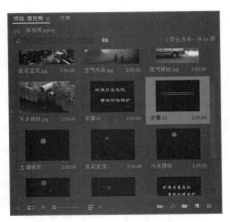

图 12-94

图 12-95

 打开【效果控件】面板，设置"字幕02"素材文件的位置为(360,330)，如图 12-96 所示。

 打开【效果】面板，展开【视频过渡】→【页面剥落】文件夹，选择【翻页】视频过渡效果，如图 12-97 所示。

图 12-96

图 12-97

 打开【效果控件】面板，设置【翻页】效果的持续时间为 2 秒，如图 12-98 所示。

 经过上述操作之后，在【节目】监视器中显示的画面效果，如图 12-99 所示。

图 12-98

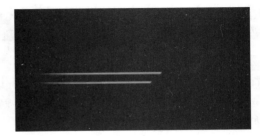

图 12-99

step 7 使用相同的方法在 V2 轨道上添加"字幕 02"素材，并添加【翻页】视频过渡效果，如图 12-100 所示。

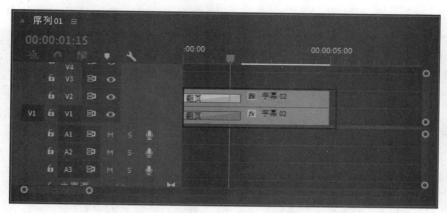

图 12-100

step 8 经过上述操作之后，在【节目】监视器中即可预览画面效果，如图 12-101 所示。

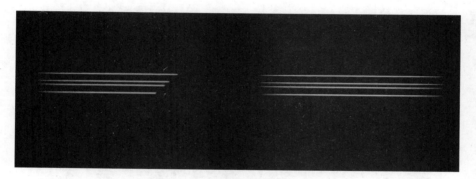

图 12-101

step 9 将【项目】面板中的"字幕 01"素材拖曳到 V3 轨道中，如图 12-102 所示。

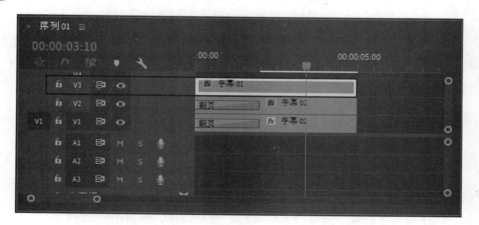

图 12-102

打开【剪辑速度/持续时间】对话框，将该素材文件的持续时间设置为 3 秒，如图 12-103 所示。

 在【效果】面板中，展开【视频过渡】→【溶解】文件夹，选择【交叉溶解】过渡效果，如图 12-104 所示。

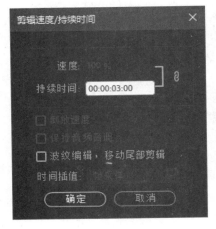

图 12-103

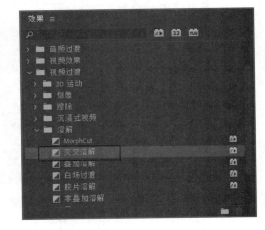

图 12-104

 将【交叉溶解】视频过渡效果添加到 V3 轨道的"字幕 01"素材中，并双击该效果，如图 12-105 所示。

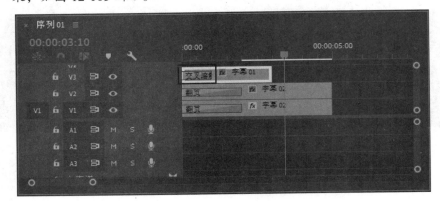

图 12-105

 弹出【设置过渡持续时间】对话框，设置该过渡效果的持续时间为 2 秒，如图 12-106 所示。

图 12-106

在【项目】面板中选择"土壤破坏"素材文件，如图 12-107 所示。

图 12-107

step15 将"土壤破坏"素材文件拖曳到【时间轴】面板的 V3 轨道中，放在"字幕 01"素材后面，并设置其持续时间与 V1 和 V2 轨道的出点一致，如图 12-108 所示。

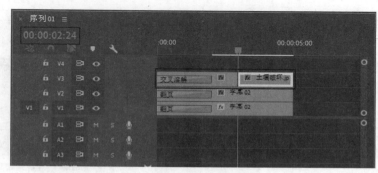

图 12-108

step16 打开【效果控件】面板，在 00:00:02:24 处添加关键帧，设置【位置】为(434.3, 125.2)，【缩放】为 0，如图 12-109 所示。

step17 在 00:00:03:22 处添加关键帧，设置【位置】为(213.3, 125.2)，【缩放】为 26，如图 12-110 所示。

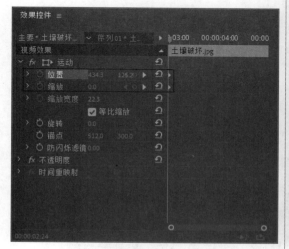

图 12-109

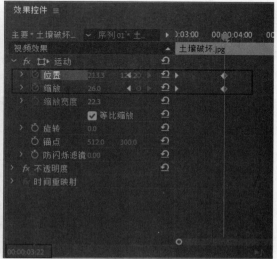

图 12-110

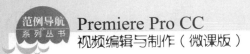

step 18 在 00:00:04:24 处添加关键帧，设置【位置】为(508.3, 125.2)，如图 12-111 所示。

图 12-111

step 19 经过上述操作之后，在【节目】监视器中即可预览到制作的片头画面效果，如图 12-112 所示。

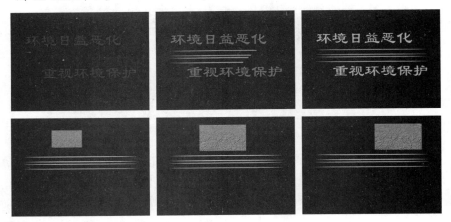

图 12-112

step 20 将"土壤破坏.jpg""乱砍滥伐.jpg""污水排放.jpg""尾气排放.jpg"和"空气污染.jpg"依次添加到 V1 轨道上，并设置它们的持续时间为 5 秒，如图 12-113 所示。

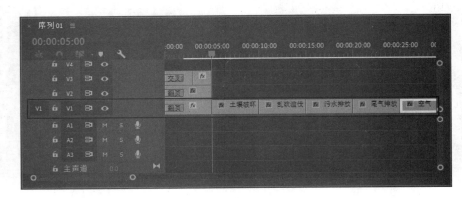

图 12-113

将"土壤破坏"字幕素材添加到V2轨道上当前时间指示器位置处,并设置其持续时间为5秒,如图12-114所示。

图 12-114

 打开【效果控件】面板,在00:00:05:00处添加关键帧,设置【位置】为(650,450),【缩放】为50,【不透明度】为0%,如图12-115所示。

在00:00:06:10处添加关键帧,设置【位置】为(390,220),【缩放】为100,【不透明度】为100%,如图12-116所示。

图 12-115

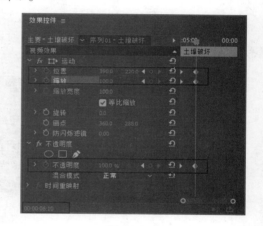

图 12-116

 在00:00:08:01处添加关键帧,设置【位置】为(120,580),【缩放】为70,如图12-117所示。

在00:00:09:02处添加关键帧,设置【缩放】为90,如图12-118所示。

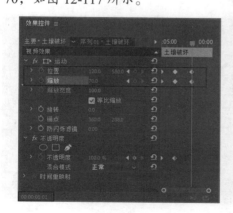

图 12-117

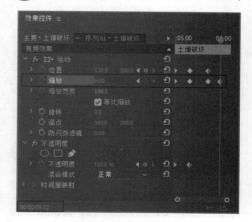

图 12-118

第 12 章 影片制作典型案例

step26 在 00:00:09:20 处添加关键帧，设置【缩放】为 70，如图 12-119 所示。

step27 完成以上步骤之后，在【节目】监视器中可以预览到字幕动画效果，如图 12-120 所示。

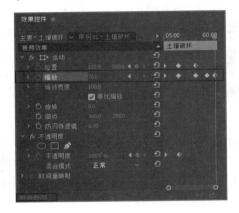

图 12-119

图 12-120

step28 将"乱砍乱伐"字幕素材添加到 V3 轨道上，并设置其持续时间为 5 秒，与"乱砍滥伐.jpg"图像素材对齐，如图 12-121 所示。

图 12-121

step29 打开【效果控件】面板，在 00:00:10:00 处添加关键帧，设置【位置】为(650, 450)，【缩放】为 100，【不透明度】为 0%，如图 12-122 所示。

step30 在 00:00:11:10 处添加关键帧，设置【位置】为(720, 210)，【缩放】为 50，【不透明度】为 100%，如图 12-123 所示。

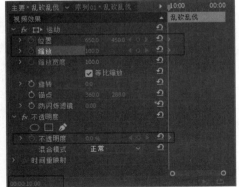

图 12-122

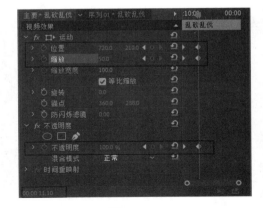

图 12-123

step31 在 00:00:12:24 处添加关键帧,设置【位置】为(250, 653),【缩放】为 110,如图 12-124 所示。

step32 在 00:00:14:10 处添加关键帧,设置【缩放】为 150,如图 12-125 所示。

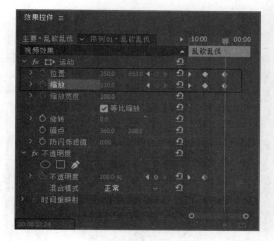

图 12-124

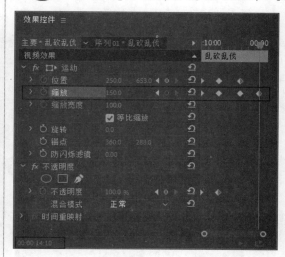

图 12-125

step33 完成以上步骤之后,在【节目】监视器中可以预览到【乱砍乱伐】字幕动画效果,如图 12-126 所示。

图 12-126

step34 将"污水排放"字幕素材添加到 V4 轨道上,并设置其持续时间为 5 秒,与"污水排放.jpg"图像素材对齐,如图 12-127 所示。

图 12-127

step35 打开【效果控件】面板，在00:00:15:00 处添加关键帧，设置【位置】为(650, 450)，【缩放】为50，【不透明度】为0%，如图12-128所示。

step36 在00:00:16:10 处添加关键帧，设置【位置】为(160, 220)，【缩放】为100，【不透明度】为100%，如图12-129所示。

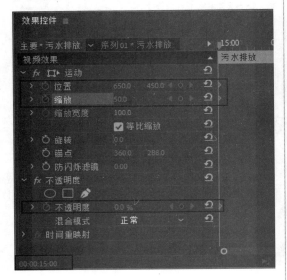

图12-128

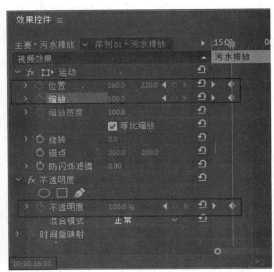

图12-129

step37 在00:00:17:20 处添加关键帧，设置【位置】为(305, 600)，【缩放】为85，如图12-130所示。

step38 在00:00:19:10 处添加关键帧，设置【位置】为(156, 704)，【缩放】为120，如图12-131所示。

图12-130

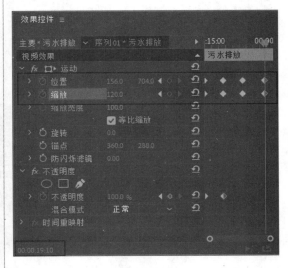

图12-131

step39 完成以上步骤之后，在【节目】监视器中可以预览到【污水排放】字幕动画效果，如图12-132所示。

图 12-132

step40 将 "汽车尾气" 字幕素材添加到 V5 轨道上，并设置其持续时间为 5 秒，与 "尾气排放.jpg" 图像素材对齐，如图 12-133 所示。

图 12-133

step41 打开【效果控件】面板，在 00:00:20:00 处添加关键帧，设置【位置】为(650, 450)，【缩放】为 50，【不透明度】为 0%，如图 12-134 所示。

step42 在 00:00:21:10 处添加关键帧，设置【位置】为(393, 302)，【缩放】为 100，【不透明度】为 100%，如图 12-135 所示。

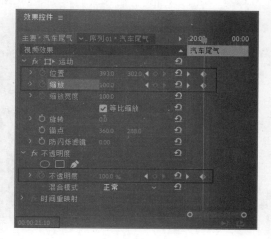

图 12-134

图 12-135

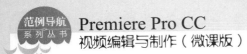
step43 在 00:00:22:20 处添加关键帧，设置【位置】为(375, 585)，【缩放】为 75，如图 12-136 所示。

step44 在 00:00:24:10 处添加关键帧，设置【位置】为(143, 713)，【缩放】为 110，如图 12-137 所示。

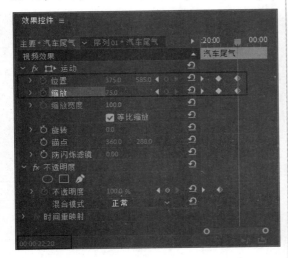

图 12-136

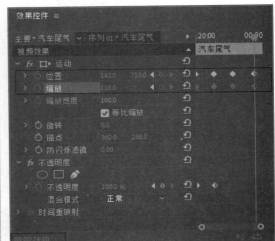

图 12-137

step45 完成以上步骤之后，在【节目】监视器中可以预览到【汽车尾气】字幕动画效果，如图 12-138 所示。

图 12-138

step46 将"空气污染"字幕素材添加到 V6 轨道上，并设置其持续时间为 5 秒，与"空气污染.jpg"图像素材对齐，如图 12-139 所示。

图 12-139

step47 打开【效果控件】面板，在 00:00:25:00 处添加关键帧，设置【位置】为(720, 450)，【缩放】为50，【不透明度】为0%，如图 12-140 所示。

step48 然后在 00:00:26:10 处添加关键帧，设置【位置】为(600, 300)，【缩放】为100，【不透明度】为100%，如图 12-141 所示。

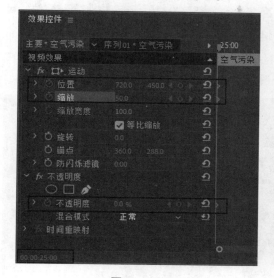

图 12-140

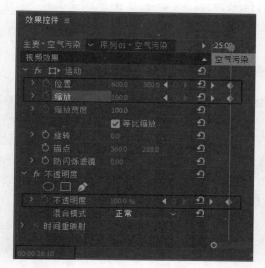

图 12-141

step49 在 00:00:27:20 处添加关键帧，设置【位置】为(367, 464)，【缩放】为 95，如图 12-142 所示。

step50 在 00:00:29:10 处添加关键帧，设置【位置】为(204, 622)，【缩放】为130，如图 12-143 所示。

图 12-142

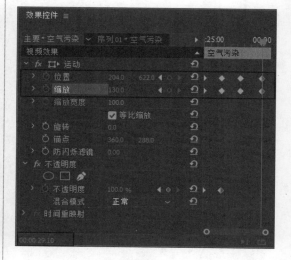

图 12-143

step51 完成以上步骤之后，在【节目】监视器中可以预览到【空气污染】字幕动画效果，如图 12-144 所示。

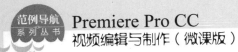

图 12-144

step52 将"宣传语 A"字幕素材添加到 V1 轨道上，并设置其持续时间为 5 秒，放在"空气污染.jpg"图像素材之后，如图 12-145 所示。

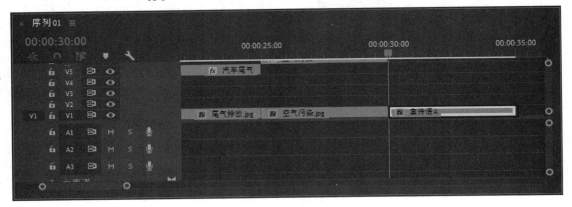

图 12-145

step53 打开【效果】面板，展开【视频效果】→【过渡】文件夹，选择【块溶解】视频效果，将其添加到"宣传语 A"素材上，如图 12-146 所示。

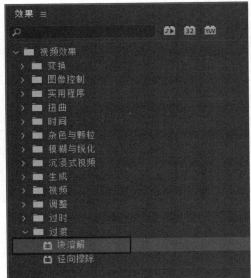

图 12-146

step54 打开【效果控件】面板，在 00:00:30:00 处添加关键帧，设置【过渡完成】为 100%，如图 12-147 所示。

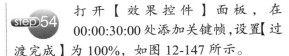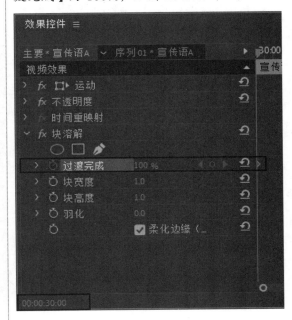

图 12-147

step 55 在【效果控件】面板中，在 00:00:32:00 处添加关键帧，设置【过渡完成】为 0%，如图 12-148 所示。

step 56 完成以上步骤之后，在【节目】监视器中可以预览到【宣传语 A】过渡动画效果，如图 12-149 所示。

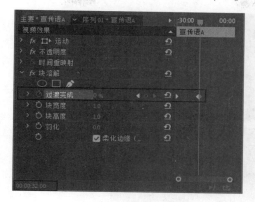

图 12-148

图 12-149

step 57 将"宣传语 B"字幕素材添加到 V1 轨道中，并设置其持续时间为 5 秒，在"宣传语 A"之后，如图 12-150 所示。

图 12-150

step 58 在【效果】面板中，展开【视频过渡】→【溶解】文件夹，选择【胶片溶解】视频过渡效果，如图 12-151 所示。

step 59 将该效果添加到"宣传语 A"和"宣传语 B"字幕素材之间，如图 12-152 所示。

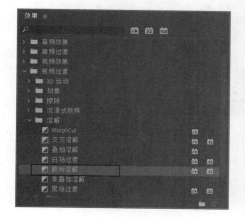

图 12-151

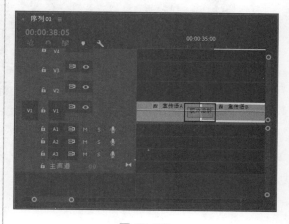

图 12-152

第 12 章 影片制作典型案例

329

 完成以上步骤之后，在【节目】监视器中可以预览到【宣传语 A】与【宣传语 B】字幕之间的过渡动画效果，如图 12-153 所示。至此，完成设计动画的全部操作步骤。

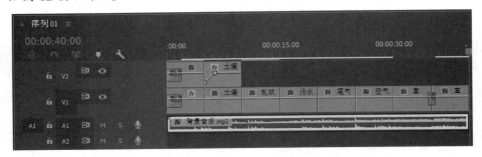

图 12-153

12.2.3　添加背景音乐并导出项目

本小节将对音频的添加、影片的导出、导出格式的设置、视频参数的设置等进行详细的介绍。下面详细介绍本案例最后一个大步骤——添加背景音乐并导出项目的操作方法。

素材文件 ❈ 第 12 章\素材文件\微视频动画.prproj
效果文件 ❈ 第 12 章\效果文件\环保宣传短片.avi、环保宣传短片.prproj

 打开上一小节制作的"微视频动画.prproj"项目文件，在【项目】面板中选择"背景音乐.mp3"素材文件，将其拖曳到 A1 轨道中并裁剪，使其时间线与视频轨道对齐，如图 12-154 所示。

![图12-154 时间线面板截图]

图 12-154

 在【项目】面板中，可以查看到本例所制作的所有素材文件，选择【序列 01】序列文件，如图 12-155 所示。

图 12-155

step 3　按键盘上的 Ctrl+M 组合键，打开【导出设置】对话框，设置【格式】为 AVI，单击【输出名称】右侧的链接项，如图 12-156 所示。

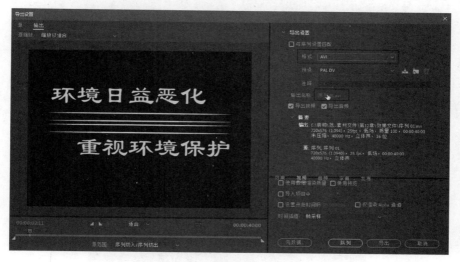

图 12-156

step 4　弹出【另存为】对话框，设置保存位置，将【文件名】命名为"环保宣传短片.avi"，单击【保存】按钮 保存(S)，如图 12-157 所示。

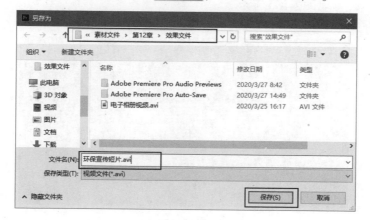

图 12-157

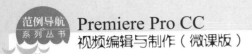
step 5 　返回到【导出设置】对话框中，可以看到【输出名称】已修改为"环保宣传短片.avi"，单击【导出】按钮，如图 12-158 所示。

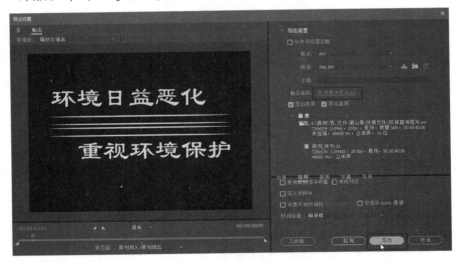

图 12-158

step 6 　弹出【编码 序列 01】对话框，提示需要导出的时间，用户需要在线等待一段时间，如图 12-159 所示。

图 12-159

step 7 　找到导出来的视频文件，选择播放器打开，即可观看本例制作的环保宣传短片视频效果，如图 12-160 所示。

图 12-160

课后练习答案

第1章

一、填空题

1. 连续信号、无限
2. 数字信号、二进制
3. 帧
4. 帧速率
5. 隔行扫描
6. 逐行扫描
7. 场
8. 像素比
9. 镜头组接
10. 音频格式

二、判断题

1. 对
2. 错
3. 对
4. 对
5. 错
6. 对
7. 错
8. 对
9. 对

三、思考题

1. 启动 Premiere Pro CC 2019 软件，① 在菜单栏中单击【编辑】菜单，② 在弹出的菜单中选择【首选项】菜单项，③ 选择【外观】菜单项。

  弹出【首选项】对话框，系统默认的软件外观颜色为"最暗"，① 选择【外观】选项卡，② 在右侧拖动滑动条上的滑动按钮，来改变软件外观亮度，③ 设置好外观亮度后单击【确定】按钮，即可完成设置外观亮度的操作。

2. 首先启动 Premiere Pro CC 2019 软件，① 在菜单栏中单击【编辑】菜单，② 在弹出的菜单中选择【首选项】菜单项，③ 选择【自动保存】菜单项。

  弹出【首选项】对话框，① 选择【自动保存】选项卡，② 在右侧区域中选择【自动保存项目】复选框并且设置自动保存的时间间隔，③ 单击【确定】按钮，即可完成设置自动保存的操作。

第2章

一、填空题

1. 【项目】面板
2. 【监视器】面板
3. 素材源监视器

二、判断题

1. 对
2. 错
3. 对

三、思考题

1. 启动 Premiere Pro CC，① 单击【窗口】主菜单，② 在弹出的菜单中选择【工作区】菜单项，③ 在弹出的子菜单中选择【音频】菜单项。

  可以看到系统自动切换到【音频】模式工作界面，通过以上步骤即可完成进入【音频】模式工作界面的操作。

2. 新建项目文件后，① 单击【文件】主菜单，② 在弹出的菜单中选择【新建】菜单项，③ 在弹出的子菜单中选择【序列】菜单项。

  弹出【新建序列】对话框，在【序列预设】选项卡中列出了众多预设方案，选择某种方案后，在右侧列表框中可查看方案信息与部分参数。

如果 Premiere Pro CC 提供的预设方案不能满足要求，用户还可以选择【设置】与【轨道】选项卡进行自定义序列配置，单击【确定】按钮。

通过以上步骤即可完成在 Premiere Pro CC 中创建序列的操作。

四、上机操作

在默认情况下，所有面板均是镶嵌在 Premiere Pro CC 界面中的。要想将某个面板独立显示，只要在面板名称位置上单击鼠标右键，在弹出的快捷菜单中选择【浮动面板】菜单项即可。

第 3 章

一、填空题

1. 嵌套
2. 列表、图标
3. 素材剪辑、链接
4. 标记

二、判断题

1. 对
2. 错
3. 对
4. 错

三、思考题

1. 新建项目文件后，① 单击【文件】主菜单，② 在弹出的菜单中选择【导入】菜单项。

弹出【导入】对话框，① 选择素材所在位置，② 选择准备导入的序列素材，③ 选择下方的【图像序列】复选框，④ 单击【打开】按钮。

返回到 Premiere Pro CC 主界面中，可以看到已经将序列素材文件导入到【项目】面板中，选中并拖曳序列素材到【时间轴】

面板中。

在监视器面板中单击【播放】按钮，可以观看素材的效果，通过以上步骤即可完成在 Premiere Pro CC 中导入序列素材的操作。

2. 选择准备进行编组的素材文件并单击鼠标右键，在弹出的快捷菜单中选择【编组】菜单项。

编组之后，用户可以随便拖曳其中的一个视频素材到其他位置。

可以看到所有视频素材都会跟着一起移动，这样即可完成编组素材文件的操作。

3. 默认情况下，素材将采用列表视图显示在【项目】面板中，此时用户可查看到素材名称、帧速率、视频出入点、素材持续时间等众多素材信息。

在【项目】面板底部单击【图标视图】按钮█，即可切换到图标视图显示方式。此时，所有素材将以缩略图方式显示在【项目】面板内，使得查看素材变得更为方便。

四、上机操作

1. 在影视编辑工作中，对于不合适的素材，用户可以使用替换素材功能有效地提高剪辑的速度。在【项目】面板中右键单击准备替换的素材名称，在弹出的快捷菜单中选择【替换素材】菜单项，在弹出的对话框中选择文件，单击【选择】按钮，即可完成替换素材的操作。

2. 鼠标右键单击素材，在弹出的快捷菜单中选择【修改】菜单项，在弹出的子菜单中选择【解释素材】菜单项。

弹出【修改剪辑】对话框，用户可以在其中进行设置。

第 4 章

一、填空题

帧定格

二、判断题

对

三、思考题

1. 在【源】监视器面板中拖动时间标记，找到设置入点的位置，单击【标记入点】按钮，入点位置的左边颜色不变，入点位置的右边变成灰色。

浏览影片，找到准备设置出点的位置，单击【标记出点】按钮，出点位置的左边保持灰色，出点位置的右边不变。

通过以上步骤即可完成设置素材入点和出点的操作。

2. 打开素材文件，① 在【项目】面板下方单击【新建项】按钮，② 在弹出的菜单中选择【颜色遮罩】菜单项。

弹出【新建颜色遮罩】对话框，① 设置宽度、高度、时基、像素长宽比参数，② 单击【确定】按钮。

弹出【拾色器】对话框，① 在颜色库中选择一种颜色，② 单击【确定】按钮。

弹出【选择名称】对话框，① 在【选择新遮罩的名称】文本框中输入名称，② 单击【确定】按钮。

在【项目】面板中可以看到已经新建一个颜色遮罩，选中该颜色遮罩将其拖曳到【时间轴】面板中的轨道上。

通过以上步骤即可完成创建彩色遮罩的操作。

四、上机操作

新建项目，在【新建序列】对话框中设置项目序列参数。

将本书素材文件夹中的"古居.jpg""天都峰.jpg"图像素材导入到【项目】面板中。

在【项目】面板中选择素材文件，将其拖曳到【时间轴】面板的 V1 轨道上。

在工具箱中选择滚动编辑工具，将鼠标指针移动到两个素材之间，当鼠标指针变成滚动编辑图标时，单击鼠标左键并向右拖曳。

拖曳到合适的位置后释放鼠标，即可使用滚动编辑工具剪辑素材，轨道上的其他素材也会发生变化。

第 5 章

一、填空题

1. 两个
2. 【视频过渡】
3. 【交叉划像】
4. 【带状滑动】
5. 【翻页】

二、判断题

1. 对
2. 错
3. 错
4. 对

三、思考题

1. 在 Premiere Pro CC 中，系统为用户提供了丰富的视频过渡效果。这些视频过渡效果被分类放置在【效果】面板【视频过渡】文件夹中。

如果想要在两段素材之间添加过渡效果，那么这两段素材必须在同一轨道上，且中间没有间隙。在镜头之间应用视频过渡，只需将某一过渡效果拖曳至时间轴上的两段素材之间即可。

此时，单击【节目】面板内的【播放-停止切换】按钮，或直接按键盘上的空格键，即可预览所添加的视频过渡效果。

2. 打开素材文件"渐变擦除.prproj"，可以看到已经新建一个【渐变擦除】序列，并添加了两个图像素材。

打开【效果】面板，依次展开【视频过渡】→【擦除】卷展栏，选择【渐变擦除】过渡特效。

选择【渐变擦除】视频过渡特效后，拖曳鼠标将其添加到两段素材连接处。

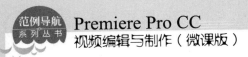
弹出【渐变擦除设置】对话框，① 设置【柔和度】参数，② 单击【确定】按钮。

打开【效果控件】面板，设置视频过渡特效的相关参数，如设置【持续时间】、【开始】和【结束】时间等。

完成上述操作之后，用户即可在【节目】监视器中预览制作的过渡效果，这样即可完成应用渐变擦除过渡效果的操作。

四、上机操作

1. 制作天旋地转的冲浪画面的操作要点主要为：添加摄像机视图给两个"冲浪"素材文件；设置特效参数，包括填充颜色等；设置关键帧，制作运动轨迹。

2. 制作动物园宣传片的操作要点主要为：添加"动物"文件夹里的所有素材；在素材之间添加多种不同视频过渡效果；设置特效参数。

第6章

一、填空题

1. 水平

2. 【行距】

二、判断题

对

三、思考题

1. 使用【路径文字工具】 ✎ 单击字幕工作区内的任意位置，创建路径的第一个节点。使用相同的方法创建第二个节点，并通过调整节点上的控制柄来修改路径形状。

完成路径的绘制后，使用相同的工具在路径中单击，直接输入文本内容，即可完成路径文本的创建。

运用相同的方法，使用【垂直路径文字工具】 ◪ ，即可创建出沿着路径垂直方向的文本字幕。

2. 在字幕工作区中完成创建静态文本字幕后，单击左上角处的【滚动/游动】按钮

▤ 。

弹出【滚动/游动选项】对话框，① 选中【滚动】单选按钮，② 选择【开始于屏幕外】复选框和【结束于屏幕外】复选框，③ 单击【确定】按钮。

关闭字幕工作区，返回到【项目】面板中，选择刚刚创建的字幕项目，将其拖曳到【时间轴】面板中。

按键盘上的空格键，即可在【节目】监视器中预览制作的最终效果，这样即可完成创建动态字幕的操作。

四、上机操作

1. 制作字幕扭曲效果的操作要点主要为：掌握新建字幕的几种不同方法；字幕样式的选择以及字幕颜色的搭配，要与背景风格一致。在【字幕属性】面板中展开【扭曲】卷展栏，调整相应参数即可。

2. 制作图形字幕的操作要点主要为：掌握字幕工具区里绘图类工具的使用；利用字幕的复制制作出叠加效果；调整字幕的位置和大小，制作出图形字幕效果。

第7章

一、填空题

1. 【声像器】

2. 增益、均衡

二、判断题

1. 错

2. 对

三、思考题

1. 在【项目】面板中用鼠标右键单击准备添加的音频素材，在弹出的快捷菜单中选择【插入】菜单项，即可将音频添加到时间轴上。

除了使用菜单添加音频之外，用户还可以直接在【项目】面板中拖动准备添加的音频素材到时间轴上。

2. 在【时间轴】面板中选中音频素材后，① 单击【剪辑】主菜单，② 在弹出的菜单中选择【音频选项】菜单项，③ 在弹出的子菜单中选择【音频增益】菜单项。

弹出【音频增益】对话框，① 选中【将增益设置为】单选按钮，② 在右侧文本框中输入增益数值，③ 单击【确定】按钮，即可完成调整增益的操作。

四、上机操作

1. 制作交响乐效果的操作要点为：在【效果】面板中选择【多频段压缩器(过时)】效果添加到音频素材上。

单击【自定义设置】选项右侧的【编辑】按钮，设置相关参数。

设置关键帧，制作高低起伏的效果。

2. 制作左右声道渐变转化效果的操作要点为：在【音频效果】中选择【平衡】效果添加到音频素材上。

在开始处添加关键帧，设置【平衡】参数为-100，即在左声道播出。

在 00:01:00:00 处再添加一个关键帧，设置【平衡】参数为 100，即在右声道播出。

第8章

一、填空题

1. 位置
2. 不透明度
3. 【变换】
4. 【扭曲】
5. 特定颜色
6. 【过渡】
7. 【时间】

二、判断题

1. 对
2. 错
3. 错
4. 对

三、思考题

1. 打开素材文件，在【效果控件】面板中将当前时间指示器移至开始位置，单击【缩放】栏中的【切换动画】按钮，创建第1个关键帧。

移动当前时间指示器的位置，调整【缩放】选项参数，添加第2个关键帧。

移动当前时间指示器的位置，调整【缩放】选项参数，添加第3个关键帧。

完成设置后可以在【节目】监视器中预览缩放效果，这样即可完成制作缩放效果的操作。

2. 打开素材文件，在【效果】面板【视频效果】选项下的【扭曲】效果组中，将【波形变形】效果选中并双击，将该效果添加到视频素材上。

打开【效果控件】面板，分别开启【波形高度】和【波形宽度】的【切换动画】按钮，设置详细的关键帧。

完成设置后可以在【节目】监视器中预览缩放效果，通过以上步骤即可完成给素材添加波形变形效果的操作。

四、上机操作

1. 要使用【视频效果】→【过渡】效果组中的效果制作视频过渡效果，首先要将两个素材放置在不同的视频轨道中，并且进行部分时间重叠。然后将【过渡】效果组中的【线性擦除】效果添加到上方的素材中。

接着在素材重叠区域创建【线性擦除】效果中的【过渡完成】关键帧，并且分别设置其参数为0%和100%，完成过渡动画的制作。其中，为了使线性擦除效果更加明显，这里还可以设置【擦除角度】与【羽化】选项，即可制作线性擦除过渡动画效果。

2. 要想将视频画面制作成多个相同画面同时显示的效果，只要将【视频效果】→【风格化】效果组中的【复制】效果添加到素材中，然后设置该效果中的【计数】参数值，即可得到多个画面显示的效果。

第 9 章

一、填空题

1. 【颜色过滤】【黑白】
2. 【颜色平衡(RGB)】
3. 【颜色替换】
4. 【亮度校正器】
5. 【颜色平衡(HLS)】
6. 【RGB 曲线】
7. 【颜色平衡】

二、判断题

1. 对
2. 错
3. 对
4. 对
5. 错

三、思考题

1. 【颜色替换】效果能够将画面中的某种颜色替换为其他颜色，而画面中的其他颜色不发生变化。要实现该效果，只需要将该效果添加至素材所在轨道，并在【效果控件】面板中分别设置【目标颜色】与【替换颜色】选项，即可改变画面中的某种颜色。

由于【相似性】选项参数较低的缘故，单独设置【替换颜色】选项还无法满足过滤画面色彩的需求。此时，用户可以适当地提高【相似性】选项的参数值，即可逐渐改变保留色彩区域的范围。

2. 【亮度曲线】效果虽然也是用来设置视频画面的明暗关系，但是该效果能够更加细致地进行调节。其调节方法为：在【亮度波形】方格中，向上单击并拖动曲线，能够将画面提高亮度；向下单击并拖动曲线，能够将画面降低亮度；如果同时调节，能够加强画面对比度。

四、上机操作

1. 调整视频画面对比度是校正视频时经常要做的工作之一。为此，Premiere Pro CC 为用户准备了【自动对比度】视频效果这一工具，以减少用户在进行此类工作时的任务量。

为素材应用【自动对比度】视频效果后，Premiere Pro CC 便会默认对素材画面进行对比度方面的调整。

如果用户对 Premiere Pro CC 自动进行的对比度调整效果不满意，还可以在【效果控件】面板中展开【自动对比度】选项组，手动调整其间的各个选项，以获得精确的调整效果。

2. 影视剧中用来回忆的往事，其视频画面经常使用单色来实现怀旧视频效果。要想将彩色画面转换为单色画面效果，则需要为素材添加【色调】效果，并且设置【将黑色映射到】与【将白色映射到】颜色值。

然后添加【亮度曲线】效果，调整亮度曲线，加强画面对比度效果即可。

第 10 章

一、填空题

1. 叠加
2. 透明度
3. 【亮度键】

二、判断题

1. 对
2. 错

三、思考题

1. 将素材导入到视频轨道上。在应用【键控】特效前，首先要确保有一个剪辑在 V1 轨道上，另一个剪辑在 V2 轨道上。

从【键控】文件夹里选择一种键控特效，将其拖曳到所要赋予该特效的剪辑上。

在【时间轴】面板中选择被赋予键控特效的剪辑，接着在【效果控件】面板单击【键控】特效前的小三角按钮▶，显示该特效的效果属性。

单击效果属性前面的【切换动画】按钮，为该属性设置一个关键帧，根据需要设置属性参数。接着把当前时间指示器移到新的时间位置并调整属性参数，此时【时间轴】面板上会自动添加一个关键帧，这样即可完成应用【键控】特效的操作。

2. 打开素材项目文件"图像遮罩.prproj"，可以看到已经新建一个序列，并在【时间轴】面板中导入了两个图像素材。

在【效果】面板内展开【视频特效】文件夹，① 展开【键控】文件夹，② 双击【图像遮罩键】效果，即将该效果添加到 V2 轨道中的素材上。

在【效果控件】面板内，单击【图像遮罩键】选项组中的【设置】按钮，弹出【选择遮罩图像】对话框，① 选择相应的遮罩图像，② 单击【打开】按钮。

在【效果控件】面板内，在【图像遮罩键】选项组下的【合成使用】下拉列表框中选择【亮度遮罩】选项。

设置完成后，即可在【节目】监视器内预览添加的图像遮罩键效果，这样即可完成为素材添加【图像遮罩键】效果的操作。

四、上机操作

1. 对于具有蓝色或绿色背景的素材，则可以通过【键控】效果组中的【颜色键】效果来进行局部遮罩。只要将该效果添加至素材中，即可隐藏蓝色或绿色背景。

2. 要将两个视频同时显示，必须将这两个视频放置在同一个时间段，且上方视频会覆盖下方视频。这时可以通过【键控】效果组中的效果，将上方视频局部隐藏，从而显示出下方视频。而遮罩效果则需要根据上方视频颜色或明暗关系等因素，来决定效果的添加。

针对黑色与亮色的视频画面，将【键控】效果中的【亮度键】效果添加至上方视频中，即可得到合成效果。

第 11 章

一、填空题

【视频】

二、判断题

对

三、思考题

打开素材文件"演职人员字幕表.prproj"，在【时间轴】面板中将当前时间指示器移至 00:00:05:00 处。

① 单击【文件】主菜单，② 在弹出的菜单中选择【导出】菜单项，③ 在弹出的子菜单中选择【媒体】菜单项。

弹出【导出设置】对话框，在【导出设置】区域下的【格式】下拉列表中选择 TIFF 选项。

选择【视频】选项卡，在【基本设置】区域设置参数，单击【导出】按钮。

使用看图软件打开刚刚导出的单帧图像预览效果，这样即可完成输出单帧图像的操作。

四、上机操作

1. 输出一组带有序列编号的序列图像的操作要点为：

导入需要输出的序列，在【源范围】中选择并设置输出的时间范围。

在【格式】下拉列表中选择 JPEG 文件格式。

最后为输出生成的文件设置保存路径和文件名称即可。

2. 在进行影片输出设置时，每当用户调整所要输出的文件格式后，Premiere Pro CC 都会在【导出设置】选项组的【预设】下拉列表中自动显示相关的预设列表。

当用户根据应用需求调整某种预设的输出设置时，【预设】下拉列表中的选项都会变为【自定义】。此时，用户可将【注释】文本框中的内容修改为易于标识的内容，并单击【预设】列表框右侧的【保存预设】按钮。然后，在弹出的对话框中设置预设方案的名称以及其他相关选项即可。